高职高专计算机系列规划教材

多媒体技术及应用

（第二版）

主　编　王　坤　何玉辉
参　编　李养胜　袁　辉　高海静

中国铁道出版社
CHINA RAILWAY PUBLISHING HOUSE

内 容 简 介

本书从多媒体应用的角度出发，综合讲述了多媒体应用的基础知识和多媒体应用的设计技术。主要内容包括多媒体技术概述、多媒体计算机系统、文字的编辑与制作、音频的编辑与制作、图像的编辑与制作、动画的编辑与制作、视频的编辑与制作、多媒体应用系统的设计与开发、多媒体创作工具 Authorware 以及流媒体技术及应用等。

本书的理论知识介绍以实用性为主，强调技术应用，重点培养学生制作多媒体产品的能力，内容丰富、结构合理、覆盖面广、实用性强，是高职国家示范性建设院校优质核心课程和精品课程配套的规划教材。

本书适合作为高职高专院校计算机专业“多媒体技术及应用”课程的教材，也可供从事多媒体应用开发的技术人员使用。

图书在版编目（CIP）数据

多媒体技术及应用 / 王坤，何玉辉主编. —2 版.
—北京：中国铁道出版社，2013.1
高职高专计算机系列规划教材
ISBN 978-7-113-15823-1

Ⅰ. ①多… Ⅱ. ①王… ②何… Ⅲ. ①多媒体技术－高等职业教育－教材 Ⅳ. ①TP37

中国版本图书馆 CIP 数据核字（2012）第 310222 号

书　　名：多媒体技术及应用（第二版）
作　　者：王　坤　何玉辉　主编

策　　划：翟玉峰　　　　读者热线：400-668-0820
责任编辑：翟玉峰　冯彩茹
封面设计：付　巍
封面制作：白　雪
责任印制：李　佳

出版发行：中国铁道出版社（100054，北京市西城区右安门西街 8 号）
网　　址：http://www.51eds.com
印　　刷：北京市燕鑫印刷有限公司
版　　次：2007 年 2 月第 1 版　2013 年 1 月第 2 版　2013 年 1 月第 1 次印刷
开　　本：787mm×1092mm　1/16　印张：15.75　字数：381 千
印　　数：1～3 000 册
书　　号：ISBN 978-7-113-15823-1
定　　价：32.00 元

高职高专计算机系列规划教材

PREFACE

随着我国经济快速稳定的发展，我国高等教育也得到迅猛发展。截至 2008 年，我国高等院校数量达 2 263 所，其中高等职业院校数量为 1 184 所，年招生规模达到 310 多万人，在校生达到 900 多万人；高等职业院校招生规模占到了普通高等院校招生规模的一半，已成为我国高等教育的“半壁江山”。

党的十七大提出了“优先发展教育，建设人力资源强国”的战略部署，高等教育的发展又到了一个新的历史机遇期，特别是为高等职业教育展现了一个巨大的发展空间。近年，高等教育都将发展视角转换到质量内涵建设上来，各类院校都在积极探索从内涵上如何提高人才培养的质量。2006 年，教育部通过国家百所示范校的建设，极大推动了高等职业院校在校企合作、人才培养模式和专业建设等诸多方面的探索和改革。特别是在探索基于工作过程的课程体系构建中，各校根据企业的需求和业务素质要求，将学校课堂教学和实践训练融为一体，将工作环境搬进实训室，将课堂搬到实训室，使得学生在实践中增长知识，在知识学习中锻炼能力。在课程体系的解构和重构中，各校探索出了许多值得推广的经验。

课程体系的构建是教学质量建设的一个核心的基本单元，有了基于工作过程的课程体系框架，才有了每一门课程的课程内容的重构、课程教学方法和手段的重构。作为信息化基础的计算机技术及应用方向的教学体系与课程建设，在教学思想、教学方法、教学手段不断改革的进程中，积累了大量的可推广的经验，是优质教师队伍通过长时间教学实践积累的产物，是教学改革经验与成果的有效推广载体与手段，是教学改革经验与成果推广应用的有效途径，因此，教材建设工作是整个高职高专教育教学工作中的重要组成部分，积极推动教材建设工作是解决优质教学资源短缺、实现优质资源共享的有效方式。中国铁道出版社正是认识到计算机技术教育发展与信息化建设的关联性，为了积极推广教学改革经验与成果，协助高职高专院校实现优质资源共享，推出了计算机“高职高专计算机系列规划教材”丛书。

“高职高专计算机系列规划教材”丛书本着以服务为宗旨，以就业为导向，面向社会、面向市场、面向职业岗位能力，积极围绕职业岗位人才需求的总目标和职业能力需求，根据不同课程在课程体系中的地位及不同作用，根据不同工作过程，将课程内容、课程教学方法和手段与课程教学环境有机融合，形成了本套适应新的教学模式的系列教材，如以工作过程对知识的基本要求为主体的围绕问题中心的教材；以基础能力训练为核心围绕基础训练任务的教材；以岗位综合能力训练为核心以任务为中心的教材等，本套教材是在对目前各校计算机技术和应用方向教学改革的经验进行归纳、总结的基础上编写的，相信一定能对高职高专院校电类、信息技术类课程建设成果的推广起到积极作用。

国家兴盛，人才为本；人才培养，教育为本。信息化是我国加快实现工业化和现代化的必然选择，高职高专教育应抓住机遇，培养适合我国经济发展需求、能力，符合企业要求的高素质技能型专门人才，为经济建设发展提供人力资源保障。

张晓云

FOREWORD

第二版前言

本书是“高职高专计算机系列规划教材”丛书之一，是高职国家示范性建设院校优质核心课程和精品课程配套的规划教材。该书自第一版出版以来，受到了广大读者的热情关注，在使用的高校教学中得到好评。随着计算机技术的迅速发展，第一版中的硬件部分、软件版本、实训及实例内容显得比较陈旧了。针对以上问题，我们对第一版进行了全面的修订和更新，以进一步提高教材质量，适应目前不断发展的教学需求。

多媒体技术是一门应用前景十分广阔的“计算机应用技术”课程，随着网络技术的发展，多媒体技术的应用也越来越广泛，多媒体技术凭借其形象、丰富的多媒体信息和方便的交互性进入人类生活和生产的各个领域，给人们的学习、工作、生活和娱乐带来了巨大的变化。如何掌握多媒体技术，独立进行多媒体产品的设计和开发，是人们比较关心的问题。

“多媒体技术及应用”在高职高专计算机信息类专业的课程体系中属于职业基础能力课程，是学生学习多媒体基础知识、图形图像处理软件、音视频动画软件以及多媒体网页制作软件、综合性多媒体作品等信息类职业方向各种技能课程的基础和综合应用，同时又是国家计算机等级考试大纲涵盖的必备理论知识和操作技能的主要部分。因此，在高职高专计算机信息类各专业的课程体系中，本课程作为多门岗位能力层面课程（课程群）的前导课程起着非常重要的作用。

在教材内容的组织上遵循“重视基础知识的培养，加强实验的实用性，注重职业能力的培养”的编写原则，内容图文并茂、实例丰富、实用性强，叙述由浅入深、循序渐进、语言流畅，在内容编写上充分考虑到读者的实际阅读需求，通过具有代表性的实例，让读者直观、迅速地了解多媒体技术的基本概念及当前流行的多媒体软件的主要功能及应用。为了对软件的重点、难点进行合理讲解，本书在案例制作过程中使用图解的方法，达到直观、形象、可读性强的目的。

本书由王坤、何玉辉任主编，并由王坤负责统稿和定稿。本书编写的具体分工如下：王坤编写第1、2、8章，袁辉编写第3、5章，何玉辉编写第4、6章，高海静编写第7章，李养胜编写第9、10章。

在本书编写过程中，我们走访了大量的企业工程技术人员，和他们反复探讨交流；同时，也参考了大量的技术资料。书稿经反复斟酌，多次修改，但由于水平有限，书中难免存在疏漏和不足，恳请广大师生和读者批评指正。

编 者

2013年1月

第一版前言

FOREWORD

多媒体技术是信息技术的重要发展方向，多媒体技术的发展带动了相关领域的发展，人们依靠多媒体技术获得了全方位解决问题的简捷途径。多媒体技术得到了广泛的应用，并已经渗透到人类社会的各个领域。

本书从多媒体技术应用制作的角度出发，在学生掌握基本理论知识的基础上，强化实际技能和综合能力的培养。通过本课程的学习，使学生掌握多媒体技术的基本概念和基本理论，掌握多媒体素材处理、多媒体课件和网络课件开发的方法和制作。

全书共 10 章，第 1 章为多媒体概述，第 2 章为多媒体计算机系统，第 3 章为文字的编辑与制作，第 4 章为音频的编辑与制作，第 5 章为图像的编辑与制作，第 6 章为动画的编辑与制作，第 7 章为视频的编辑与制作，第 8 章为多媒体产品的设计与制作，第 9 章为基于流程图的创作工具，第 10 章为流媒体技术及应用。

本书以“培养能力、突出实用、内容新颖、系统完整”为指导思想。在内容叙述上力求通俗易懂，注重基本技术和基本方法的介绍，并制作了大量有代表性的实例，以图文并茂的方式编写，具有很强的可操作性，有助于提高实际制作能力，并配有习题和实验，具有很强的实用性。

本书不仅可作为各类高职高专计算机专业多媒体技术及应用课程教材，也可供从事多媒体应用开发的技术人员使用。

本书由王坤主编，其中王坤编写了第 1、2、3、4、6、8 章，夏东盛编写了第 5、10 章，赵革委编写了第 7、9 章。

在本书的编写和出版过程中，得到了中国铁道出版社的大力支持和帮助，在此表示衷心的感谢。

由于多媒体技术是一门发展迅速的新技术，虽然在本书编写过程中，我们参考了大量的技术资料，书稿经反复斟酌，多次修改，但由于水平有限，书中疏漏在所难免，恳请广大师生和读者批评指正。

编　者

2006 年 10 月

目录

CONTENTS

第1章 多媒体技术概述

总体要求：

- 掌握多媒体和多媒体技术的概念及特点
- 掌握媒体的类型
- 了解多媒体的关键技术
- 了解多媒体技术的应用和发展

核心技能点：

- 多媒体和多媒体技术的识别能力

扩展技能点：

- 了解多媒体技术的应用和发展

相关知识点：

- 了解多媒体技术的应用和发展
- 掌握多媒体软件系统

学习重点：

- 多媒体和多媒体技术的概念

自20世纪80年代以来，随计算机技术、通信技术和数字声像技术的飞速发展以及相互渗透和融合，形成了一门崭新的技术，即多媒体技术。它的应用使计算机人机界面集声音、文字、图像和动画于一体，使用户置身于多种媒体协同工作的环境中，对人类的生产、工作及生活方式带来了巨大的变革，使人类社会进入到一个前所未有的新时代。

1.1 多媒体基础知识

多媒体技术是一种迅速发展的综合电子信息技术，给传统的计算机系统带来了巨大的变革。多媒体技术是现代计算机应用的时代特征。

多媒体一词来自于英文“Multimedia”，这是一个复合词，由“Multiple”和“medium”的复数形式“media”组合而成。“Multiple”有“多重、复合”之意，“media”则是指“介质、媒介和媒体”。按照字面理解就是“多重媒体”的意思。核心词是媒体。媒体又被称为媒介，是日常生活和工作中经常会用到的词汇，如我们经常把报纸、广播、电视等称为新闻媒介，报纸通过文字、广播通过声音、电视通过图像和声音来传送信息。信息需要借助于媒体来传播，所以说媒体就是信息的载体，媒体要客观地表现自然界和人类活动的信息。

1.1.1 媒体分类

媒体是承载信息的载体，是信息的表示形式。由于人们在感知、抽象、表现等方面存在不同，同时存储或传输的载体也不同，所以媒体的概念范围相当广泛。根据国际电信联盟 ITU（International Telecommunication Union）下属的国际电报电话咨询委员会 CCITT（International Telegraph and Telephone Consultative Committee）的定义，目前可将媒体分为五大类，如表 1-1 所示。

表 1-1 媒体类型

媒体类型	作用	表现	内容
感觉媒体	用于人类感知客观环境	听觉、视觉、触觉	语言、文字、音乐、声音、图像、图形、动画等
表示媒体	用于定义信息的表达特征	计算机数据格式	ASCII 编码、图像编码、声音编码、视频信号等
显示媒体	用于表达信息	输入、输出信息	键盘、鼠标、光笔、数字化仪、扫描仪、显示器、打印机、投影仪等
存储媒体	用于连续数据信息的传输	存取信息	硬盘、光盘、优盘、磁带、半导体芯片等
传输媒体	用于存储和传输全部媒体形式	异地信息交换介质	电缆、光缆、电磁波等

1. 感觉媒体

感觉媒体（Perception Medium）是指能直接作用于人们的感觉器官，使人能直接产生感觉的一类媒体。感觉媒体包括人类的各种语言、文字、音乐、自然界的其他声音、静止的或活动的图像、图形和动画等信息。

2. 表示媒体

表示媒体（Representation Medium）是为了更有效地加工、处理和传输感觉媒体而人为研究和构造出来的一种媒体。它包括感觉媒体的各种编码，如语言编码、静止和活动图像编码，以及文本编码等。

常见媒体信息可概括为声（声音 Audio）、文（文字、文本 Text）、图（静止图像 Image 和动态视频 Video）、形（波形 Wave、图形 Graphic 和动画 Animation）、数（各种采集或生成的数据 Data）等五类信息的数字化编码表示。

3. 显示媒体

显示媒体（Presentation Medium）是指获取和显示的设备。显示媒体又分为输入显示媒体和输出显示媒体。输入显示媒体如键盘、鼠标、光笔、数字化仪、扫描仪、传声器（俗称话筒，麦克风）、摄像机等，输出显示媒体如显示器、扬声器（音箱）、打印机、投影仪等。

4. 存储媒体

存储媒体（Storage Medium）又称存储介质，指的是存储数据的物理设备。这类存储媒体有硬盘、光盘、U 盘、磁带、半导体芯片等。

5. 传输媒体

传输媒体（Transmission Medium）是传输数据的物理设备。这类媒体包括各种导线、电缆、光缆、电磁波等。

1.1.2　媒体信息的表现形式

1. 文字

文字是最为普通的媒体对象，通常以文本的形式存在，可采用文字编辑软件或者图像处理软件对其进行处理。

2. 图像

主要是指数字化的静态自然影像，均为位图形式，用像素点表达自然影像，具有 2^3～2^{32} 彩色数量的.gif、.bmp、.tga、.tif、.jpg 等格式。图像可以压缩，主要用于存储和传输。

3. 图形

图形是以几何线条和几何符号等反映事物各类特征和变化规律的表达形式。图形一般指用计算机绘制的画面，如直线、圆、圆弧、任意曲线和图表等，具有数据量小，线条圆滑，易于处理的特点，主要用于表现各个领域中的数据关系和简单图案。

4. 动画

动画是具有活动画面效果的媒体对象。动画有矢量动画和帧动画之分，矢量动画利用单画面来表达动作；帧动画则使用多画面来描述动作。

5. 声音

经过数字化的声音通常采用.wav、.mp3、.mid 格式。其中，.wav 是原始记录格式，数据量大，音质最佳；.mp3 是压缩格式，数据量大幅度减小，音质可根据需要进行选择，是目前最为流行的格式；.mid 是一种数字化符号表示形式，数据量最小，主要用于音乐创作。

6. 视频

视频是图像的动态表现形式，由多画面构成，广泛用于电影、MV 演唱会、社会纪实等。视频的原始形式通常采用.avi 格式，数据量大，表现力丰富。不过，为了减少数据量，目前新的压缩格式也采用.avi 格式，而内部结构与原始格式完全不同。视频大量采用压缩格式，常见的格式有.mpg、.rm、.rmvb、.mkv 等。

随着计算机技术和多媒体技术的发展。多媒体数据信息具有数据量巨大、数据类型多、数据类型间区别大和数据输入/输出复杂的特点。

1.1.3　多媒体定义

1. 多媒体

多媒体是指能够同时获取、处理、编辑、存储和展示两个以上不同类型信息媒体的技术，这些信息媒体包括文字、声音、音乐、图形、图像、动画、视频等。图 1-1 给出了图、文、声、像综合动态表现的多媒体示例，从中可以感受到多媒体技术的艺术感染力。

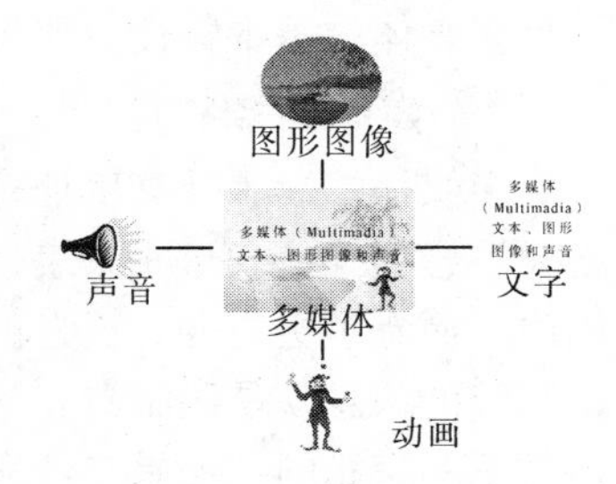

图 1-1　多媒体示例

2. 多媒体技术

从多媒体定义中可以看到，我们常说的多媒体最终被归结为一种技术。由于计算机技术和信息处理技术的实质性发展，使我们今天拥有了处理多媒体信息的能力，使多媒体成为一种现实。所以现在所说的多媒体，不是指多媒体本身，主要是指处理和应用它的一整套技术。因此多媒体实际上常被看作多媒体技术的同义词。多媒体技术往往与计算机联系起来，这是由于计算机的数字化及交互式处理能力，极大地推动了多媒体技术的发展，通常可以把多媒体看作是先进的计算机技术与视频、音频和通信技术融为一体而形成的一种新技术。

多媒体计算机技术（Multimedia Computer Technology）的概念定义为：多媒体技术就是指计算机交互式综合处理多媒体信息——文本、图形、图像和声音等，使多种信息建立逻辑连接，集成为一个系统并且具有交互性的技术。简单地说就是计算机综合处理声、文、图像等信息的技术，具有集成性、多样性和交互性。

实际上，多媒体技术是计算机技术、通信技术、音频技术、视频技术、图像压缩技术、文字处理技术等多种技术的一种综合技术。多媒体技术能提供多种文字信息（文字、数字、数据库等）和多种图像信息（图形、图像、视频、动画等）的输入、输出、传输、存储和处理，使表现的信息图、文、声并茂，更加直观和自然。

3．超媒体

超媒体（Hypermedia）起源于超文本（Hypertext）。超文本可以简单地定义为收集、存储和浏览离散信息，以及建立和表示信息之间的关系的技术，它与传统的线性文本结构有很大差别，符合人类的“联想”式思维习惯。

超文本可引用、链接其他不同类型（内含声音、图片、动画等）的文件，这些具有多媒体操作的超文本，称为超媒体，意指多媒体超文本（Multimedia Hypertext），即以多媒体的方式呈现相关文件信息。超文本和超媒体只是研究对象不同，所以一般并不区别它们。

超文本/超媒体技术的出现，为实现多媒体信息综合有效的管理带来了希望，尤其在 Internet 飞速发展的今天，超文本/超媒体技术已成为 Internet 上信息检索的核心技术。

4．流媒体

流媒体（Streaming Media）是一种多媒体文件，其在网络上传输的过程中应用了流技术。所谓流技术，就是把完整的影像和声音数据经过压缩处理后保存在网站服务器上，用户可以边下载边获取信息，从而无须将整个压缩文件下载之后再观看的网络传输技术。与单纯的下载方式相比，这种对多媒体文件边下载边播放的流式传输方式不仅使启动延时大幅度缩短，而且对系统缓存容量的需求也大大降低。

1.1.4　多媒体技术的特点

多媒体的基本特性主要包括信息媒体的多样性、交互性和集成性 3 个方面。

1．媒体的多样性

多媒体扩展了计算机处理的信息空间，不再局限于数据、文本，而是广泛采用图像、图形、视频、音频等信息形式来表达思想，使人类的思维表达不再局限于线性的、单调的、狭小的范围内，而有了更充分、更自由的空间，即把计算机变得更人性化。在人类的日常生活中，接触最频繁的信息就是眼睛看到的图像和耳朵听到的声音。但对于应用而言，声像信号的输入与输出并不一定相同，如果二者完全一样，则只能称为记录和重放，效果显然不是最理想的。如果能对声像信号进行加工、变换，即通常所说的创作，就会大大丰富信息的表现力并增加表现效果。多媒体可使计算机处理的信息多样化或称多维化，使之在信息交互过程中有更加广阔和自由的空间。

2．媒体的交互性

交互性是指向用户提供更加有效的控制和使用信息的手段，交互可以增加对信息的注意和理解，延长信息保留的时间。打开电视机，会显示图像、声音和文字。由于观众只能被动地收看，因此，人与电视节目之间的信息传递是单向的、非交互式的。交互式工作是计算机固有的特点（从存储单元调出一个文件修改后再存到存储单元，随意地访问，这便是交互式工作）。但是，在引入多媒体概念之前，人机对话只在单一的文本空间中进行，这种交互的效果和作用十分有限，只能“使用”信息，很难做到自由地控制和干预信息的处理。

多媒体的交互性是指人们可以使用键盘、鼠标、触摸屏、声音、操纵杆、数据手套和传感器等设备，通过计算机程序来控制各种媒体的播放，并能亲身体验多媒体所表示的三维空间。人与计算机之间是一种互动的关系，人驾驭多媒体，人是主动者，而多媒体是被动者。当多媒体的交互性引入后，人处于参与、开发的位置，借助于交互可以获取更多的信息，可以改变信息的组织过程，获得许多奇特的效果。

交互性一旦被赋予了多媒体功能，便会带来巨大作用。从数据库中检索出某人的照片、声音及其文字材料，只是多媒体交互性的初级应用；通过交互特征使用户介入到信息过程中，则为应用的中级阶段；完全进入到一个与信息环境一体化的虚拟信息空间漫游时，才达到了交互应用的高级阶段。这就是虚拟现实VR（Virtual Reality）技术，也是当今多媒体研究中的热点之一。虚拟现实技术是一种新的人机交互手段，利用多媒体计算机技术生成与真实世界相同的虚拟环境，借助其他交互工具如数据手套、数据衣等，可以操作虚拟环境中的任意对象，使人机交互更加和谐、更加逼真，就像跟真实世界中的对象交互一样。

3．媒体的集成性

多媒体中的集成性是信息系统层次的一次飞跃。这种集成性主要表现在两个方面，即多种信息媒体的集成和处理这些媒体的设备的集成。对前者而言，各种信息媒体应该成为一体，而不应分离，尽管可能是多通道的输入或输出。这种集成包括信息的多通道统一获取，多媒体信息的统一存储与组织，多媒体信息合成等各方面。总之，不应再像早期那样，只是使用单一的形式进行获取和理解信息，而应更加看重媒体之间的关系及其所蕴涵的大量信息。另外，多媒体的各种设备应该成为一体。从硬件来说，应该具有能够处理多媒体信息的高速及并行的CPU系统，大容量的存储、适合多媒体多通道的输入、输出能力的外设，大带宽的多媒体通信网络接口。对于软件来说，应该有集成一体化的多媒体操作系统，适合于多媒体信息管理和使用的软件系统及创作工具，高效的各类应用软件等。这些还要在网络的支持下，集成构造出支持广泛信息应用的信息系统。

1.2　多媒体的应用与发展

目前的多媒体硬件和软件已经能将数据、声音以及高清晰度的图像作为窗口软件中的对象去做各式各样的处理，所出现的各种丰富多彩的多媒体应用，不仅使原有的计算机技术锦上添花，而且将复杂的事物变得简单，把抽象的东西变得具体。

1.2.1　多媒体技术的应用

就目前而言，多媒体技术已在商业、教育培训、电视会议、声像演示等方面得到了充分应用，下面对此进行简单的介绍。

1. 在教育与培训方面的应用

多媒体技术对教育产生的影响比对其他领域的影响要深远得多。多媒体技术将改变传统的教学方式，使教材发生巨大的变化，使其不仅有文字、静态图像，还具有动态图像和语音等。

在教育中应用多媒体技术是提高教学质量和普及教育的有效途径，使教育的表现形式多样化，可以进行交互式远程教学。同时，它还有传统的课堂教学方法不具备的其他优点。

利用多媒体计算机的文本、图形、视频、音频和其交互式的特点，可以编制出计算机辅助教学软件，即课件。课件具有生动形象、人机交流、即时反馈等特点，能根据学生的水平采取不同的教学方案，根据反馈信息为学生提供及时的教学指导，能创造出生动逼真的教学环境，改善学习效果。而且教师根据教学情况可以随时修改，不断补充新的教学内容。由于有人机对话功能，使师生的关系发生了变化，改变了以教师为中心的教学方式，也使得学生在学习中担当更为主动的角色，学生可以参与控制以调整自己的学习进度，通过自己的思考进行学习，能取得良好的学习效果。

在教育与培训方面的应用可以用 6C 概括：

（1）CAI——计算机辅助教学

CAI（Computer Assisted Instruction，计算机辅助教学）是多媒体技术在教育领域中应用的典型范例，它是新型的教育技术和计算机应用技术相结合的产物，其核心内容是指以计算机多媒体技术为教学媒介而进行的教学活动。

（2）CAL——计算机辅助学习

CAL（Computer Assisted Learning，计算机辅助学习）也是多媒体技术应用的一个方面，它突出教学的中心是学生的学习以及计算机对帮助学生学习的作用。CAL 向受教育者提供有关学习的帮助信息。例如，检索与某个科学领域相关的教学内容，查阅自然科学、社会科学，以及其他领域中的信息，征求疑难问题的解决办法，寻求各个学科之间的关系和探讨共同关心的问题等。

（3）CBI——计算机化教学

CBI（Computer Based Instruction，计算机化教学）是近年来发展起来的，作为较高程度的计算机支持教学应用，它代表了多媒体技术应用的最高境界，CBI 使计算机教学手段从“辅助”位置走到前台来，成为主角。CBI 必将成为教育方式的主流和方向。

（4）CBL——计算机化学习

CBL（Computer Based Learning，计算机化学习）是充分利用多媒体技术提供学习机会和手段的事物。在计算机技术的支持下，受教育者可在计算机上自主学习多学科、多领域的知识。实施 CBL 的关键是在全新的教育理念指导下，充分发挥计算机技术的作用，以多媒体的形式展现学习的内容和相关信息。

（5）CAT——计算机辅助训练

CAT（Computer Assisted Training，计算机辅助训练）是一种教学的辅助手段，主要指计算机在职业技能训练中的应用，它通过计算机提供多种训练科目和练习，使受教育者迅速消化所学知识，充分理解和掌握重点和难点。

（6）CMI——计算机管理教学

CMI（Computer Managed Instruction，计算机管理教学）主要是利用计算机技术解决多方位、多层次教学管理的问题。教学管理的计算机化，可大幅度提高工作效率，使管理更趋科学化和严格化，对管理水平的提高发挥出重要的作用。

由此可见，应用多媒体技术可以比传统的课堂教学或单纯地阅读书面教材效率更高，使用交互式多媒体系统，学生可根据自己的水平和接受能力进行自学，掌握学习进度的主动性，避免了统一教学进度带来的缺点。

2．在通信方面的应用

多媒体通信有着极其广泛的内容，如可视电话、视频会议等已逐步被采用，而信息点播（Information Demand，ID）和计算机协同工作（Computer Supported Cooperative Work，CSCW）系统将给人们的生活、学习和工作产生深刻的影响。

信息点播包括桌上多媒体通信系统和交互电视 ITV。通过桌上多媒体信息系统，人们可以远距离点播所需信息，比如电子图书馆、多媒体数据的检索与查询等。点播的信息可以是各种数据类型，其中包括立体图像和感官信息。用户可以按信息表现形式和信息内容进行检索，系统根据用户需要提供相应服务。而交互式电视和传统电视的不同之处在于用户在电视机前可对电视台节目库中的信息按需选取，即用户主动与电视进行交互并获取信息。交互电视主要由网络传输、视频服务器和电视机机顶盒构成。用户通过遥控器进行简单的点按操作就可对机顶盒进行控制。交互式电视还可提供许多其他信息服务，如交互式教育、交互式游戏、数字多媒体图书、杂志、电视采购、电视电话等，从而将计算机网络与家庭生活、娱乐、商业导购等多项应用密切地结合在一起。

计算机协同工作是指在计算机支持的环境中，一个群体协同工作以完成一项共同的任务。其应用相当广泛，从工业产品的协同设计制造，到医疗上的远程会议；从科学研究应用，即不同地域位置的同行们共同探讨、学术交流，到师生进行协同学习。在协同学习环境中，老师和同学之间、学生与学生之间可在共享的窗口中同步讨论，修改同一多媒体文档，还可利用信箱进行异步修改、浏览等。此外，还有应用在办公自动化中的桌面电视会议可实现异地的人们进行协同讨论和决策。

多媒体计算机+电视+网络将形成一个极大的多媒体通信环境，它不仅改变了信息传递的面貌，带来通信技术的大变革，而且计算机的交互性、通信的分布性和多媒体的现实性相结合，将构成继电报、电话、传真之后的第四代通信手段，向社会提供全新的信息服务。

3．个人信息通信中心

多媒体的一个发展方向是把通信、娱乐和计算机融为一体，具体地讲，是把电话、电视、录像机、传真机、音响设备与计算机集成为一体，由计算机完成视频和音频信息的采样、压缩、恢复、实时处理、特技、视频显示和音频输出，形成多媒体技术新产品，有人称它为个人办公助理（Personal Digital Assistant，PDA）。如果计算机再配置丰富的软件并连接到网络上，PDA 还能翻阅旧的传真文件，草拟编辑文件并控制发送，同时还具有多媒体邮件功能。因此，也有人称之为个人信息通信（Personal Information Communication Center，PIC）中心。1992 年，Apple 公司首先推出了世界上第一个 Newton PDA。MOTOROLA、AT&T、IBM、Philips、National、Casio 及 TOSHIBA 等世界著名厂商相继推出了各具特色的 PDA 产品。在计算机通信实验室和信息产业研究院的带动下，韩国三星、金星、标准电信、首尔大学及 Liberty 公司投资百万美元开发包括操作系统在内的软件、硬件、PCM 卡及个人通信管理系统等与 PDA 有关的关键技术和部件。目前，世界上正形成 PDA 开发热潮，PDA 已成为信息领域又一热门产品。

4. 多媒体信息检索与查询

多媒体信息检索与查询（Multimedia Information Service，MIS）将图书馆中所有的数据、报刊资料输入数据库，人们在家中或办公室里就可以在多媒体终端上查阅。在技术上与此类似，各个商场可以将它们用以介绍商品的录像输入数据库，顾客在家中就可以查看不同商场中的商品、挑选自己中意的商品。这时，屏幕上将按顾客的要求显示出其所感兴趣的如电视机、电冰箱、家具等商品的图像、价钱以及售货员介绍商品性能的配音等。

以通信方式而言，MIS 是一点对一点（信息中心对一个用户）或一点对多点（信息中心对多个用户）的双向非对称系统。从用户到信息提供者（数据库）只传送查询命令，所要求的传输带宽较小；而从数据库传送到用户的信息则是大量的。

多媒体数据库是 MIS 系统中的核心。它需要有适当的数据结构，以表达不同媒体之间的空间与时间关系；对不同媒体要有合理的存储方式，快速提取信息的算法；当数据库是分布式时，要能够将处在不同地域的服务器所提供的信息协调起来提供给用户。由于数据库向用户提供的信息中包括声音和活动图像，并且这些随时间变化的信息不能打印，所以信息中心必须给用户提供一种工具，使之能够有效地浏览数据库中的丰富内容，并以交互方式迅速找到自己所关心的信息。

5. 虚拟现实

多媒体的许多技术及创造发明集中表现在虚拟现实上，像特制的目镜、头盔、数据手套。人机界面将用户“置身于”一个模拟显示环境中。虚拟现实需要很强的计算能力才能接近现实。在虚拟现实中，电子空间是由成百上千的三维空间的几何物体组成，物体越多，描绘这些物体的点越多，分辨率越高，用户所看到的图面就越接近现实。观察位置改变时，每一次移动或每一个动作都需要计算机重新计算被观察的所有图像的位置、角度、尺寸以及形状，成千上万次的计算必须有极高的运算速度才能实现。在万维网中，传递虚拟现实世界的标准或虚拟现实语言文本（VRML）都已被成功开发。

图 1-2 虚拟动物

在电影艺术中，有计算机技术的支持，使艺术家可以大胆、甚至荒唐的构思，在数码技术的帮助下，几乎任何惊奇的影视特技、夸张的凶险场景都能实现，如图 1-2 所示。

6. 多媒体技术在其他方面的应用

多媒体技术给出版业带来了巨大的影响，其中近年来出现的电子图书和电子报刊就是应用多媒体技术的产物。电子出版物以电子信息为媒介进行信息存储和传播，是对以纸张为主要载体进行信息存储与传播的传统出版物的一个挑战。用 CD-ROM 代替纸介质出版各类图书是印刷业的一次革命。电子出版物具有容量大、体积小、成本低、检索快、易于保存和复制、能存储音像图文信息等优点，因而前景乐观。

利用多媒体技术可为各类咨询提供服务，如旅游、邮电、交通、商业、金融、宾馆等。使用者可通过触摸屏进行独立操作，在计算机上查询需要的多媒体信息资料，用户界面十分友好，用手指轻轻一点，便可获得所需信息。

多媒体技术还将改变未来的家庭生活，多媒体技术在家庭中的应用将使人们在家中上班成为现实。人们足不出户便能在多媒体计算机前办公、上学、购物、打可视电话、登记旅行、召开电视会议等，多媒体技术还可使烦琐的家务随着自动化技术的发展变得轻松、简单，家庭主妇坐在计算机前便可操作一切。

综上所述，多媒体技术的应用非常广泛，它既能覆盖计算机的绝大部分应用领域，同时也拓展了新的应用领域，它将在各行各业中发挥出巨大的作用。正如 ISO、IEC 和 ITU 等国际组织领导人所一致认为的："没有人能准确无误地预言把电话、电视、传真、计算机、复印机和视频摄像机结合在一起的设备将给我们的工作和生活带来的全部影响"。

1.2.2　多媒体技术的发展方向

1. 多媒体通信网络环境的研究和建立

多媒体通信网络环境的研究和建立，将使多媒体从单机单点向分布、协同多媒体环境发展，在世界范围内建立一个可全球自由交互的通信网。对该网络及其设备的研究和网上分布应用与信息服务研究将是热点。未来的多媒体通信将朝着不受时间、空间、通信对象等方面的任何约束和限制的方向发展，其目标是"任何人、在任何时刻、与任何地点的任何人进行任何形式的通信"。人们将通过多媒体通信迅速获取大量信息，反过来又以最有效的方式为社会创造更大的社会效益。

2. 研究多媒体基于内容的处理

利用图像理解、语音识别、全文检索等技术，研究多媒体基于内容的处理、开发能进行基于内容处理的系统是多媒体信息管理的重要方向。

3. 多媒体标准的研究

多媒体标准仍是研究的重点。各类标准的研究将有利于产品规范化，应用更方便。因为以多媒体为核心的信息产业突破了单一行业的限制，涉及诸多行业，而多媒体系统集成特性对标准化提出了很高的要求，所以必须开展标准化研究，它是实现多媒体信息交换和大规模产业化的关键所在。

4. 多媒体技术与相邻技术相结合

多媒体技术与相邻技术相结合，提供了完善的人机交互环境。同时多媒体技术继续向其他领域扩展，使其应用的范围进一步扩大。多媒体仿真、智能多媒体等新技术层出不穷，扩大了原有技术领域的内涵，并创造出了新的概念。

5. 虚拟现实技术的研究

多媒体技术与外围技术构造的虚拟现实研究仍在继续发展。多媒体虚拟现实与可视化技术需要相互补充，并与语音、图像识别、智能接口等技术相结合，建立高层次虚拟现实系统。

其总的发展趋势是具有更好、更自然的交互性，更大范围的信息存取服务，为未来人类生活创造出一个在功能、空间、时间及人与人交互方面更完美的崭新世界。

1.3　多媒体关键技术

在开发多媒体应用系统中，要使多媒体系统能交互地综合处理和传输数字化的声音、文字、图像信息，实现面向三维图形、立体声音、彩色全屏幕运动画面的技术处理和传播的效果，其关键技术是要进行数据压缩、数据解压缩、生产专用芯片、解决大容量信息存储等问题。

1. 多媒体数据压缩和解压缩技术

研制多媒体计算机需要解决的关键问题之一是要使计算机能实时地综合处理声、文、图等信息。由于多媒体数据具有数据量巨大、数据类型多、数据类型间区别大和多媒体数据输入/输出复杂的特点，使数字化的图像、声音等媒体数据量非常大，致使在目前流行的计算机产品中，特别是微机系列上开展多媒体应用难以实现。例如，未经压缩的视频图像一秒钟数据量约占 27 MB 存储空间，一分钟立体声音乐也需要 100 MB 存储空间。视频与音频信号不仅需要较大的存储空间，还要求传输速度快。因此，既要对数据进行压缩和解压缩的实时处理，又要进行快速传输处理。这对目前的微机来说无法胜任。因此，必须对多媒体信息进行实时压缩和解压缩。如果不经过数据压缩，实时处理数字化较长的声音和多帧图像信息所需要的存储容量、传输率和计算速度都是目前 PC 难以达到的和不经济实用的。数据压缩技术的发展大大推动了多媒体技术的发展。

目前的研究结果表明，选用合适的数据压缩技术，有可能将字符数据量压缩到原来的 1/2 左右，语音数据量压缩到原来的 1/2～1/10，图像数据量压缩到原来的 1/2～1/60。数据压缩理论的研究已有 40 多年的历史，技术日趋成熟。如今已有压缩编码/解压缩编码的国际标准 JPEG 和 MPEG，视频数据量通常可以压缩到原来的 1/100，并且已经产生了各种各样针对不同用途的压缩算法、压缩手段和实现这些算法的大规模集成电路和计算机软件。

2. 多媒体数据库技术

随着多媒体计算机技术的发展，面向对象技术的成熟以及人工智能技术的发展，多媒体数据库、面向对象的数据库以及智能化多媒体数据库的发展越来越迅速，它们将进一步发展或取代传统的数据库，形成对多媒体数据进行有效管理的新技术。

3. 多媒体信息检索技术

多媒体信息检索是根据用户的要求，对文本、图形、图像、声音和动画等多媒体信息进行检索，以得到用户所需要的信息。

计算机使用自然语言查询和概念查询对返回给用户的信息进行筛选，使相关数据的定位更为简单和精确；聚集功能将查询结果组织在一起，使用户能简单地识别并选择相关的信息；摘要功能能够对查询结果进行主要观点的概括，使用户不必查看全部文本就可以确定所要查找的信息。

4. 多媒体专用芯片技术

专用芯片是多媒体计算机硬件体系结构的关键，因为实现音频、视频信号的快速压缩、解压缩和播放处理，需要大量的快速计算。而实现图像的许多特殊效果（如改变比例、淡入/淡出、马赛克等）、图形的处理（图形的生成和绘制等）、语音信号处理（抑制噪声、滤波）等，也都需要较快的运算和处理速度。因此，只有采用专用芯片，才能取得满意的效果。

多媒体计算机专用芯片可归纳为两种类型：一种是固定功能的芯片，另一种是可编程的数字信号处理器（DSP）芯片。DSP 芯片是为完成某种特定信号处理设计的，在通用机上需要多条指令才能完成的处理，在 DSP 上可用一条指令完成。

最早出现的固定功能专用芯片是基于图像处理的压缩处理芯片，即将实现静态图像的数据压缩/解压缩算法做在一块芯片上，从而大大提高其处理速度。此后，许多半导体厂商或公司又推出了执行国际标准压缩编码的专用芯片，例如，支持用于运动图像及其伴音压缩的 MPEG 标准芯片，芯片的设计还充分考虑到 MPEG 标准的扩充和修改。由于压缩编码的国际标准较多，一些厂家和公司还推出了多功能视频压缩芯片。另外还有高效可编程多媒体处理器，其计算能力可望达到 2 BIPS（Billion Instructions Per Second）。这些高档的专用多媒体处理器芯片，不仅大大提高了音频、视频信号处理速度，而且在音频、视频数据编码时可增加特技效果。

5．大容量信息存储技术

多媒体的音频、视频、图像等信息虽经过压缩处理，但仍然需要相当大的存储空间。而且硬盘存储器的盘片是不可交换的，不能用于多媒体信息和软件的发行。大容量只读光盘存储器（CD-ROM）的出现，解决了多媒体信息存储空间及交换问题。

CD-ROM 以存储量大、密度高、介质可交换、数据保存寿命长、价格低廉以及应用多样化等特点成为多媒体计算机中必不可少的设备。利用数据压缩技术，在一张 CD 上能够存取 74 min 运动的视频图像或者十几个小时的语音信息或数千幅静止图像。CD-ROM 技术已比较成熟，但速度慢，其只读特点适合于需长久保存的资料。在 CD-ROM 基础上，还开发了 CD-I 和 CD-V，即具有活动影像的全动作与全屏电视图像的交互式可视光盘。在只读 CD 家族中还有称为“小影碟”的 VCD，可刻录式光盘 CD-R，高画质、高音质的 DVD 以及用数字方式把传统照片转存到光盘，使用户在屏幕上可欣赏高清晰度的照片的 CD。DVD（Digital Video Disc）是 1996 年底推出的新一代光盘标准，它使得基于计算机的数字视盘驱动器能从单个盘片上读取 4.7～17 GB 的数据量，而盘片的尺寸与 CD 相同。

6．多媒体输入/输出技术

多媒体输入/输出技术包括媒体变换技术、媒体识别技术、媒体理解技术和综合技术。

媒体变换技术指改变媒体的表现形式，如当前广泛使用的视频卡、音频卡（声卡）都属媒体转换设备。

媒体识别技术是对信息进行一对一的映像过程。例如，语音识别是将语音映像为一串字、词或句子；触摸屏是根据触摸屏上的位置识别其操作要求。

媒体理解技术是对信息进行更进一步的分析处理和理解信息内容，如自然语言理解、图像理解、模式识别等技术。

媒体综合技术是把低维信息表示映像成高维的模式空间的过程。例如，语音合成器就可以把语音的内部表示综合为声音输出。语音识别和语音合成技术是实现人机语言通信及建立一个有听和讲的口语系统所必需的两项关键技术。使计算机具有类似于人一样的说话和听懂人说话的能力。

前两种技术相对比较成熟，应用较广泛，而媒体理解和综合技术目前还不成熟，只用在某些特定场合。

7．多媒体软件技术

多媒体软件技术主要包括多媒体操作系统、多媒体素材采集与制作技术、多媒体编辑与创作技术、多媒体应用程序开发技术、多媒体数据库管理技术等。

（1）多媒体操作系统

多媒体操作系统是多媒体软件的核心，它负责多媒体环境下多任务的调度、保证音频、视频同步控制以及信息处理的实时性，提供多媒体信息的各种基本操作和管理，具有对设备的相对独立性与可扩展性。要求该操作系统要像处理文本、图像文件一样方便灵活地处理动态音频和视频；在控制功能上，要扩展到对录像机、音响、MIDI 等声像设备以及 CD-ROM 存储设备等。多媒体操作系统要能处理多任务，易于扩充；要求数据存取与数据格式无关；提供统一的友好界面。为支持上述要求，一般是在现有操作系统上进行扩充。Windows、OS/2 和 Macintosh 操作系统都提供了对多媒体的支持。在我国，目前微机上开发多媒体软件用得较多的是 Windows 操作系统。

（2）多媒体素材采集与制作技术

多媒体素材的采集与制作主要包括采集并编辑多种媒体数据，如声音信号的录制、编辑和播放；图像扫描及预处理；全动态视频采集及编辑；动画生成编辑；音/视频信号的混合和同步等。同时还涉及相应的媒体采集、制作软件的使用问题。

（3）多媒体编辑与创作工具

多媒体编辑创作软件又称多媒体创作工具，是多媒体专业人员在多媒体操作系统上开发的，供应用领域的专业人员组织编排多媒体数据，并把它们连接成完整的多媒体应用系统的工具。高档的创作工具可用于影视系统的动画制作及特技效果等，中档的用于培训、教育和娱乐节目制作等，低档的可用于商业简介、家庭学习材料的编辑等。

（4）多媒体数据库技术

由于多媒体信息是结构型的，传统的关系数据库已不适用于多媒体的信息管理，需要从下面几个方面研究数据库：

① 多媒体数据模型。目前主要采用基于关系模型加以扩充，因为传统的关系数据库将所有的对象都看成二维表，难以处理多媒体数据模型。而面向对象技术的发展推动了数据库技术的发展，面向对象技术与数据库技术的结合导致基于面向对象模型和超媒体模型的数据库的研究。

② 媒体数据压缩和解压缩的模式。该技术主要解决多媒体数据过大的空间和时间开销问题。压缩技术要考虑算法复杂度、实现速度以及压缩质量等问题。

③ 多媒体数据管理及存取方法。多媒体数据库除了采用目前常用的分页管理、B^+树和 HASH 方法外，还要引入矢量空间模型信息索引检索技术，智能索引技术以及基于内容的检索方法等。尤其是超媒体组织数据机制更为多媒体数据库操作增加了活力。

④ 用户界面。用户界面除提供多媒体功能调用外，还应提供对各种媒体的编辑功能、变换功能和用户接口。

（5）超文本/超媒体技术

超文本是一种新颖的文本信息管理技术，它提供的方法是建立各种媒体信息之间的网状链接结构。这种结构由结点组成，没有固定的顺序，也不要求必须按某个顺序检索，与传统的线性文本结构有着很大的区别。以结点为基础的信息块容易按照人们的“联想”关系加以组织，符合人们的“联想”逻辑思维习惯。

一般把已组织成网状的信息称为超文本，而把对其进行管理使用的系统称为超文本系统。典型的超文本系统应具有用于浏览结点、防止迷路的交互式工具，即浏览器或称导航图，它是超文本网络的结构图与数据中的结点和链形成的一一对应的关系。导航图可以帮助用户在网络中定向和观察信息的连接。如果超文本中结点的数据不仅可以是文本，还可以是图像、动画、音频、视频，则称为超媒体。超文本和超媒体已广泛应用于多媒体信息管理中。

（6）多媒体应用开发技术

在多媒体应用开发方面，目前还缺少一个定义完整的应用开发方法学。采用传统的软件开发方法在多媒体应用领域中成功的例子很少。多媒体应用的开发会使一些采用不同问题解决方法的人集中到一起，包括计算机开发人员、音乐创作人员、图像艺术家等，他们的工作方法以及思考问题的方法都将是完全不同的。对于项目管理者来说，研究和推出一个多媒体应用开发方法学将是极为重要的。如采用视景仿真技术，可避免使用实际资源，这样既可降低成本，又可保证人身安全，如图 1-3 所示。

图 1-3　视景仿真

8. 多媒体通信技术

多媒体通信要求能够综合地传输、交换各种信息类型，而不同的信息呈现出不同的特征。如语音和视频有较强的适应性要求，它允许出现某些文字的错误，但不能容忍任何延迟。而对于数据来说，则可容忍延迟，但却不能有错，因为即使是一个字节的错误都会改变数据的意义。

多媒体通信技术包含语音压缩、图像压缩及多媒体的混合传输技术。为了只用一根电话线同时传输语音、图像、文件等信号，必须要用复杂的多路混合传输技术，而且要采用特殊的约定来完成。

现有的通信网大都不太适应数字化的多媒体数据的传输。人们期望未来能够将多种网络进行统一，包括用于话音通信的电话网、用于计算机通信的计算机网和用于大众传播的广播电视网。对于实时性要求不高且数据量不很大的应用来说，矛盾尚不突出。但一旦涉及大量的数据，许多网络中的特性就难以满足要求，宽带综合业务数字网（B-ISDN）是解决这个问题的一个比较完整的方法，其中 ATM（异步传送模式）是近年来在研究和开发上的一个重要成果。

实现多媒体通信，对不同的应用，其技术支持要求也有所不同。例如，在信息点播服务中，用户和信息中心为点对点的关系，信息的传输要采用双向通路。电视中心把信息发往各用户则要实现一点对多点的关系，而在协同工作环境应用中，各用户的关系就成为多点对多点，所以多媒体通信技术要提供上述连接类型。

9. 虚拟现实技术

虚拟现实技术是多媒体技术的最高境界，也是当今计算机科学中最尖端的课题。虚拟现实是计算机硬件技术、软件技术、传感技术、人工智能及心理学等技术的综合。它利用数字媒体系统生成一个具有逼真的视觉、听觉、触觉及嗅觉的模拟现实环境，受众可以用人的自然技能对这一虚拟的现实进行交互体验，仿佛在真实的现实中体验一样。

虚拟现实技术是用计算机技术建立一个逼真的视觉、听觉、触觉及味觉等感官世界的技术。虚拟现实的本质是人与计算机之间进行交流的方法，它以其更加高级的集成性和交互性，给用户以十分逼真的体验，可以广泛应用于模拟训练、科学可视化等领域，如飞机驾驶训练、分子结构世界、宇宙作战游戏等。

虚拟现实的定义可归纳为：利用计算机技术生成的一个逼真的视觉、听觉、触觉及嗅觉等的感觉世界，用户可以用人的自然技能对这个生成的虚拟实体进行交互考察。这个定义有 3 层含义：首先，虚拟实体是用计算机来生成的一种模拟环境，“逼真”就是要达到三维视觉，甚至包括三维的听觉及触觉、嗅觉等；其次，用户可以通过人的自然技能与这个环境交互，这里的自然技能可以是人的头部转动、眼睛转动、手势或其他的身体动作；第三，虚拟现实往往要借助于一些三维传感设备来完成交互动作，常用的如头盔立体显示器、数据手套、数据服装、三维鼠标等。

小　　结

本章主要介绍了多媒体和多媒体技术的定义及特点、多媒体计算机要解决的关键技术以及多媒体技术的应用和发展、各类媒体的形式和特点。通过本章的学习，应掌握多媒体和多媒体技术的概念，了解多媒体技术的应用和发展。

思考与练习

一、选择题

1．多媒体计算机中的媒体信息是指（　　）。

A．数字、文字　　B．声音、图形　　C．动画、视频　　D．图像、动画

2．多媒体技术的主要特点是（　　）。

A．多样性　　B．集成性　　C．交互性　　D．实时性

3．媒体中的（　　）指的是能直接作用于人们的感觉器官，从而使人产生直接感觉的媒体。

A．感觉媒体　　B．表示媒体　　C．显示媒体　　D．存储媒体

二、简答题

1．什么是媒体？它有哪两种含义？

2．什么是多媒体技术？计算机“多媒体”术语的内涵是什么？

3．多媒体技术有哪些主要特性？

4．多媒体技术有哪些基本技术和关键技术？

5．简述多媒体计算机系统各层作用。

6．举例说明几个所接触的多媒体技术应用实例，并分析说明。

第2章 多媒体计算机系统

总体要求：

- 理解多媒体系统硬件和软件环境
- 掌握 MPC 的概念、基本结构和主要特征
- 掌握多媒体计算机硬件的应用

核心技能点：

- 具有多媒体计算机硬件的应用能力
- 具有多媒体计算机硬件的安装、配置、使用、维护能力

扩展技能点：

- 具有多媒体光存储技术及光盘的应用能力
- 掌握扫描仪、投影机的应用能力
- 掌握 USB 和 IEEE 1394 接口的工作原理及应用能力
- 具有配置多媒体计算机的能力
- 具有选购应用多媒体计算机输入/输出设备的能力

相关知识点：

- 多媒体计算机的基本设备和扩展设备的工作原理和应用
- 理解多媒体系统软件

学习重点：

- 多媒体系统的建立和应用

多媒体技术使计算机可以综合处理声音、文本、图像、动画、视频等多媒体信息，从根本上改变了原来基于字符的各种计算机处理。计算机提供的声音、文本、图像、动画、视频等智能接口，使人机可以多种方式进行信息交流。同时，多媒体信息的获取和表现也需要有专门的外围设备，因此多媒体计算机是一个高性能的计算机系统。

2.1 多媒体系统的组成

多媒体系统（Multimedia System）是指多媒体终端设备、多媒体网络设备、多媒体服务系统、多媒体软件及有关的媒体数据组成的有机整体。当多媒体系统只是单机系统时，可以只包含多媒体终端系统和相应的软件及数据，例如多媒体个人机（Multimedia Personal Computer，MPC）。而

在大多数情况下，多媒体系统是以网络形式出现的，至少在概念上应是与网络互联的，通过网络获取服务、与外界进行联系。从广义上讲，就是信息系统的一种新的形式：多媒体信息系统。

多媒体计算机系统是指以通用或专用计算机为核心，以多媒体信息处理为主要任务的计算机系统，它能灵活地调度和使用多种媒体信息，使之与硬件协调地工作，并且具有交互性。因此多媒体计算机系统是一个复杂的软、硬件结合的综合系统。

典型的多媒体计算机系统有 Amiga 系统、CD-I 系统、DVI 系统、Macintosh 多媒体计算机系统、多媒体工作站以及多媒体个人计算机系统（MPC）。

1．多媒体系统的基本组成

多媒体系统是一个复杂的软、硬件结合的综合系统。多媒体系统把音频、视频等媒体与计算机系统集成在一起组成一个有机的整体，并由计算机对各种媒体进行数字化处理。由此可见，多媒体系统不是原系统的简单叠加，而是有其自身结构特点的系统。组成一个成熟而完备的多媒体系统，其要求是相当高的。

（1）计算机硬件系统

构成多媒体系统除了需要较高配置的传统计算机硬件之外，通常还需要音频、视频处理设备、光盘驱动器、各种多媒体输入/输出设备等。与常规的个人计算机相比，多媒体计算机的硬件结构只是多一些硬件的配置而已。目前，计算机厂商为了满足越来越多的用户对多媒体系统的要求，采用两种方式提供多媒体所需的硬件：一是把各种部件都做在计算机的主板上，如 Tandy、Philips 等公司生产的多媒体计算机；二是生产各种有关的板、卡等硬件产品和工具，插入现有的计算机中，使计算机升级而具有多媒体的功能。一般来说，多媒体计算机的基本硬件结构有以下基本要求：

① 功能强大、速度快、高性能的 CPU。

② 可存放大量数据的足够大的存储空间。

③ 高分辨率的显示接口与设备，可以使动画、图像能够图文并茂的显示。

④ 高质量的声卡，可以提供优质的数字音响。

⑤ 可以处理图像的接口设备。

⑥ 能够管理、控制各种接口与设备的软件。

（2）多媒体接口卡

多媒体接口卡是根据多媒体系统对获取、编辑音频或视频的需要而插接在计算机上的。多媒体接口卡可以连接各种计算机的外围设备、解决各种多媒体数据输入/输出的问题，建立可以制作或播出多媒体系统的工作环境。常用接口卡包括声卡（音频卡）、语音卡、声控卡、图形显卡、光盘接口卡、VGA/TV 转换卡、视频捕捉卡及非线性编辑卡等。

（3）多媒体外围设备

① 视频、音频输入设备：包括 CD-ROM、扫描仪、摄像机、录像机、数码照相机、激光唱盘、MIDI 合成器和传真机等。

② 视频、音频播放设备：包括电视机、投影仪、音响器材等。

③ 交互设备：包括键盘、鼠标、高分辨率彩色显示器、激光打印机、触摸屏、光笔等。

④ 存储设备：如磁盘、WORM 和光存储器等。

2．多媒体计算机

多媒体计算机技术是现代计算机技术的重要发展方向，也是现代计算机技术发展最快的领域之一。多媒体计算机技术与通信技术的结合将从根本上改变现代社会的信息传播方式，是信息高速公路的基础。多媒体计算机技术在 20 世纪 80 年代兴起后，得到了蓬勃的发展和广泛的应用。

多媒体计算机简称 MPC（Multimedia Personal Computer），是指具有多媒体功能，符合多媒体计算机规范的计算机。1990 年 11 月，在 Microsoft 公司的主持下，Microsoft、IBM、Philips、NEC 等较大的多媒体计算机厂商召开了多媒体开发者会议，成立了多媒体计算机市场协会（Multimedia PC Marketing Council），进行多媒体标准的制定和管理。该组织根据当时计算机的发展水平制定了多媒体计算机的基本标准 MPC1，对多媒体计算机硬件规定了必须的技术规格。

1995 年 6 月，该组织更名为"多媒体个人计算机工作组"（Multimedia PC Working Group），公布了新的多媒体计算机标准，即 MPC3。MPC3 多媒体计算机配置示意图如图 2-1 所示。

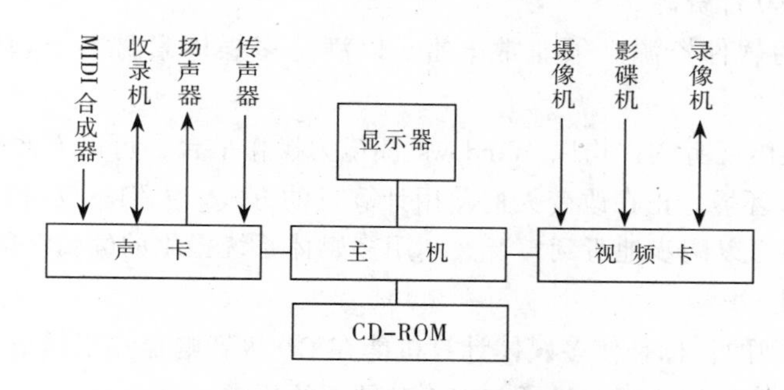

图 2-1　MPC3 多媒体计算机配置示意图

MPC3 多媒体计算机的基本要点如下：

① 微处理器：Pentium 75 MHz 或更好的微处理器。

② 内存：8 MB 以上内存。

③ 磁盘：1.44 MB 软驱，540 MB 以上的硬盘。

④ 图形性能：可进行颜色空间转换和缩放；视频图像子系统在视频允许时可进行直接帧存取，以 15 位/像素、352 × 240 分辨率、30 f/s 播放视频，不要求缩放和裁剪。

⑤ 视频播放：Codec（编码和解码）都应在 15 位/像素、352 × 240 分辨率、30 f/s（或 352 × 288 分辨率，25 f/s），播放视频时支持同步的声频/视频流，不丢帧。

⑥ 声卡：16 位声卡，波表合成技术，MIDI 播放。

⑦ CD-ROM：数据传输速率 600 kbit/s，平均访问时间 250 ms，符合 CD-XA 规格，具备多段式能力。

MPC 标准规定多媒体计算机的最低配置，可用一个简单的公式表示为：

MPC=微型机（PC）+ CD-ROM +声卡

一台普通 PC 加上声卡和 CD-ROM 驱动器，就能处理声音和获取较大容量的数据，具备多媒体的基本特性。

3. 多媒体计算机的主要特征

（1）具有激光驱动器

光驱和光盘是多媒体技术的基础，它是最经济、最便捷和最实用的数据载体。

（2）输入手段丰富

多媒体计算机的输入手段很多，用于输入各种媒体内容。除了常用的键盘和鼠标以外，一般还具备扫描输入、手写输入和文字识别输入等。

（3）输出种类多且质量高

多媒体计算机可以以多种形式输出多媒体信息。例如，音频输出、投影输出、视频输出以及帧频输出等。

（4）显示质量高

由于多媒体计算机通常配备先进的高性能图形显卡和质量优良的显示器，因此图像的显示质量比较高。高质量的显示品质为图像、视频信号、多种媒体的加工和处理提供了不失真的参照基准。

（5）具有丰富的软件资源

多媒体计算机的软件资源必须非常丰富，以满足多媒体素材的处理以及其程序的编制需求。

目前，大量多媒体视听软件均以 Windows 环境为操作平台，可以方便地在 MPC 上运行。MPC 所提供的多媒体环境，正在改变人们使用计算机的方式。人们不仅看到显示器上文字、图形、图像等信息，还可以同步地听到声音。利用多媒体系统提供的编辑功能，还能够对图像、影视进行配音和录制。

MPC3 标准要达到的目标是使多媒体计算机能在 CD 级音响伴奏下播放全屏幕 MPEG 视频。目前市场上的主流计算机配置都超过了 MPC3 对硬件的要求。

多媒体个人计算机系统发展速度最快，并且得到了大部分厂商的支持，它是以 PC 为基础增加多媒体升级套件而形成的，已成为多媒体计算机主流。可以将多媒体计算机系统划分为 3 类：

① 多媒体个人计算机 MPC。

② 通用计算机多媒体系统，如 Macintosh、CD-I、DVI 等。

③ 多媒体工作站。

2.2 计算机基本设备

计算机的硬件是指由各种电子线路、器件、机械装置组成的看得见摸得着的物理实体。在主机箱外面的是外部硬件，而在主机箱内的是内部硬件。下面简单介绍组成计算机的主要硬件，在后面的章节中，再具体介绍各个硬件。

主机是计算机最重要的部件，它是由 CPU、主板、内存、显卡、硬盘、光驱、声卡、网卡等硬件构成，如图 2-2 所示是机箱内部的情况。

1. 中央处理器

中央处理器（Central Processing Unit，CPU）是计算机的心脏，是计算机中最重要的组件，它决定计算机的基本性能。目前市场上的主流 CPU 主要有 Intel 的 Celeron、Pentium 和酷睿系列和 AMD 的速龙和羿龙系列等。如图 2-3 所示是两款目前比较流行的 CPU 外观。

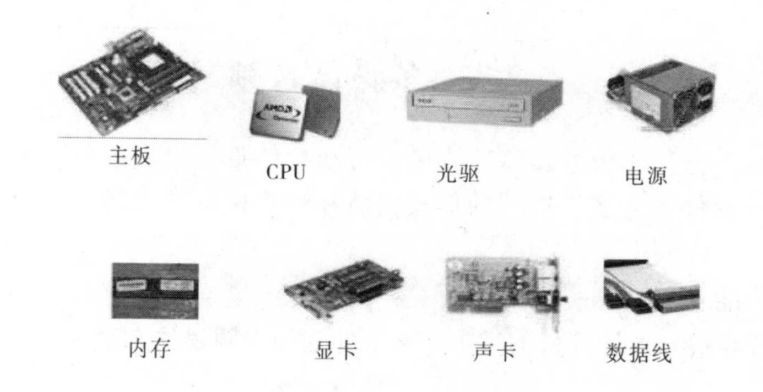

图 2-2　主机箱内的硬件

（a）Intel CPU　　（b）AMD CPU

图 2-3　CPU 外观

2. 主板

主板是承载计算机所有硬件设备运行的平台，它既是连接各个部件的物理通路，也是各部件之间数据传输的逻辑通路。

计算机中的各种组件，不是直接安插在主板上，就是通过总线接口或连线连接到主板上。主板的上面布满了各种电子元件、插槽和接口等，这样主板才能将各种设备如 CPU、内存、扩展卡、硬盘等紧密地联系在一起。根据 CPU 接口类型的不同，主板也分为不同的类型，不同总线接口的主板互不兼容，例如 AMD 的 CPU 与 Intel 的 CPU 所使用的主板不能互用。如图 2-4 所示是一款 Pentium 4 主板的外观。

3. 内存

内存的作用是为硬盘与 CPU 传递数据，当退出程序或关闭计算机后，其数据信息就会丢失。因此，内存的性能和容量，在整个系统中起着举足轻重的作用。目前，个人计算机中最常用的内存有 DDR、DDR 2 和 DDR 3 这 3 种。如图 2-5 所示是一款 DDR 内存的外观。

图 2-4　Pentium 主板

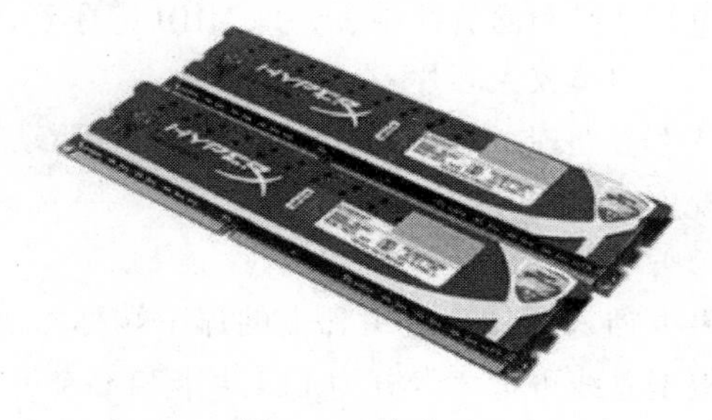

图 2-5　内存

2.3 多媒体音频

音频卡（声卡）已经成为多媒体计算机不可缺少的重要组成部分。音频卡是处理各类型数字化声音信息的硬件，大多以插件的形式安装在计算机的扩展槽上，也有的与主板集成在一起。

1. 声卡的功能

声卡是处理音频信号的计算机的插卡。声卡处理的音频媒体有数字化声音、合成音乐、CD音频等。

（1）音频的录制与播放

通过声卡及相应驱动程序的控制，可采集来自话筒、收录机等音源的信号，压缩后存放于个人计算机系统的内存或硬盘中；将硬盘或激光盘片上压缩的数字化声音文件还原，重建高质量的声音信号，放大后通过扬声器输出；对数字化的声音文件进行编辑加工，以达到某一特殊效果。控制音源的音量，对各种音源进行混合，即声卡具有混响器的功能。

（2）音频文件的编辑与合成

在声音采集录制完成后，总有一些不尽人意的地方，声卡配合软件可以对声音文件格式提供编辑与合成，可以对声音文件进行多种特殊效果的处理，包括倒播、回音、剪裁、淡入、淡出、交换声道以及声音左右移位等，这些对音乐创作者是非常有用的。

（3）MIDI 接口和音乐合成

MIDI 是指乐器数字接口，是数字音乐的国际标准。MIDI 接口所定义的 MIDI 文件实际上是一种记录音乐符号的数字音频。MIDI 功能使计算机可以控制多台具有 MIDI 接口的电子乐器。同时，在驱动程序的控制下，声卡将以 MIDI 格式存放的文件输出到相应的电子乐器中，发出相应的声音。

（4）语音识别和语音合成技术

利用语音识别技术，通过声卡识别操作者的声音实现人机对话。利用语音合成技术，通过声卡朗读文件信息，如读英文单词或句子。

2. 声卡的结构

声卡由声音处理芯片、功率放大器、总线连接端口、输入/输出端口、MIDI 及游戏杆接口（共用一个）、CD 音频连接器等构成，尽管不同的声卡其布局不同，但仍有这些结构组件。

（1）声音处理芯片

通常是最大的、四边都有引线的集成块。声音处理芯片决定了声卡的性能和档次，其基本功能包括采样和回放控制、处理 MIDI 指令等，有的还有混响、合声等功能。

（2）功率放大芯片

从声音处理芯片出来的信号不能直接驱动扬声器，功率放大芯片（简称功放）将信号放大以实现这一功能。

（3）总线连接端口

声卡插入到计算机主板上的那一端称为总线连接端口，它是声卡与计算机交换信息的桥梁。根据总线可把声卡分为 PCI 声卡和 ISA 声卡，目前市场多为 PCI 声卡。

（4）输入/输出端口

在声卡与主机箱连接的一侧有 3～4 个插孔，声卡与外围设备的连接如图 2-6 所示，通常是 Speaker Out、Line In、Line Out、Mic In 等。

① Speaker Out 端口连接外部音箱。

② Line In 端口连接外部音响设备的 Line Out 端。

③ Line Out 端口连接外部音响设备的 Line In 端。

④ Mic In 端口用于连接话筒，可录制解说或者通过其他软件（如汉王、天音话王等）实现语音录入和识别。

上述 4 种端口传输的是模拟信号，如果要连接高档的数字音响设备，需要有数字信号输入/输出端口。高档声卡能够实现数字声音信号的输入/输出功能，输出端口的外形和设置随厂家不同而异，具体可以查看随卡的说明书。

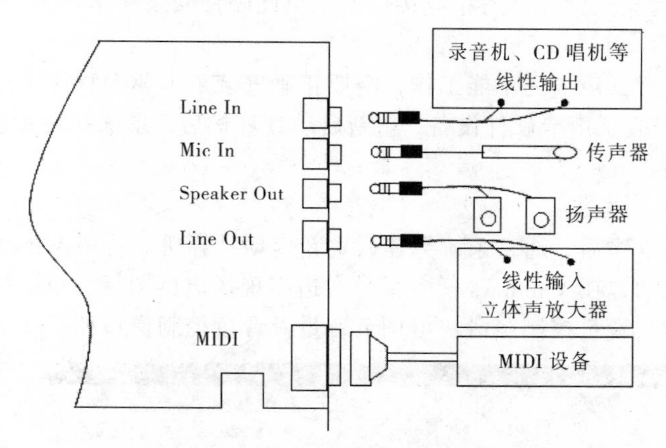

图 2-6　声卡与外围设备的连接

（5）跳线和接口

在早期面市的声卡上多数都有跳线，它的作用是给声卡设置通道和中断信号，以使操作系统与声卡能进行信号传输。现在的绝大多数声卡采用了软件设置通道的方式，但是其上还是有跳线，这种跳线的作用是区分输出的插孔是 Speaker Out 还是 Line Out。

3．声卡的种类

目前计算机硬件市场的声卡主要是 16 位声卡。16 位声卡的最高采样频率为 44.1 kHz（即每秒采样 441 000 个点），每一采样点用 16 位二进制表示，即对模拟信号的分辨率为 1/65 536，效果较好。16 位声卡几乎都是双声道（即立体声），近期推出的 16 位声卡采用了数字信号处理芯片，大大减轻了多媒体个人计算机系统中的负担。如图 2-7 所示是一款较流行的创新声卡。

4．声卡的安装与设置

（1）硬件安装

① 断开主机和显示器电源，建议拔掉电源线插头。

② 打开主机箱，找一个空闲的 PCI 插槽，卸下该插槽对应机箱后部的挡板。

③ 把声卡对准插槽，使有输出接口的挡板面向机箱后侧，然后适当用力平稳地将卡向下压入槽中。注意声卡底部金手指的凹部与扩展槽中的相应部位对齐，确保声卡电路板底部的金

手指与插槽接触良好。

图 2-7　创新声卡

④ 将声卡的金属挡板用螺钉固定在条形窗口顶部。

⑤ 将音箱、话筒连接到声卡的相应接口上，至此硬件安装完毕。

（2）软件安装

安装好声卡硬件后，声卡还不能工作，需要正确安装声卡驱动程序（声卡厂商以软磁盘或光盘形式提供）。在安装了声卡硬件设备，重新启动计算机后，系统就会发现它，然后根据系统提示的步骤完成安装。

（3）声卡测试

安装完声卡驱动程序后，通常系统会建议重新启动计算机。若在 Windows 启动中有启动音乐，表明声卡安装成功，在 Windows 任务栏最右边出现扬声器图标。单击扬声器图标，在弹出的“音量”框中拖动“音量控制”滑块可调节音量。音量控制窗口如图 2-8 所示。

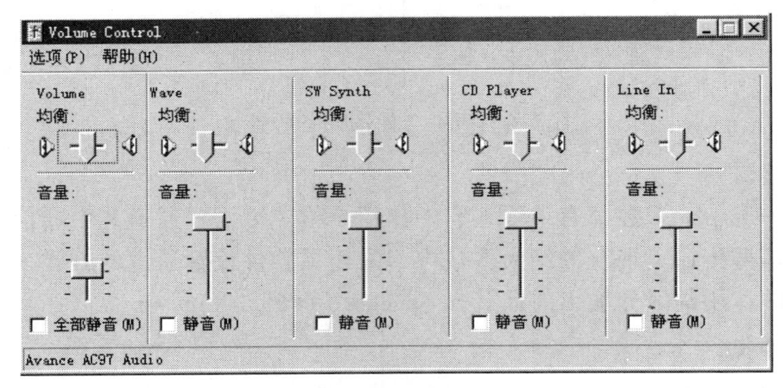

图 2-8　音量控制窗口

若没有声音播出，可能有两种情况：一是插孔接触不良，应检查扬声器插孔、音量开关等；二是配置产生冲突，进入“控制面板”的“系统设置”窗口查看是否有冲突。

5. 扬声器

人们使用多媒体计算机对声音进行处理，最终目的是重放声音。重放声音的工作由声音还原设备承担。所有的声音还原设备全部使用音频模拟信号，把这些设备与声卡的线路输出端口或扬声器输出端口进行正确的连接，即可播放计算机中的声音。主要的声音还原设备如下：

① 耳机：阻抗为 8Ω、16Ω、32Ω的立体声耳机。

② 小型分立式扬声器：这是一种自带电源和音频放大器的小型音箱，通常是多媒体计算机的配套设备。这种带有电源和音频放大器的小音箱左、右声道各配置一个，叫做“有源音箱”，

带有防磁功能，其输入信号的幅度在 80 mV～1 000 mV 之间，通常与声卡的线路输出（Line Out）端口相连。

③ 内置扬声器：这是一种把扬声器放在计算机设备内部的配置方式。例如，把扬声器放置在显示器的内部，也有的把扬声器放置在主机箱中。由于计算机设备内部的电子器件密集，因此内置扬声器普遍采用电磁屏蔽设计，防止与计算机中的其他部件互相干扰。另外，由于受到计算机内部空间的限制，内置扬声器的体积不会很大，因此这类扬声器具有高音清脆、中音透明度不够、低音不足的特点。内置扬声器的优点是不占多余的空间，并且没有扬声器与声卡之间的阻抗匹配问题。

④ 外挂扬声器：外挂扬声器的体积比内置扬声器略大，音质也较好。外挂扬声器通常挂在显示器的两侧，形似显示器的耳朵。外挂扬声器就外形而言，有扁平型、箱型、圆型、艺术型等多种形状，但体积和重量都不太大。

外挂扬声器就功能而言，分有源音箱和无源音箱两大类。无源音箱直接和声卡的扬声器输出端口相连接，其特点是连接简单、重量轻、输出功率较小。有源音箱带有功率放大器，和声卡的线路输出（Line Out）端口相连接，特点是输出功率较大，连接线较多，并且有一定的重量。

⑤ 独立的扬声器系统：要想获得高品质的音响效果，多媒体计算机就需要一个性能优良的独立的扬声器系统。该系统包括音响放大器、专业音箱和专用音频连接线。就功能配置而言，扬声器系统有普通立体声系统、高保真立体声系统、临场感立体声系统、环绕立体声系统等。

普通立体声系统一般配置两个音箱，分别放置在聆听位置前端的两侧，以满足一般多媒体制作的需要。

高保真立体声系统通常配置两个以上的音箱，除了左、右声道的两个音箱以外，还在中间位置配置低音音箱，并且根据音箱覆盖的频率范围，配置体积小巧的高音音箱。

临场感立体声系统模拟音乐会的临场感觉，在空间上设置多个音箱。每个音箱注重高音、中音、低音的质量和响度平衡，并且注重声音重现的位置。“2.1”是指两个前置音箱和一个低音音箱。“4.1”是指两个前置音箱、两个环绕音箱和一个低音音箱。“5.1”是指两个前置音箱、两个环绕音箱、一个中置音箱和一个低音音箱。如图 2-9 所示是一款创新公司生产的环绕立体声音箱。目前，比较典型的系统是“5.1”环绕立体声系统。

图 2-9　创新 5.1 环绕立体声音箱

2.4　多媒体视频

1．多媒体视频概述

凡是通过视觉传递信息的媒体，都属于视觉媒体。视频是多媒体的重要组成部分，是人们容易接受的信息媒体，包括静态视频（静态图像）和动态视频（电影、动画）。

动态视频信息是由多幅图像画面序列构成的，每幅画面称为一帧。每幅画面保持一个极短的时间，利用人眼的视觉暂留效应快速更换另一幅画面，连续不断，就产生了连续运动的感觉。如果把音频信号加进去，就可以实现视频、音频信号的同时播放。

2．显示卡

显示卡简称显卡，是计算机主要的外围设备之一，承担了后续图像的处理、加工及转换为模拟信号的工作，基本作用就是控制计算机的文本和图形输出。显示器主要用于显示计算机主机送出的各种信息。对于多媒体计算机而言，显示器的作用尤为重要，各种媒体的编辑和制作都是以显示器作为唯一参照依据的。显示器按照结构原理分，主要有两种：传统的 CRT（阴极射线管）显示器和 LCD（液晶）显示器。

CRT 显示器的体积较大，品种繁多，经历了球面、柱面、平面直角、纯平几个发展阶段，在色彩还原、亮度调节、控制方式、扫描速度、清晰度以及外观等方面更趋完善和成熟。

（1）显卡的基本原理

显卡的主要作用是对图形函数进行处理。在 Windows 操作环境下，CPU 已经无法对众多的图形函数进行处理，而根本的解决方法就是采用图形加速卡。图形加速卡拥有自己的图形函数加速器和显存，专门用来执行图形加速任务，图形加速卡的速度受所使用的显存类型和驱动程序的影响。因为图形加速卡可以减少 CPU 所必须处理的图形函数，从而提高了计算机的整体性能，多媒体功能也就容易实现。

（2）显卡的结构

显卡上主要的部件有显示芯片、RAMDAC、显示内存、BIOS、VGA 插座、特性连接器等。有的显卡上还有可以连接彩电的 TV 端子或 S 端子。近期出现的显卡由于运算速度大，发热量大，在主芯片上附加一个散热风扇或散热片。如图 2-10 所示是目前较为流行的显卡。

图 2-10　显卡

（3）显卡类型

显卡插在主板的扩展插槽上，其输出通过电缆与显示器相连。不过，目前也有把显卡集成在主板上的“二合一”产品，目的是为了进一步降低成本。与集成在主板上的显卡相比，独立的显卡性能优越、工作稳定，尽管价格相对贵一些，但大部分人还是选用独立的显卡。

① 一般显卡：完成显示基本功能，显示性能的优劣主要由品牌、工艺质量、缓冲存储器容量等因素确定。

② 图形加速卡：目前以 AGP 显卡为主，带有图形加速器。该卡在显示复杂图像、三维图像时速度较快。

③ 3D 图形卡：专为带有 3D 图形的高档游戏开发的显卡，三维坐标变换速快，图形动态显示反应灵敏、清晰。

④ 显示/TV 集成卡：在显卡上集成了 TV（电视）高频头和视频处理电路，使用该显卡既可显示正常多媒体信息，又可收看电视节目。

⑤ 显示/视频输出集成卡：在显卡上集成了视频输出电路，在把信号送至显示器显示正常信号的同时，还把信号转换成视频信号，送到视频输出端子，供电视或录像机接收、录制和播放。

2.5 触 摸 屏

随着多媒体信息查询设备的与日俱增，人们越来越多地使用到触摸屏，触摸屏具有坚固耐用、反应速度快、节省空间、易于交流等许多优点。利用这种技术，人们只要用手指轻轻地碰计算机显示屏上的图符或文字就能实现对主机操作，从而使人机交互更为直截了当，这种技术大大方便了那些不懂计算机操作的用户。触摸屏是多媒体应用系统中较好的一种输入手段，具有界面直观，操作简单等优点，大大改善了人机交互方式。它赋予了多媒体以崭新的面貌，是极富吸引力的全新多媒体交互设备。触摸屏在我国的应用范围非常广阔，主要是公共信息的查询；如电信局、税务局、银行、电力等部门的业务查询；城市街头的信息查询；此外应用于领导办公、工业控制、军事指挥、电子游戏、点歌点菜、多媒体教学、房地产预售、交互式培训和工业自动控制等方面。如图 2-11 所示是一款触摸屏。

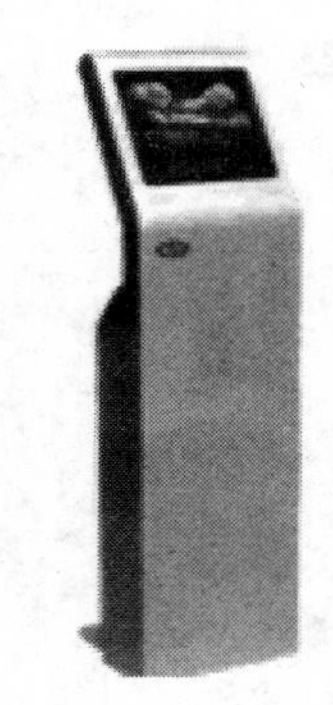

图 2-11　触摸屏

1. 触摸屏的组成

触摸屏根据显示屏表面接触（如用手指、笔或其他物），靠计算机来识别其位置的装置。配有触摸屏的控制系统更直观、简单、易操作。当手指、笔或电流等接触到触摸屏，则接触点信号改变（光、声或电流等），传感器接收后根据算法，确定触点 X 或 Y 的坐标，配以应用软件，便可执行相应的操作，它比键盘操作更直观。

触摸屏是一种坐标定位装置，属于输入设备。触摸屏由 3 部分组成：触摸屏控制卡、透明度很高的触摸检测装置和驱动程序。在使用时，把触摸检测装置贴在显示器显像管的玻璃表面，显示器的显示信息可轻易透过触摸检测装置，人们几乎感觉不到它的存在。当人们用手触摸显示器上显示的菜单或按钮时，实际上触摸的是触摸检测装置。随后，该装置将触摸位置的坐标信息传送给触摸屏控制卡，进而送往计算机主机，命令计算机做出相应的响应。

触摸屏控制卡是触摸屏的一个重要组成部分，它带有一个独立的 CPU 和固化在芯片中的监控程序。触摸屏控制卡的主要作用有 4 个：

① 接收触摸位置检测到的触摸信号。

② 将触摸信号转换成对应的坐标数据。

③ 将坐标数据传送到主机。

④ 接收主机送来的命令，并加以执行。

2．触摸屏的分类

从技术原理来区别触摸屏，可分为 4 个基本种类：电阻触摸屏、电容触摸屏、红外线触摸屏、表面声波触摸屏。

（1）电阻触摸屏

电阻触摸屏利用压力感应进行控制。电阻触摸屏的主要部分是一块与显示器表面非常配合的电阻薄膜屏，这是一种多层的复合薄膜，它以一层玻璃或硬塑料平板作为基层，表面涂有一层透明氧化金属（透明的导电电阻）导电层，上面再盖有一层外表面硬化处理、光滑防擦的塑料层、它的内表面也涂有一层涂层、在它们之间有许多细小的（小于 1/1 000 in）的透明隔离点把两层导电层隔开绝缘。当手指触摸屏幕时，两层导电层在触摸点位置就有了接触，电阻发生变化，在 X 和 Y 两个方向上产生信号，然后送触摸屏控制器。控制器侦测到这一接触并计算出（X，Y）的位置，再根据模拟鼠标的方式运作。这就是电阻触摸屏最基本的原理。所以，电阻触摸屏需要人手指直接去触摸才会产生反应，也就是说假如人带上塑胶手套去触摸则无效。电阻类触摸屏的关键在于材料科技，常用的透明导电涂层材料有 ITO（氧化铟）和镍金涂层。如图 2-12 所示是一款电阻式手机触摸屏。

图 2-12　电阻式手机触摸屏

（2）电容触摸屏

电容式触摸屏是利用人体的电流感应进行工作的，它是一块 4 层复合玻璃屏，玻璃屏的内表面和夹层各涂有一层 ITO，最外层是一薄层矽土玻璃保护层，夹层 ITO 涂层作为工作面，4 个角上引出 4 个电极，内层 ITO 为屏蔽层以保证良好的工作环境。当手指触摸在金属层上时，由于人体电场，用户和触摸屏表面形成以一个耦合电容，对于高频电流来说，电容是直接导体，于是手指从接触点吸走一个很小的电流。这个电流分从触摸屏的 4 个角上的电极中流出，并且流经这 4 个电极的电流与手指到 4 个角的距离成正比，控制器通过对这 4 个电流比例的精确计算，得出触摸点的位置。

（3）红外线触摸屏

红外触摸屏是利用 X、Y 方向上密布的红外线矩阵来检测并定位用户的触摸。红外触摸屏在显示器的前面安装一个电路板外框，电路板在屏幕四边排布红外发射管和红外接收管，一一对应形成横竖交叉的红外线矩阵。用户在触摸屏幕时，手指就会挡住经过该位置的横竖两条红外线，因而可以判断出触摸点在屏幕的位置。任何触摸物体都可改变触点上的红外线而实现触摸屏操作。

（4）表面声波触摸屏

表面声波触摸屏是一种利用表面声波的频率特性进行坐标识别的装置。表面声波是指在刚性介质表面（例如玻璃、金属等）进行浅层传播的机械能量波，它是超声波的一种。表面声波的特点是性能稳定，受外界干扰小，在传播时，具有尖锐的频率特性。

触摸屏设备由硬件和软件组成，可以分为接触式和非接触两种。接触式用手指等物体接触其表面，分辨率高，但价格较贵，并且实际接触将使寿命降低；非接触式使用红外光学技术，通过用户的手指阻断交叉的红外光束来获得位置信息，价格便宜，使用寿命可达10万小时。虽然分辨率不高，但足以作为手指触摸输入使用。

2.6 视 频 卡

1. 视频卡概述

视频卡是一种专门用于对视频信号实时进行处理的设备。视频卡插在计算机主机板的扩展插槽内，通过配套的驱动软件和视频处理应用软件进行工作。视频卡可以对视频信号进行数字化转换、编辑和处理，以及保存数字化文件。视频卡的种类繁多，没有统一的分类标准。按其功能可分为以下6种：

① 视频转换卡：将计算机的VGA显示信号转换成PAL制、NTSC制或SECAM制的视频信号，输出到电视机、视频监视器、录像机、激光视盘刻录机等视频设备中。

② 视频采集卡：将视频信号源的信号转换成静态的数字图像信号，进而对其进行加工和修改，并保存标准格式的图像文件。

③ 非线性编辑卡：实现动态视频、声音的同时捕获，并对其进行压缩、编辑、存储和播放等，它是一种功能比较全面的高级视频卡。

④ 视频压缩卡：采用JPEG和MPEG数据压缩标准，对视频信号进行压缩和解压缩处理，主要用于制作视频演示片段、录像带转换VCD、商业广告、旅游介绍等场合。

⑤ 视频合成卡：把计算机制作的文字、图片以及字幕叠加到模拟视频信号源上，常见的模拟视频信号源有录像、光盘、摄像以及电视等。利用视频合成卡提供的功能，可轻松地制作电视字幕、带解说词和标题的家用录像带，以及VCD的视频素材等。

⑥ 视频解压缩卡：采用MPEG数据压缩技术，对视频信号进行解压缩，主要用于重放VCD光盘的信息。该卡目前已经很少，基本上被解压缩软件所取代。

2. 视频采集卡

视频采集卡又称视频捕捉卡，其功能是将视频信号采集到计算机中，以数据文件的形式保存在硬盘上。它是进行视频处理必不可少的硬件设备，通过它，就可以把摄像机拍摄的视频信号从摄像带上转存到计算机中，利用相关的视频编辑软件，对数字化的视频信号进行后期编辑处理，如剪切画面、添加滤镜、字幕和音效、设置转场效果以及加入各种视频特效等，最后将编辑完成的视频信号转换成标准的VCD、DVD以及网上流媒体等格式，按照其用途可分为广播级视频采集卡、专业级视频采集卡、民用级视频采集卡，其档次的高低主要是采集图像的质量不同。视频采集卡的外观如图 2-13 所示。

图 2-13　视频采集卡

（1）视频采集卡的基本特性

① 视频输入特性：支持 PAL 制式、NTSC 制式和 SECAM 制式的视频信号模式，利用驱动软件的功能，可选择视频输入的端口。

② 图形与视频混合特性：以像素点为基本单位，精确定义编辑窗口的尺寸和位置，并将 256 色模式的图形与活动的视频图像进行叠加混合。

③ 图像采集特性：将活动的视频信号采集下来，生成静止的图像画面，然后保存在存储介质中。

④ 画面处理特性：对画面中显示的图像或视频信号进行多种形式的处理。例如，按照比例进行缩放。对视频图像进行定格，然后保存画面或调入符合要求的图像。对画面内容进行修改和各种编辑，改变图像的色调、色饱和度、亮度以及对比度等。

视频采集卡不但能把视频图像以不同的视频窗口大小显示在计算机的显示器上，而且还能提供特殊效果，如冻结、淡出、旋转、镜像等。一些视频采集卡还有硬压缩功能，采集速度快。

（2）视频采集卡的工作原理

多通道的视频输入用来接收视频输入信号，视频源信号首先经模拟/数字转换器将模拟信号转换成数字信号，然后由视频采集控制器对其进行剪裁、改变比例后压缩存入帧存储器。帧存储器的内容经数字/模拟转换器把数字信号转换成模拟信号输出到电视机或录像机中。视频采集卡的工作原理如图 2-14 所示。

视频捕捉卡有两种基本类型，一种是静态图像获取卡，又叫帧采集卡。当把摄像机接在卡上时，从计算机显示屏上可以看到镜头里的图像，用鼠标单击屏幕上的“捕获”按钮，便可获取一幅图像，并可把图像存储在硬盘上。另一种是动态图像捕捉卡，也称视频实时捕捉卡。如果在卡上接一个电视信号或录像机，当在计算机屏幕上看到影像时单击“捕获”按钮，捕捉卡就可实时地将输入的动态视频存储到计算机的硬盘上。视频采集卡与视频信号源的连接如图 2-15 所示。

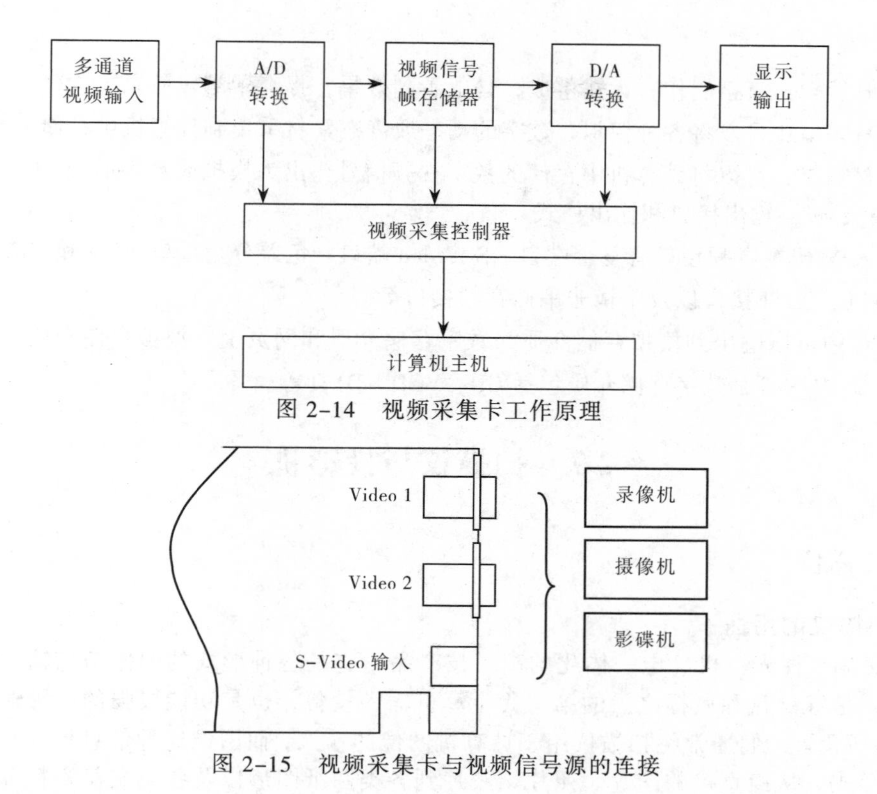

图 2-14　视频采集卡工作原理

图 2-15　视频采集卡与视频信号源的连接

3．非线性编辑卡

非线性编辑卡是对视频信号首先以未压缩的视频格式 AVI 存储到硬盘中，然后再进行视频编辑（比如说加特技效果、转场、字幕、二维或三维的动画等），以上视频编辑效果一般是实时实现的。大部分影视后期制作都是采用非线性编辑卡。

非线性编辑卡是数码视频技术与多媒体计算机技术相结合的产物。非线性编辑是指剪切、复制和粘贴素材时无须在存储介质上重新安排，并且在计算机编辑视频的同时，还能实现诸多的处理效果，例如特技等。非线性编辑卡是为了完成非线性编辑功能制作的计算机扩展卡。非线性编辑卡也可以分为家用级、专业级和广播级。它主要用于影视节目的后期制作，实时采集视频信号，并用 Motion-JPEG 标准进行压缩。不同档次的非线性编辑卡只是在分辨率、压缩比和特技功能上有所差别。

（1）工作原理

首先把通过录像机、摄像机等设备采集到的模拟视音频信号转换成数字信号，再压缩后形成数字信号存储到硬盘中，然后运用软件对存储在硬盘中的视音频等各种数据进行编辑、加特技和动画、上字幕等综合处理，最后把处理好的数字信号解压为模拟信号进行录制、直接进行录制或者直接进行播出。如果配备有数字录放像机，则不需要经过 A/D 转换，直接采集数字信号到硬盘存储即可。

（2）主要功能

非线性编辑卡集中了视频输入/输出、特技、压缩及编码加工等多种功能，主要有以下功能：

① 实时编辑：直接制作，无需生成，马上看到效果，提高了编辑效果。

② 素材采集：可以将各种模拟、数字的动态或静态素材采集到计算机中存储为数字信号。

③ 素材输出：可以将计算机中存储的数字视频信号输出为模拟或数字信号。

（3）主要输入/输出接口和输出格式

① 输入/输出视音频接口有复合端口、S-Video 端口、色差分量接口 YUV 和 IEEE 1394 接口、SDI 接口、SDTI 接口以及平衡非平衡音频接口等。

② 视音频可以输出到模拟存储介质、数字存储介质和网页上。模拟存储介质包括模拟磁带、VHS、S-VHS 等，数字存储介质包括 CD、VCD、DVD 等。

2.7 扫描仪与投影机

2.7.1 扫描仪

1. 扫描仪的用途

扫描仪是一种光、机、电一体化的高科技产品，它是各种形式的图像信息输入计算机的重要工具，是继键盘和鼠标之后的第三代计算机输入设备，也是功能极强的一种输入设备，如图 2-16 所示。人们通常将扫描仪用于计算机图像的输入，而图像这种信息形式是一种信息量最大的形式。从最直接的图片、照片、胶片到各类图纸图形以及各类文稿资料都可以用扫描仪输入到计算机中，进而实现对这些图像形式的信息处理、出版、印刷、广告制作、办公自动化、多媒体、图文通信、工程图纸输入等，极大地促进了这些领域的技术进步，甚至使一些领域的工作方式发生了革命性的变革。

图 2-16 扫描仪

2. 扫描仪工作原理

扫描仪按照扫描原理分为反射式扫描、透射式扫描和混合式扫描 3 种类型。详述如下：

① 反射式扫描：手持式扫描仪、平板式扫描仪和台式扫描仪均属于这一类。其基本扫描原理是：扫描仪主要由光学成像部分、机械传动部分和转换电路部分组成，如图 2-17 所示。这几部分相互配合，将反映图像特征的光信号转换为计算机可接受的电信号。扫描仪的核心部件是光电转换部件。目前大多数扫描仪采用 CCD 器件（Charge Couple Device，电荷耦合元件）作为光电转换部件。CCD 可以将照射在其上的光信号转换为对应的电信号。其他主要部件有光学成像部分的光源、光路和镜头，转换电路部分的 A/D 转换处理电路，控制机械部分运动的控制电路，机械传动机构的步进电机、扫描头、导轨等。扫描仪工作时首先由光源将光线照在欲输入的图稿上产生表示图像特征的反射光（反射稿）或透射光（透射稿），光学系统采集这些光线将其聚焦在 CCD 上，由 CCD 将光信号转换为电信号，然后由电路部分对这些信号进行 A/D 转换及处理产生对应的数字信号输送给计算机。机械传动机构在控制电路的控制下带动装有光学系统和 CCD 扫描头运动，将图

稿全部扫描一遍并输入计算机中。

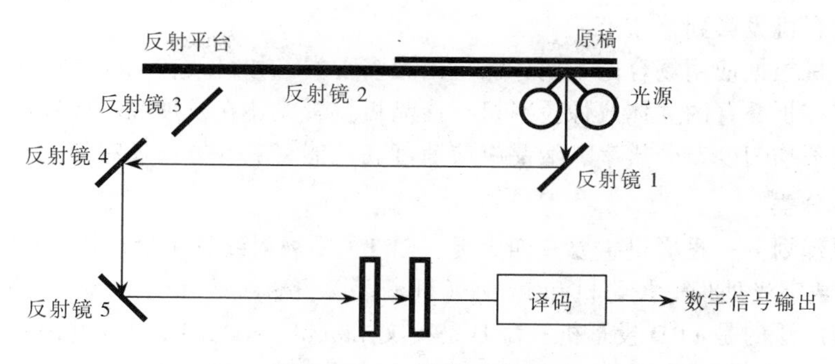

图 2-17　扫描仪工作原理

② 透射式扫描：胶片扫描仪是采用透射式扫描方式的设备，因此又称“透射式扫描仪”。透射式扫描仪用于扫描透明原稿，如投影胶片、照相底片等。其基本原理是：光线从原稿顶部投射下来，透过原稿，被 CCD 接收，进而形成电信号，经过译码，生成图像数据。照相底片有反转片和负片之分，扫描负片时，由于色彩正好与正常颜色互补，因此透射式扫描仪一般带有颜色补正装置。透射式扫描仪的扫描分辨率和精度非常高，以适应尺寸较小的照相底片。

③ 混合式扫描：这种类型的扫描仪既能进行反射式扫描，也能进行透射式扫描。在结构上，混合式扫描仪由两大部分组成：一部分是普通的平板扫描仪，另一部分是安装在平板扫描仪顶部的同步光源部件，使扫描仪看起来像装有一个厚盖的设备。

扫描仪的接口有 3 种：通过计算机的并行端口（EPP 模式）、SCSI 和 USB。扫描仪的软件接口指的是扫描仪驱动软件的接口标准。扫描仪的软件接口在 Windows 平台上已经统一，这就是著名的 TWAIN 标准。目前各厂家产品几乎都支持 TWAIN 标准。

3. 扫描仪的种类

现在市场上扫描仪的种类很多，有用于专业工作的高分辨率的扫描仪，也有家用价格低廉的扫描仪。除此之外，扫描仪在体积、形状和功能等方面的区别就更大了。扫描仪按不同的标准可分成不同的类型：

① 按扫描原理：可分为以 CCD 为核心的平板式扫描仪、手持式扫描仪和混合式扫描仪。

② 按扫描图稿介质：可分为反射式（纸材料）、透射式（胶片）和二者均可处理的混合式扫描仪。

③ 按用途：可分为适用于各种图稿输入的通用型扫描仪和专门用于特殊图像输入的专用型扫描仪，如条码读入机、卡片阅读机等。

2.7.2　投影机

1. 投影机概述

投影机是一种数字化设备，主要用于计算机信息的放大和延伸显示。投影机在数字化、小型化和高亮度显示等方面具有鲜明的特点，液晶板投影机具有体积小、重量轻、便于携带、配有遥控器、操作方便、价格适中等优势，目前正广泛用于教学、广告展示、会议、旅游和大型演出等很多领域。多媒体产品要进入实用阶段，并发挥其重要作用，彩色投影设备是必不可少的。在很多情况下，多媒体产品对彩色投影设备有强烈的依赖性。例如，大规模的示教型多媒体教学、公共场所的商业广告等。使用彩色投影机时，通常配有大尺寸的幕布，计算机送出的显示信息通过投影机投影到幕布上。

液晶板投影机根据使用场合的不同，派生出很多种类，如可放在书包中的小巧、轻便的便携式投影机和带有折叠臂的立体成像投影机。液晶板投影机还在发展和不断完善中，在光源的使用寿命、色彩不均匀度、分辨率、液晶响应速度和性能衰减等方面还有待进一步提高。

2. 投影机分类

按照结构原理划分，投影机主要有四大类：CRT（阴极射线管）投影机、LCD（液晶显示）投影机、DLP（数字光处理）投影机和LCOS（硅液晶）投影机。

目前使用较广泛的是LCD投影机。LCD是英文Liquid Crystal Display的缩写，意为“液晶显示”。液晶是一种介于液体和固体之间的物质，该物质本身不发光，但具有特殊的光学特性。环境温度对液晶的物理特性会产生很大影响，通常情况下，液晶的有效工作温度在-55℃～77℃之间。

液晶的光学性质主要表现在：液晶在电场作用下，其分子排列会发生改变，这就是所谓的“光电效应”。一旦产生光电效应，透过液晶的光线就会受其影响而发生变化。LCD投影机就是利用了这一原理而工作的。

LCD投影机又分为液晶光阀投影机和液晶板投影机两类：

① 液晶光阀投影机：该机将传统的阴极射线管和先进的液晶光阀作为成像元件，为了提高亮度和分辨率，采用高亮度的外光源照射成像元件，进行被动式投影。该投影机是目前亮度最高、分辨率最大的大型豪华设备，其亮度值高达6 000 ANSI流明、分辨率达2 500×2 000像素，适用于环境明亮、人数众多的场合，例如大型娱乐场所、大型会议厅以及指挥调度中心等，但其体积大、不适于携带、价格也比较昂贵。

② 液晶板投影机：该机使用液晶板作为成像元件，具有独立的外光源，采用被动投影方式。液晶板投影机是目前使用最为广泛的设备，甚至有人把液晶板投影机与LCD投影机等同起来，一提到LCD投影机，自然就联想到液晶板投影机。液晶板投影机外观如图2-18所示。

图2-18 投影机

2.8 数码照相机与数码摄像机

2.8.1 数码照相机

数码照相机又称数字式相机（Digital Camera，DC），是一种利用电子传感器把光学影像转换成电子数据的照相机。第一台数码照相机是1991年问世的，最初用数码照相机通过卫星向地面传送照片，后来逐渐转为民用并不断拓展应用范围。数码照相机的优点很多，用它拍摄的图像可直接输入到计算机中，又很方便地在计算机中进行编辑、处理，大大提高了工作效率；数码照相机的存储器可以重复使用，非常经济；数码照相机拍出的照片都以文件形式存在，没有衰减和失真。

1．数码照相机的分类

目前数码照相机的分类方法有多种，按图像传感器可分为线阵 CCD 相机、面阵 CCD 相机和 CMOS 相机；按结构可分为简易型相机、单反型相机和后背型相机；按价位可分为低档相机、中档相机和高档相机；按接口可分为 PP 相机、USB 相机、PCI 相机；按使用对象可分为家用型相机、商用型相机和专业型相机；按用途可分为单反数码相机、卡片相机、长焦相机和家用相机等。

按照我们生活中最直观的用途划分，可以将数码照相机简单分为：单反数码相机，卡片相机，长焦相机。单反数码照相机指的是单镜头反光数码照相机；卡片数码照相机在业界内没有明确的概念，仅指那些小巧的外形、相对较轻的机身以及超薄时尚的相机。长焦数码照相机指的是具有较大光学变焦倍数的机型，能拍摄较远景物的相机。

（1）单反数码相机：单反数码照相机指的是单镜头反光数码照相机，目前市面上常见的单反数码照相机品牌有尼康、佳能、宾得、富士等。在单反数码照相机的工作系统中，光线透过镜头到达反光镜后，折射到上面的对焦屏并结成影像，透过接目镜和五棱镜帮助我们在观景窗中看到外面的景物。这种构造决定了单反数码相机是完全透过镜头对焦拍摄的，使观景窗中所看到的影像和胶片上永远一样，而且它的取景范围和实际拍摄范围基本上一致，十分有利于直观地取景构图。

单反数码照相机一般都定位在数码照相机中的高端产品，因此在感光元件的面积上远大于普通数码照相机，这使得其每个像素点的感光面积也远远大于普通数码照相机，因此每个像素点也就能表现出更加细致的亮度和色彩范围，从而拍摄出更加优质的图片。另外，单反数码照相机的另一大的特点就是可以交换不同规格的镜头，实现有针对性的拍摄，这是单反数码相机天生的优点，是普通数码照相机不能比拟的，如图 2-19 所示。

（2）卡片相机：卡片相机是一个边界比较模糊的概念，小巧的外形、相对较轻的机身以及超薄时尚的设计是衡量此类数码照相机的主要标准。

卡片数码照相机最大的优点是便捷，虽然大部分卡片相机的功能并不非常强大，但是最基本的一些功能像曝光补偿还是它的标准配置，可以帮助对画面的曝光进行基本控制，再配合色彩、清晰度、对比度等选项，很适合一般人使用，如图 2-20 所示。

图 2-19　单反数码相机

图 2-20　卡片相机

（3）长焦相机：长焦数码照相机指的是具有较大光学变焦倍数的机型，而光学变焦倍数越大，能拍摄的景物就越远。长焦数码照相机的镜头其实和望远镜的原理类似，即通过镜头内部镜片的移动改变焦距。镜头的长度与变焦功能有很大的相关性，一般镜头越长的数码照相机，内部的镜片和感光器移动空间更大，所以变焦倍数也更大。

长焦相机特别适合拍摄远处的景物，或者是用于被拍摄者不希望被打扰时。另外焦距越长则景深越浅，这样就可以实现突出主体而虚化背景的效果，使拍出来的照片看起来更加专业。但是，对于镜头的成像来说，变焦范围越大图像的质量就越差，10倍超大变焦的镜头常常会遇到镜头畸变和色散两个问题。另外，长焦相机手持拍摄时的抖动以及长焦端的对焦速度，都会大大影响到拍摄体验，如图2-21所示。

图2-21 长焦相机

2．数码照相机的工作原理

光学镜头将要拍摄画面的光信号聚焦到电荷耦合器（Charged Coupled Device，CCD）上，电荷耦合器将接收到的光信号转化成电信号；然后传送给模数转换器，模数转换器把每一个模拟电平数量化为数字信号，再送到数字信号处理器中，对数据进行压缩处理后存储在照相机的存储器中。数码照相机的工作原理如图2-22所示。

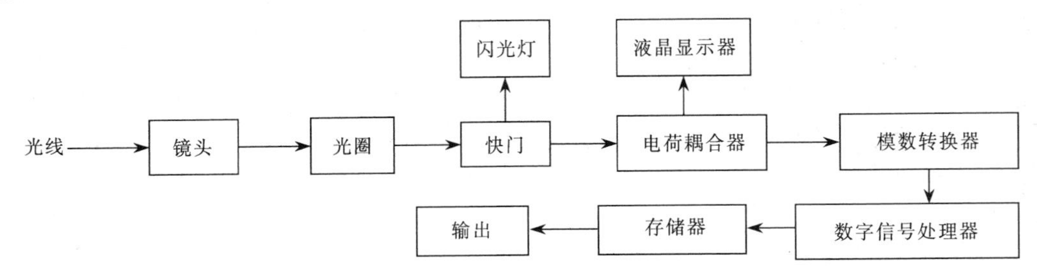

图2-22 数码照相机工作原理

数码照相机主要由光学镜头、取景框、电荷耦合器（CCD）、译码器、存储器、数据接口和电源等部件构成，其基本结构如图2-23所示。

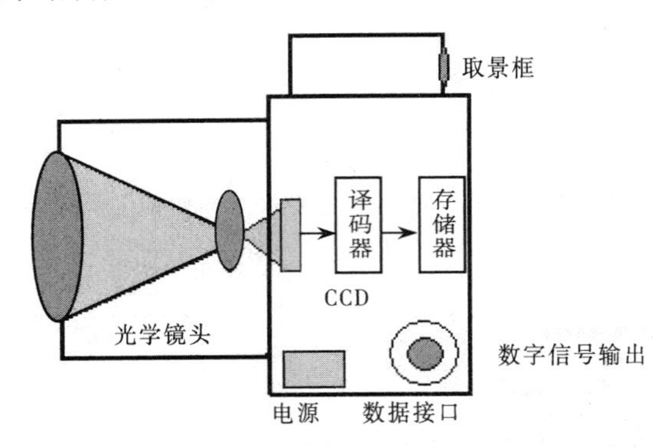

图2-23 数码照相机的基本结构

取景框用于对准拍摄物。数码照相机内部CCD的作用与扫描仪中使用的CCD相同，负责把可见光转换成电信号。CCD光敏单元（像素）的数量是衡量数码照相机性能优劣的重要指标，数量越多，彩色还原越好，图像质量越好。

译码器是数码照相机中的关键部件，其作用是把CCD感应到的电信号转换成数字信号，进而保存到数码照相机内置的存储器中。

存储器又称“图像内存卡”或“压缩闪存卡（Compact Flash Memory Card）”，是可替换的部件，主要用于保存拍摄的数字图像。高级一些的数码照相机可使用多种容量的卡，从 4 GB～64 GB 不等。容量越大，存储的数码照片越多、照片分辨率越高。一般而言，在不更换存储器的情况下，拍摄高分辨率照片，保存的照片数量相应地少一些，这是由于高分辨率照片的数据量较大的缘故。

数据接口是数码照相机的输出端口，其作用是把拍摄的数字照片传送到计算机主机中。目前市场上比较流行的数码照相机都是采用 USB 接口的具有“即插即用”功能的数码照相机。有的相机可选配红外线发送装置与装有红外线接收装置的计算机进行无线传送。

电源为数码照相机提供能量。电源的类型有锂电池和镍氢电池。电源类型对数码照相机的使用影响很大，由于数码照相机电力消耗大，采用容量小的电池固然体积小巧，但拍摄几张照片后，电池就消耗殆尽。一般情况下，使用可充电锂电池的数码照相机拍摄照片多、使用时间长。

3．数码照相机的主要技术指标

① CCD 的尺寸：指感光器件的面积大小，包括了 CCD 和 CMOS（互补金属氧化物导体）。CCD/CMOS 面积越大，捕获的光子越多，感光性能越好，成像效果越好。数码照相机感光器件主要有 2/3 in、1/1.8 in、1/2.7 in、1/3.2 in。一般来说，CCD/CMOS 尺寸越大，价格越高，专业数码照相机多采用大尺寸的 CCD/CMOS。

② 最大像素数（Maximum Pixels）：最大像素是经过插值运算后获得的。利用数码照相机内部的 DSP 芯片，通过最临近法插值、线性插值等运算方法在图像内添加图像像素，以达到放大图像的目的。由于最大像素并不是 CCD/CMOS 感光器件的真正感光像素，因此在打印图片时其画质会明显减损，目前数码照相机最大像素数在 1 000～2 430 之间。

③ 图像分辨率：图像分辨率为数码照相机可选择的成像大小及尺寸，单位为像素。常见的有 1 920 × 1 280 像素、3 456 × 2 304 像素、6 000 × 4 000 像素等，前者为图片长度，后者为图片宽度，相乘的结果是图片的像素，长宽比为 4∶3。像素数越小，图像面积也越小，容量也越小，反之亦然。在数码照相机内，一般可以给拍摄的图片选择不同的分辨率。

④ 光学变焦（Optical Zoom）：就是通过改变变焦镜头中各镜片的相对位置来放大与缩小拍摄物以实现变焦。光学变焦倍数越大，能拍摄的景物就越远。目前，大多数数码照相机的光学变焦倍数在 3～15 倍之间。数码照相机的镜头越长，其变焦倍数越大。一般超薄型数码照相机没有光学变焦功能。

⑤ 数码变焦（Digital Zoom）：通过数码照相机内的处理器，把图片内的每个像素面积增大或缩小来模拟变焦。这种变焦是在感光器件垂直方向上的变化。由于焦距没有真正变化，所以图像的清晰度会有一定程度的下降，因此数码变焦并没有太大的实际意义。数码照相机的总变焦数是光学变焦倍数乘以数码变焦倍数。目前数码照相机的数码变焦一般在 6 倍左右。

⑥ 随机存储卡容量：存储卡的种类也分为很多种，例如 SD 卡、TF 卡、MS 记忆棒还有 SM 卡。随机记忆体一般为 1 GB～64 GB，像素较大的数码照相机的容量达到 32 GB。

⑦ 显示屏尺寸：数码照相机用来浏览图片的屏幕称为显示屏。其尺寸大小一般用 in 表示。如 2.5 in、3.0 in 等，显示屏越大，浏览效果会更好，但是耗电量也会更大。

2.8.2 数码摄像机

1. 数码摄像机简介

数码摄像机（Digital Video，DV）自 1998 年问世以来，以其高解晰度、轻便易携带、复制无信号损失等优点，被广泛采用。近些年来，随着广播视频领域的数字设备逐渐成熟，几乎所有的大型广播机构已开始逐步采用数字摄像机和数字录像机替代传统的模拟设备。数字摄像机指的是将光信号通过 CCD 转换成电信号，再经过模拟数字转换，以数字格式将信号存储在数码摄像带、刻录光盘或者存储卡上的一种摄像记录设备。其实物外观如图 2–24 所示。

图 2–24 数码摄像机

2. 数码摄像机的工作原理

数码摄像机进行工作的基本原理是光—电—数字信号的转变与传输，即通过感光元件将光信号转变成电流，再将模拟电信号转变成数字信号，由专门的芯片进行处理和过滤后将得到的信息还原出来就是我们看到的动态画面了。

数码摄像机的感光元件能把光线转变成电荷，通过模数转换器芯片转换成数字信号，主要有两种：一种是广泛使用的 CCD；另一种是 CMOS 器件。

3. 数码摄像机的分类

① 广播级机型：这类机型主要应用于广播电视领域，图像质量高，性能全面，但价格较高，体积也比较大，它们的清晰度最高，信噪比最大，图像质量最好。

② 专业级机型：这类机型一般应用在广播电视以外的专业电视领域，如电化教育等，图像质量低于广播用摄像机，不过近几年一些高档专业摄像机在性能指标等很多方面已超过旧型号的广播级摄像机，价格一般在数万到十几万元之间。相对于消费级机型来说，专业 DV 不仅外型美观，而且配置高，比如采用了有较好品质表现的镜头、CCD 的尺寸比较大等，在成像质量和适应环境上更为突出。

③ 消费级机型：这类机型主要是适合家庭使用的摄像机，应用在图像质量要求不高的非业务场合，比如家庭娱乐等，这类摄像机体积小重量轻，便于携带，操作简单，价格便宜。

4. 数码摄像机的特点

① 清晰度高：模拟摄像机记录的是模拟信号，所以影像清晰度不高，如 VHS 摄像机的水平清晰度为 240 线、Hi8 机型也只有 400 线。而 DV 记录的则是数字信号，其水平清晰度已经达到了 500～540 线，可以和专业摄像机相媲美。

② 色彩纯正：DV 的色度和亮度信号带宽差不多是模拟摄像机的 6 倍，而色度和亮度带宽

是决定影像质量的最重要因素之一，因而 DV 拍摄的影像的色彩就更加纯正和绚丽，也达到了专业摄像机的水平。

③ 无损复制：DV 磁带上记录的信号可以无数次地转录，影像质量丝毫不会下降，这一点是模拟摄像机所望尘莫及的。

④ 体积小重量轻：和模拟摄像机相比，DV 机的体积大为减小，一般只有 123 mm × 87 mm × 66 mm 左右，重量也大为减轻，一般只有 500 g 左右，方便了用户携带。

2.9　光盘驱动器

光盘驱动器和光盘属于光存储设备。由于光盘具有存储量大、价格低廉、携带保存方便等优势，现在的多媒体软件、资料、作品等都以光盘的形式提供，光盘驱动器已成为计算机的标准配置。

CD-ROM（Compact Disc-Read Only Memory）是只读光盘存储器，具有激光盘片价廉、容量大、便于携带的优点，倍受人们的青睐。在大多数场合，人们把 CD-ROM 激光盘简称为“光盘”。CD-ROM 是文字、声音、图像、视频信息和动画的数据存储的重要解决方案。

2.9.1　磁光盘存储器

CD-ROM 的不足是无法重新写入信息。如果有条件，使用磁光盘存储器（Magnet Optical Disk，Memory，MOD；习惯上称为 M.O.磁光盘）比较理想。M.O.磁光盘是采用光学和电磁学相结合的高效大容量存储器，特点是把强磁场和激光同时作用于盘片，从而达到保存信息的目的。

M.O.磁光盘的盘片的数据记录层采用对温度极为敏感的磁性材料制成。写数据时，激光照射盘片表面的微小区域，使该区域的温度瞬间升高。与此同时，施加强磁场，该区域即被磁化。当激光停止照射时盘片表面温度降到居里点（材料可以在铁磁体和顺磁体之间改变的温度）以下，磁化状态被保留，于是信息被记录了下来。擦除信息时改变磁场方向，再加以激光照射。

M.O.磁光盘存储器采用 SCSI 接口形式，根据使用的激光盘片尺寸的不同分为两种规格。一种使用 3.5 in 可读写激光盘片，另一种使用 5.25 in 可读写激光盘片。3.5 in 激光盘片的单片存储容量有 230 MB、540 MB、640 MB 这 3 种。5.25 in 激光盘片的容量比较大，有 1.3 GB、2.6 GB、5.2 GB 等种类。M.O.磁光盘的盘片有很多品牌，如 FUJITSU、MITSUBISHI、SONY、KODAK、PHILIPS、RITEK 等。

M.O.磁光盘的使用寿命很长，可无限次地进行读写，有“读写无极限”的特点，这主要是由于磁性介质的磁化次数不受限制的缘故。在开发多媒体产品过程中，这种大容量可读写激光盘使用起来非常方便。

2.9.2　CD-R 和 CD-RW 驱动器

1. CD-R 可写光盘驱动器

CD-R（Compact Disc-Recordable）又称“光盘刻录机”，所使用的光盘具有“有限次写，多次读”的特点。

CD-R 有两个速度指标：刻录速度和读取速度，这两项指标是衡量光盘刻录机性能的重要指标。

刻录速度是指光盘刻录机在向 CD-R 盘片上写入数据时所能达到的最大倍速值，例如某牌号光盘刻录机的刻录速度为 2X，即 2 倍速刻录。目前，市场上常见的光盘刻录机有 8X、12X、16X、32X 等档次的刻录速度。

读取速度是指光盘刻录机在以 CD-ROM 形式读取普通光盘数据时，所能达到的最大倍速值，如 32X。一般而言，光盘刻录机的读取速度远大于刻录速度。目前，大部分光盘刻录机的读取速度为 32 倍速。CD-R 激光存储器如图 2-25 所示。

图 2-25　CD-R 可写光盘驱动器

2．CD-RW 可重写光盘驱动器

CD-RW（Compact Disk Rewrite）又称“可擦写式光盘刻录机”，所使用的激光盘片可反复读写。

CD-RW 有 3 个速度指标：刻录速度、复写速度和读取速度。其中的刻录速度和读取速度两项指标的含义与 CD-R 相同。

复写速度是指 CD-RW 可擦写式光盘刻录机向光盘写入数据时的最大倍速值。所谓“复写”，是指可擦写式光盘刻录机对 CD-RW 盘片的数据层进行烧结，抹除原有数据，然后再写入数据。由于在刻录数据时没有烧结过程，因此，复写速度一般低于刻录速度。另外，如果复写速度设计得过快，导致烧结不完全，将影响读取 CD-RW 光盘数据的可靠性，甚至导致光盘报废。

3．安装形式

CD-R 和 CD-RW 的安装形式有两种：内置式和外置式。内置式多采用 IDE 接口和 SCSI 接口，安装在多媒体计算机的主机箱内。其价格相对便宜，节省外部空间。外置式采用的接口形式较多，主要有 USB 接口、并行接口、IDE 接口、SCSI 接口以及 1394 总线接口。外置式刻录机都有一个机壳，机壳内装有电源和散热装置，并设置了连接信号电缆用的插座，携带和使用非常方便，但价格稍贵一些。

2.10　USB 和 IEEE 1394 接口

USB 与 IEEE 1394 都是一种通用外围设备接口，现在已广泛应用于计算机、摄像机、数码照相机等各种信息设备上，尤其是 USB，现在的普通 PC 都带有 4～8 个 USB 接口。

2.10.1　USB 接口

1．USB 概念

通用串行总线（Universal Serial Bus，USB）是一个外部总线标准，用于规范计算机与外围设备的连接和通信，是应用在 PC 领域的接口技术。USB 接口支持设备的即插即用和热插拔功能。USB 技术可以轻松地将外围设备（例如数码照相机、扫描仪或者鼠标）连接到计算机上。所以，可以将照相机连接到 PC 上，下载拍摄的照片，并且无须配置软件或者重新启动计算机。

USB 标准提供了早期连接技术无可比拟的优点，因此迅速得到了市场的认可和欢迎，其最大数据传输速度率为 12 Mbit/s，对于键盘、鼠标和 CD-ROM 驱动器已经足够。

USB 推出了新的版本 USB 2.0，具有高达 480 Mbit/s 的数据传输速率，这个速度超过了 IEEE 1394，也为它赢得了"高速 USB"的昵称。USB 2.0 以新的速度而使用更多的设备，这些设备可以使用 USB2.0 为高速设备提供 480 Mbit/s 的传输速率。这样的高速度对于那些渴望带宽的应用（例如海量存储设备）是非常重要的，尽管并不是所有的设备都可以以 480 Mbit/s 的速度运行。例如，USB 2.0 鼠标仍然属于低速设备，可能只以 1 Mbit/s 的速度运行，但是高速 USB 2.0 CD-RW 设备则可以利用新的 USB 2.0 高速传输更快地刻录 CD。随着技术的进步，USB 2.0 的速度已经无法满足应用需要，USB 3.0 也就应运而生，最大传输速率高达 5.0 Gbit/s，同时在使用 A 型的接口时向下兼容。

USB 具有传输速度快，使用方便，支持热插拔，连接灵活，独立供电等优点，可以连接鼠标、键盘、打印机、扫描仪、摄像头、闪存盘、MP3 机、手机、数码照相机、移动硬盘、外置光软驱、USB 网卡、ADSL Modem、Cable Modem 等，几乎所有的外围设备。

2. USB 接口的主要性能特点

（1）具有即插即用功能

USB 提供机箱外的即插即用连接，连接外设不必打开机箱，也不必关闭主机电源。

（2）USB 接口采用集线器（HUB）方式连接各个外围设备

每个集线器都带有连接其他外设的 USB 接口，使 USB 接口经过它再连接到其他外设。集线器可以是单独的，也可以和设备的 USB 接口做在一起。通过集线器的多路转换功能，一个 USB 控制器可以连接多达 127 个外设，而两个外设间的距离（线缆长度）可达 5 m。USB 统一的 4 针插头将取代机箱后部众多的串行口、并行口、键盘等插头。USB 能识别 USB 链上外围设备的插入或拆卸，因此扩充卡、DIP 开关、跳线、IRQ、DMA 通道、I/O 地址都将成为历史。

（3）适用于低速外设的连接

根据 USB 规范，USB 数据传送速率可达 50 Gbit/s，除了可连接键盘、鼠标、Modem 以外，还可以连接 ISDN、电话系统、数字音响、打印机、扫描仪等低速外设。

2.10.2　IEEE 1394 接口

1. IEEE 1394 的概念

1394 卡的全称是 IEEE 1394 Interface Card，它是 IEEE 标准化组织制定的一项具有视频数据传输速度的串行接口标准。它支持外接设备热插拔，同时可为外设提供电源，省去了外设自带的电源、支持同步数据传输。IEEE 1394 接口最初由苹果公司开发，早期是为了取代 SCSI 接口而设计的，英文取名为 Firewire。

后来称其为火线，一方面是因为速度快，接口最快数据传输速率达到了 400 Mbit/s，而且即将推出的 IEEE 1394B 标准更是将数据传输速率提升到了 800 Mbit/s 甚至 1.6 Gbit/s 的标准上；

另一方面也是由此英文名翻译而来。由于这种接口速度超快，而且相对于 SCSI 来讲又要小巧许多，所以逐渐被大家接受，并且广泛普及。它作为新一代的高性能串行总线标准的出现是数字数据传输的一大革命。

2. IEEE 1394 的主要性能特点

① 数字接口：数据能够以数字形式传输，不需数模转换，从而降低了设备的复杂性，保证了信号的质量。

② 即插即用：无需设定 ID（识别符）或终端负载，主结点可以动态确定。

③ 速度快：IEEE 1394 标准定义了 3 种数据传输速率，100 Mbit/s、200 Mbit/s 和 400 Mbit/s。这个速度完全可以用来传输未经压缩的动态画面信号。而 1394b 是 1394 技术的升级版本，是仅有的专门针对多媒体、视频、音频、控制及计算机而设计的家庭网络标准，IEEE 1394b 标准正在研讨支持 800 Mbit/s 和 1 600 Mbit/s 的数据传输速率。

④ 接口设备对等（peer-to-peer）：不分主从设备，都是主导者和服务者。其中有足够的智能用于连接，不需附加控制功能。如此便可不通过计算机而在两台摄像机之间直接传递数据，也可以让多台计算机共享一台摄像机。

⑤ 价廉：适合于家电产品。IEEE 1394 的价格降低，部分原因是通过串行数据传输来达到的，它采用了简化电子电路和电缆设计。其发送和接收器件作为标准芯片组提供，处理寻址、初始化、仲裁和协议。

3. USB 接口与 IEEE 1394 接口的差别

（1）数据传输速率不同

USB 最高的数据传输速率可达 5.0 Gbit/s，但由于 USB3.0 尚未普及，目前主流的 USB 2.0 只有 480 Mbit/s，并且速度不稳定；相比之下，IEEE 1394 目前的数据传输速率虽然只有 800 Mbit/s，但较为稳定，故在数码照相机等高速设备中还保留了 IEEE 1394 接口，但也开始采用 USB 接口了。

（2）结构不同

USB 在连接时必须至少有一台计算机，并且必须需要 HUB 来实现互连，整个网络中最多可连接 127 台设备。IEEE 1394 并不需要计算机来控制所有设备，也不需要 HUB，IEEE 1394 可以用网桥连接多个 IEEE 1394 网络，也就是说在用 IEEE 1394 实现了 63 台 IEEE 1394 设备之后也可以用网桥将其他的 IEEE 1394 网络连接起来，达到无限制连接。

（3）智能化不同

IEEE 1394 网络可以在其设备进行增减时自动重设网络。USB 是以 HUB 来判断连接设备的增减的。

（4）应用程度不同

现在 USB 已经被广泛应用于各个方面，几乎每台 PC 主板都设置了 USB 接口，USB2.0 也会进一步加大 USB 应用的范围。IEEE 1394 现在只被应用于音频、视频等多媒体方面。

2.11 多媒体计算机系统

多媒体计算机系统由多媒体硬件和软件系统组成，多媒体计算机系统应具有 7 个层次结构，如表 2-1 所示。

表 2-1　多媒体计算机系统的组成结构

类　别	层　次	系　统
多媒体应用软件	第七	软件系统
多媒体创作软件	第六	
多媒体数据处理软件	第五	
多媒体操作系统	第四	
多媒体驱动软件	第三	
多媒体计算机硬件	第二	硬件系统
多媒体外围设备	第一	

第一是多媒体外围设备，包括各种媒体、视听输入设备及网络。

第二是多媒体计算机硬件，它是多媒体系统的硬件设备，除了一般计算机的硬件外还有各种外围设备的控制接口卡。

第三是多媒体驱动软件，它的任务是控制和管理多媒体硬件，并完成设备的初始化、设置、设备的启动和关闭、设备的各种操作、基于硬件压缩/解压缩以及功能调用等。对于每一种多媒体硬件需要一个相应的驱动程序，驱动程序一般随硬件产品提供。

第四是多媒体操作系统，是多媒体计算机系统的软件平台，是软件的核心。它除了具有一般操作系统的功能外，还具有实时任务调度、多媒体数据转换和同步控制机制、对多媒体设备的驱动和控制以及具有图形和声像功能的用户接口等。根据多媒体系统的用途，多媒体操作系统有两种：一种是专用多媒体操作系统。它们通常是配置在一些公司推出的专用多媒体计算机系统上，如 Commodore 公司的 Amiga 多媒体系统上配置的 Amiga DOS 系统，在 Philips 和 SONY 公司的 CD-I 多媒体系统上配置的 CD-RTOS 等。另一种是通用多媒体操作系统。随着计算机技术的发展，越来越多的计算机具备了多媒体功能，因此通用多媒体操作系统就应运而生，目前流行的通用多媒体操作系统是美国 Microsoft 公司的 Windows 系列操作系统。

第五是多媒体数据处理软件，是为多媒体应用程序进行数据准备的程序，主要为多媒体数据采集软件，其中包括数字化音频的录制、编辑软件、MIDI 文件的录制、编辑软件、图像扫描及预处理软件、全动态视频采集软件、动画生成、编辑软件等。常用的媒体素材制作软件如表 2-2 所示。

第六是多媒体创作软件，是用于编辑生成多媒体特定领域的应用软件，是多媒体设计人员在多媒体操作系统上进行开发的软件工具。与一般的编程工具不同，多媒体创作工具能对多种媒体信息进行控制、管理和编辑，能按用户要求生成多媒体应用程序。功能强、操作简便的创作软件和开发环境是多媒体技术广泛应用的关键所在。目前的创作软件有 3 种档次，高档适用于影视系统的专业编辑、动画制作和生成特技效果；中档用于培训、教育和娱乐节目制作；低档可用于商业信息的简介、简报、家庭学习材料、电子手册等系统的制作。

表 2-2　常用媒体素材制作软件

类　别	软　件　名　称
图像处理软件	Ulead Photo Impact、Adobe Photoshop、CorelDRAW、AutoCAD 等
声音处理软件	GoldWave、COOL Edit、Ulead Audio Editor 等
视频处理软件	Adobe Premiere、Windows Movie Maker、Ulead Video Editor 等
动画处理软件	Cool 3D、Ulead Gif Animator、Macromedia Flash、3ds max 等

多媒体开发环境有两种模式，一是以集成化平台为核心，辅助各种制作工具的工程化开发环境；二是以编程语言为核心，辅以各种工具和函数库的开发环境。

通常，驱动程序、接口程序、多媒体操作系统、多媒体数据采集程序以及创作工具、开发环境这些系统软件都由计算机专业人员设计实现。

第七是多媒体应用软件，是在多媒体创作平台上设计开发的面向应用领域的软件系统，通常由应用领域的专家和多媒体开发人员共同协作、配合完成。开发人员利用开发平台、创作工具组织制作各种多媒体素材，生成最终的多媒体应用程序，并在应用领域中测试、完善，最终成为多媒体产品。例如，各种多媒体教学系统、培训软件，声像结合的电子图书，这些产品可以磁盘、光盘产品形式面世。

综上所述，多媒体计算机软件系统以金字塔结构描述，其中低层软件是建立在硬件基础上，而高层软件是建立在低层软件的基础上。

小　　结

本章主要介绍多媒体的硬件和软件环境的建立，较详细地介绍了多媒体计算机硬件的有关内容，重点是掌握 MPC 的概念、基本结构和主要特征。使读者对于多媒体计算机的基本设备和扩展设备的工作原理和应用有一个深入的了解。通过本章的学习，主要掌握多媒体系统的组成结构及多媒体个人 PC 的技术标准和配置，掌握数字音频、数字视频基本概念、信号特点、声卡和显卡及视频采集卡的安装和使用，掌握多媒体光存储技术及光盘的结构与读写原理，掌握扫描仪、投影机的工作原理及使用，掌握 USB 和 IEEE 1394 接口的工作原理及使用。

思考与练习

一、选择题

1．下列配置中 MPC 必不可少的是（　　）。

A．CD-ROM 驱动器　　B．高质量的声卡

C．高分辨率的图形、图像显示　　D．高质量的视频采集

2．数字音频采样和量化过程所用的主要硬件是（　　）。

A．数字编码器　　B．数字解码器

C．A/D（模/数）转换器　　D．D/A（数/模）转换器

3．在数字音频获取与处理过程中，下列顺序正确的是（　　）。

A．A/D 变换、采样、压缩、存储、解压缩、D/A 转换

B．采样、压缩、A/D 转换、存储、解压缩、D/A 转换

C．采样、A/D 转换、压缩、存储、解压缩、D/A 转换

D．采样、D/A 转换、压缩、存储、解压缩、A/D 转换

4．下列采集的波形声音质量最好的是（　　）。

A．单声道、8 位量化、22.05 kHz 采样频率

B．双声道、8 位量化、22.05 kHz 采样频率

C．单声道、16 位量化、22.05 kHz 采样频率

D．双声道、16 位量化、44.1 kHz 采样频率

5．MIDI 音乐的合成方式是（　　）。

A．FM　　B．波表　　C．复音　　D．音轨

6．视频采集卡支持多种视频源输入，下列属于视频采集卡支持的视频源的是（　　）。

A．放像机　　B．影碟机　　C．录像机　　D．CD-ROM

7．数字视频的重要性体现在（　　）。

A．可以不失真的进行无限次复制　　B．易于存储

C．可以用数字视频进行非线性编辑　　D．可以用计算机播放电影节目

8．扫描仪可应用于（　　）。

A．拍摄数字照片　　B．图像输入

C．光学字符识别　　D．图像处理

9．下列关于数码照相机的叙述正确的是（　　）。

A．数码照相机的关键部件是 CCD

B．数码照相机有内部存储介质

C．数码照相机拍照的图像可传送到计算机

D．数码照相机输出的是数字或模拟数据

二、判断题

1．液晶显示器的亮点数若能维持在 5 个以上就算是正常的。（　　）

2．现在市面上的 Combo 光驱是指将 CD-RW 刻录机与 DVD 光驱的功能合二为一的复合型光驱，具有读取一般 CD 和 DVD 数据的功能。（　　）

3．在显卡的接口规格中，PCI 接口是早期的规格，显示速度较慢；AGP 比 PCI 新的接口规格，显示速度较快；PCI-E 则是最新的显卡接口规格，数据传输最快。（　　）

4．V8、D8 及 Hi8 摄像机属于传统摄像机，以模拟格式存储图像，图像较易失真、模糊、有噪声。（　　）

5．DVD 光盘最多可存储 4.7 GB 的容量，是传统 CD-ROM 光盘的数倍，因此普遍被看好用来取代传统的 CD-ROM。（　　）

6．投影仪的分辨率就是在投影仪画面上由许多小投影点所组成的数目。（　　）

7．数码照相机具有共享容易、实时图像、不需底片或冲洗、可在家打印等优点，已逐渐取代传统相机。（　　）

8．投影仪分为 LCD 型与 DLP 型两种，DLP 是较早发展出来的技术（例如日本 EPSON 和 SONY 投影仪），色彩较高、亮度柔和饱满。（　　）

9．若是在 200 m^2 的使用场所中，投影机的亮度建议是 800～1 000 lm 最适合。（　　）

10．投影仪的对比度愈高色彩愈鲜明，所以尽量都调至最高的对比度，所投射出来的画面才会更鲜艳、更自然。（　　）

三、简答题

1．请写出一款多媒体计算机的配置清单。

2．什么是 MPC 多媒体计算机？自己使用的计算机是否是 MPC 多媒体计算机？

3．声卡由哪几部分组成？声卡的功能有哪些？

4．简述视频采集卡的工作原理。
5．数码照相机的结构与工作原理、功能和特点是什么？
6．简述 AGP 显卡的安装过程。
7．简述 CD-ROM 驱动器的工作原理及主要性能指标。
8．如何用扫描仪将文字和图像输入到计算机中？
9．影响光盘刻录机性能的因素有哪些？
10．扫描仪和数码照相机中关键部件是什么？其功能是什么？
11．观察投影机与计算机是如何连接的？其优点是什么？
12．USB 和 IEEE 1394 接口在多媒体硬件应用中有哪些？举例说明。

第3章 文字的编辑与制作

总体要求：

- 掌握文字的属性与特点
- 掌握3D文字制作软件Ulead Cool 3D

核心技能点：

- 用Ulead Cool 3D制作三维特效文字的能力

扩展技能点：

- 具有利用常用图像处理软件制作特效文字的能力

相关知识点：

- 文字的属性与特点

学习重点：

- 掌握Ulead Cool 3D软件的使用

文字是人们最熟悉的媒体形式，它是由字符组成的字符序列。随着多媒体技术的不断发展，计算机可以处理的媒体种类越来越多，但文本的应用仍然占据了相当大的比重，包括从日常工作中最常用的文字排版处理，到广告设计、书籍装帧设计、包装设计等平面设计中文字的设计与编排，再到多媒体开发。在计算机中，文字具有结构简单、表示容易、数据量小、操作方便、表达准确等其他媒体不可替代的优势，文字是在多媒体制作中使用最多的一种信息存储和传递方式。

3.1 文字的概述

文本是一种以文字和各种专用符号表达的信息形式，它是人们最熟悉的媒体形式，也是现实生活中使用最多的一种信息存储和传递方式。用文本表达信息给人充分的想象空间，在多媒体课件中它主要用于对知识的描述性表示，如阐述概念、定义、原理和问题以及显示标题、菜单等内容。

多媒体素材中的文字实际上有两种：一种是文本文字；另一种是图形文字。它们的区别如下：

（1）产生文字的软件不同

文本文字多使用字处理软件（如记事本、Word、WPS等）通过录入、编辑排版后而生成，而图形文字多需要使用图形处理软件（如画笔、3ds max、Photoshop 等）来生成。

（2）文件的格式不同

文本文字为文本文件格式（如 TXT、DOC、WPS 等），除包含所输入的文字以外，还包含排版信息，而图形文字为图像文件格式（如 BMP、C3D、JPG 等）。它们都取决于所使用的软件和最终由用户所选择的存盘格式。图像格式所占的字节数一般要大于文本格式。

（3）应用场合不同

文本文字多以文本文件形式（如帮助文件、说明文件等）出现在系统中，而图形文字可以制成图文并茂的美术字，成为图像的一部分，以提高多媒体作品的感染力，如图 3-1 所示。

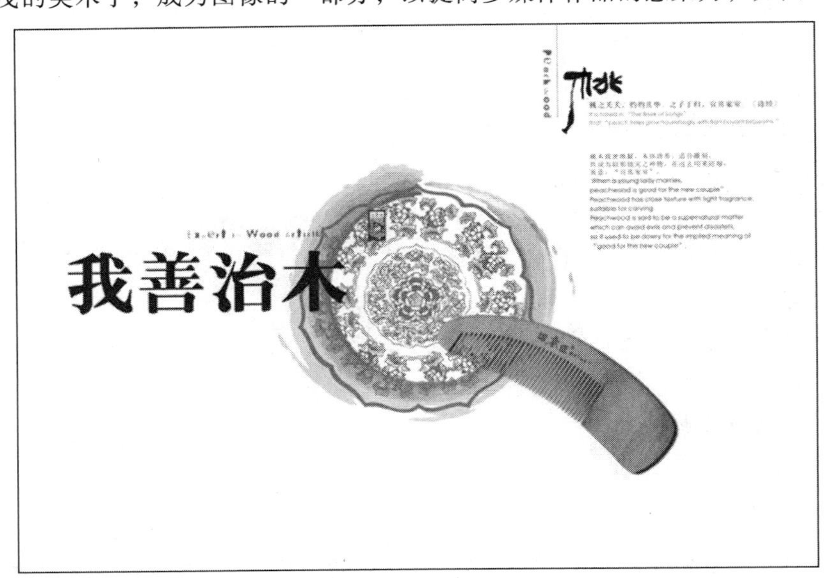

图 3-1　文字的设计和编排

3.2　文字的属性

文字属性一般具有以下 5 点：

（1）字的格式

字体的格式（Style）有下列几种：普通、粗体、斜体、下画线、轮廓和阴影等。普通体不加任何修饰，一般用于正文；粗体和斜体字用于页面中需要强调的文字；下画线体在多媒体应用中多用于表示文本的链接。

（2）字的定位

字的定位（Align）主要有 4 种：左对齐、居中、右对齐和两端对齐。

（3）字体的选择

由于 Windows 安装的字库不同，字体（Font）选择会有些差别，常用的有宋体、楷体、黑体、隶书、仿宋等，还可通过可安装字库扩充更多的字体，如方正舒体、方正姚体、华文宋体、华文隶书等。

选择字体时应注意字体的使用场合。宋体粗细均匀、端庄大方，给人以稳重、大方的感觉，图书、报刊的正文多用宋体。仿宋体笔画纤细、清秀，可用于副标题、短文、诗歌、作者名字等。楷体秀丽隽永，柔中带刚，可做副题、插白、插诗以及温和趣味的句子。黑体较粗，代表严肃、哀悼、警告，常用于严重性、警告性的句子或者标题。

（4）字的大小

字的大小（Size）一般是以字号和磅（Point）为单位，磅值越大，字符显示越大。最大的为初号，号数越小，字符的尺寸越大。表 3-1 所示列出了不同字号的尺寸。

表 3-1　不同字号的尺寸

字号	初号	一号	二号	三号	四号	五号	六号	七号
磅值	42	27	21	16	13.5	10.5	8	5.2
毫米	14.7	9.6	7.4	5.5	4.9	3.7	2.8	2.1

字体文件由 TTF 或 FON 等扩展名构成，TrueType 字体（TTF 文件）是 Windows 中的一项重要技术，支持无级放缩。常用的标志装饰也可以用字体形式出现，Windows 系统中的 Webdings 字体就不是单纯的字母样式。

（5）字的颜色

可以给文字指定调色板中的任何一种颜色，以使画面更加漂亮。需强调的是，文字的技术处理固然很重要，但是文字资料的准确性、完整性和权威性更为重要。因此，在编写文字脚本时，一定要文字准确，确保质量。

3.3　Cool 3D 三维文字制作

目前制作三维文字效果的工具很多，如 3ds max、Maya、SoftImage 以及 Xara 3D，Cool 3D 等，前 3 种属于专业级的三维动画制作软件，用于制作三维文字动画有点大材小用，使用起来也并不方便。对于非专业的使用者，Cool 3D 操作比较简单，可制作出相当出色的三维文字动画，将简单的操作和卓越的三维动画效果完美结合，从而成为许多计算机爱好者制作三维文字特效时的首选工具。

Cool 3D 是 Ulead 公司出品的一个专门制作文字 3D 效果的软件，它可以方便地生成具有各种特殊效果的 3D 动画文字。Ulead Cool 3D 作为一款优秀的三维立体文字特效工具，主要用来制作文字的各种静态或动态的特效，如立体、扭曲、变换、色彩、材质、光影、运动等，并可以把生成的动画保存为 GIF 和 AVI 文件格式，因此广泛地应用于平面设计和网页制作领域。

下面以 Cool 3D 3.5 为例介绍 Cool 3D 的工作界面。打开 Cool 3D 的主界面，如图 3-2 所示。

（1）菜单栏

包括文件、编辑、查看、图像、窗口、帮助 6 项。

（2）工具栏

工具栏中有众多命令的快捷按钮，包括以下 5 种：

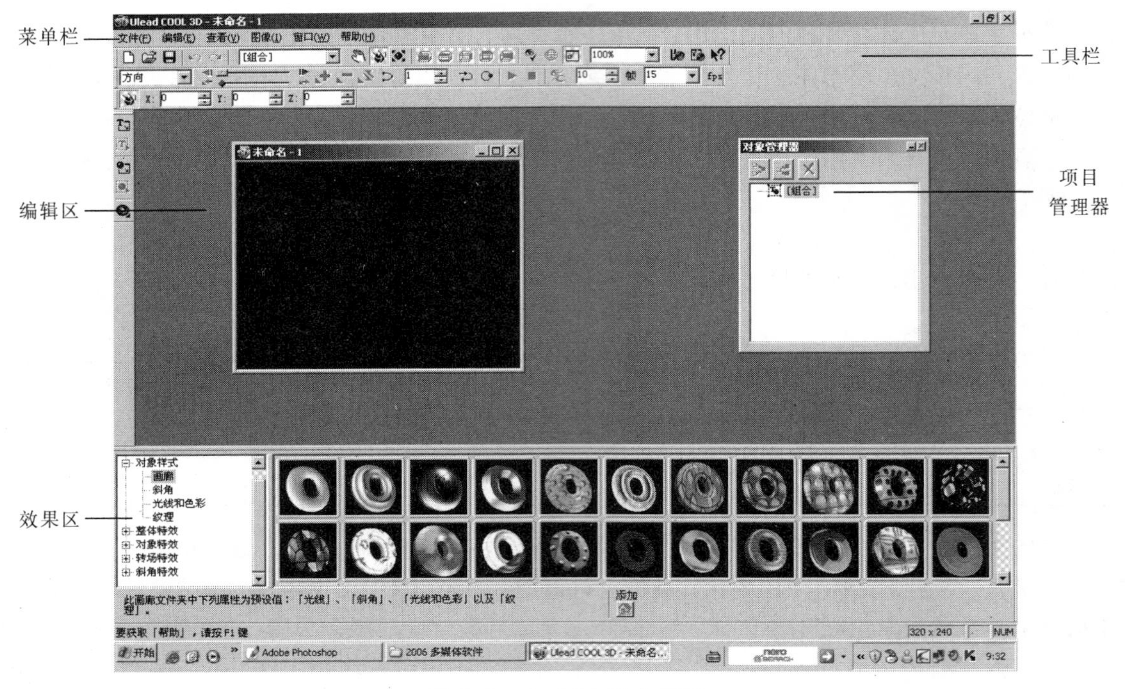

图 3-2 Cool 3D 的主界面

①“对象”工具栏如图 3-3 所示。

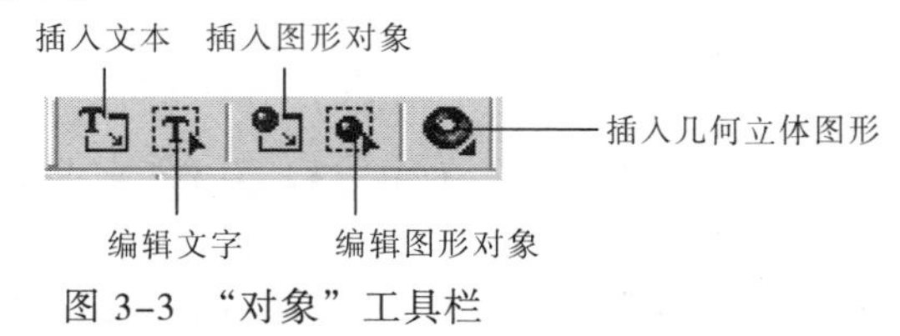

图 3-3 “对象”工具栏

②“手工调整”工具栏如图 3-4 所示。

- “移动”按钮：对屏幕上对象的拖动效果反映为平移。
- “旋转”按钮：拖动对象可引起对象在各个方向上的旋转。
- “缩放”按钮：缩小放大对象。

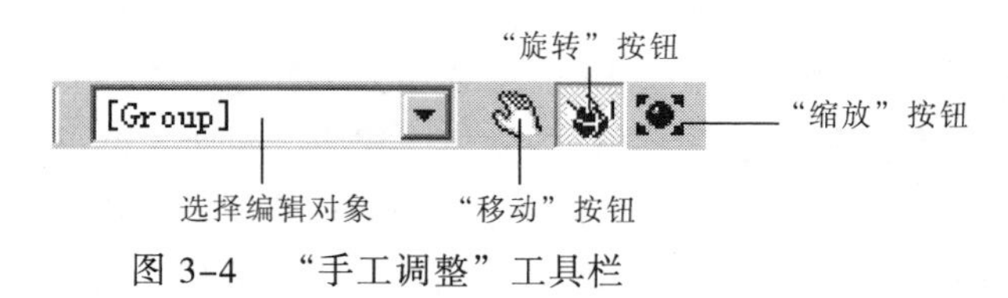

图 3-4 “手工调整”工具栏

③“面调整”工具栏如图 3-5 所示。Cool 3D 把文字对象看作由 5 个部分组成，分别是前面、前面的斜切边缘、边面、后面的斜切边缘、后面。许多针对对象本身性质的效果可以选择施加到哪几个面上，哪个按钮按下就代表哪个面能被施加效果。默认是所有面，也就是效果施加于整个对象。

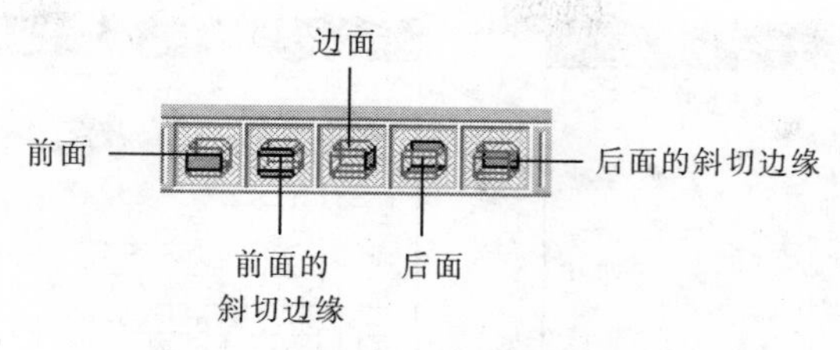

图 3-5 “面调整”工具栏

④“精确定位”工具栏如图 3-6 所示。

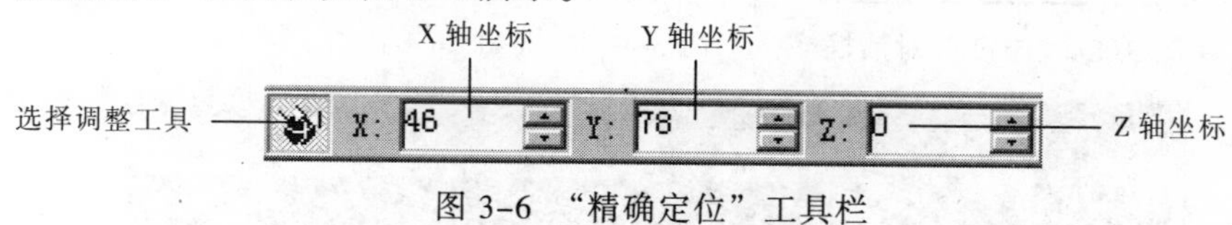

图 3-6 “精确定位”工具栏

⑤“动画控制”工具栏如图 3-7 所示。

在“动画控制”工具栏中，在“选择属性”下拉列表框中选择一种属性，然后针对这种属性制作动画，这时在关键帧标尺中显示的只是这种属性的关键帧，这样可以只处理这种效果的动画，而不会影响其他的效果。

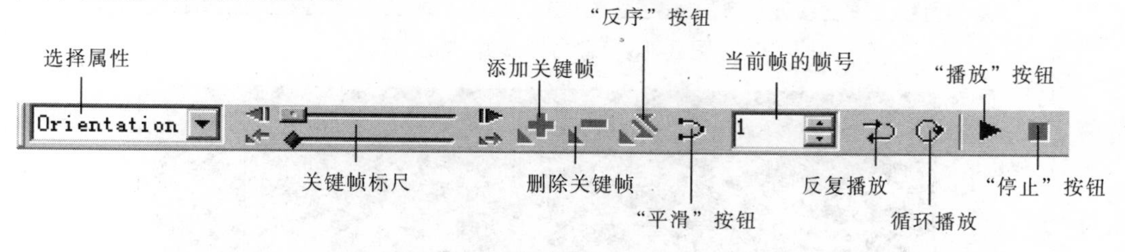

图 3-7 “动画控制”工具栏

Cool 3D 对系统的要求相对来说高一点，由于它的 3D 立体渲染功能比较强，所以相应地对 CPU 的速度、内存的大小有着相当苛刻的要求。为了提高渲染速度，系统中最好装上 DirectX 7.0，还推荐安装 Quick Time 4 驱动程序和 Real Player。下面用 Cool 3D 制作一个静态 3D 文字“多媒体技术”。

操作步骤如下：

① 选择“文件”→“新建”命令，新建一个空白图像文件。如果默认的尺寸不符合需要，那么可以选择“图像”→“维度”命令，弹出“维度”对话框来修改其大小，如图 3-8 所示。

② 单击“输入文字”按钮，弹出“Ulead Cool 3D 文本”对话框，如图 3-9 所示。在对话框中输入“多媒体技术”，并选择自己喜欢的字体和大小（在 Cool 3D 中每一个字都可以选中后单独修改其字体）。另外，字号开始不宜选得过大，以免超出图像的显示范围。如图 3-10 所示是“多媒体技术”5 个字，设置为隶书，图像大小是 700×180 像素。

③ 加上斜切的立体效果。在下部效果区左边单击对象风格左方的加号让其展开，选择斜面项，再在右面框格中挑一个比较满意的倒角形式，直接拖到图像上，这时图像效果如图 3-11 所示（也可以选择动态效果，那样图像就是活动的）。

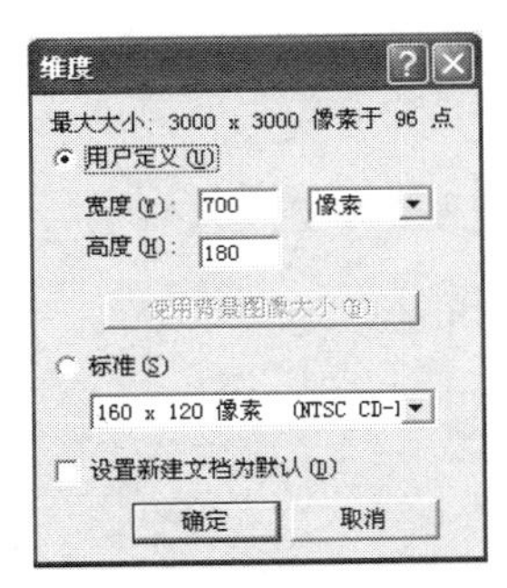

图 3-8　“维度”对话框

图 3-9　“Ulead Cool 3D 文本”对话框

图 3-10　隶书“多媒体技术”

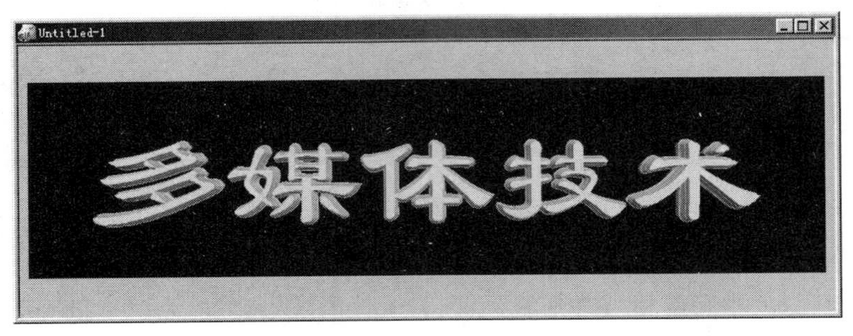

图 3-11　斜切立体效果

④ 调整文字的位置。在“位置”工具栏中单击“平移”按钮，可以平移拖动文字对象，“旋转”按钮可以旋转文字，“文字缩放”能对对象进行缩放。除了用鼠标拖动调整位置外，也可以在“位置”工具栏中对各种平移、旋转、缩放的参数进行手工调整。调整后的效果如图 3-12 所示。

图 3-12　调整效果

⑤ 改变背景。选择效果区里画室中的背景选项，右面便出现多种背景图案，选择一种黄色条纹拖动到图像上即可，如图 3–13 所示。在“属性”工具栏中调整背景的色调、饱和度、亮度等也可以达到纯色背景的效果，而且还可以选择图像文件来做背景纹理。

图 3–13　背景效果

⑥ 修改文字的色彩和材质。在对象风格中先选择材质，给文字对象赋予一种材质，再在灯光和颜色中修改光影色彩的属性。调整光线的作用区域是作用于物体表面，还是仅作用于高光部。调整后的图像效果如图 3–14 所示。

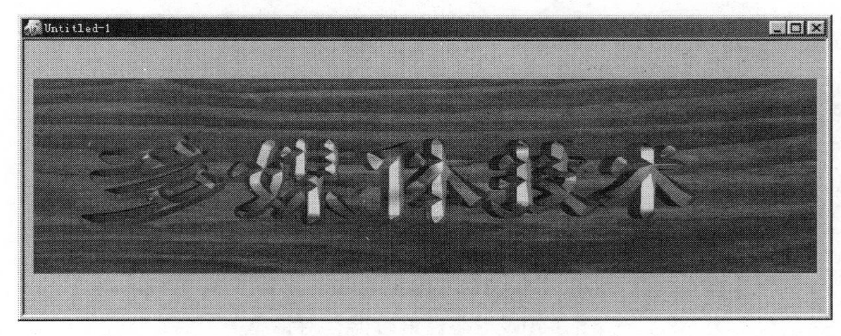

图 3–14　色彩和材质效果

⑦ 加上火焰或其他效果，效果如图 3–15 所示。

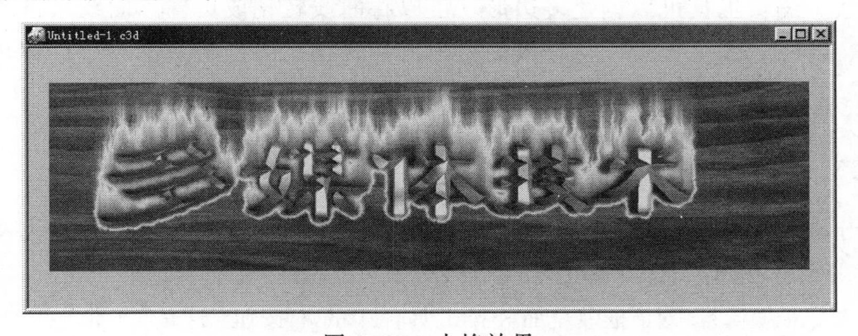

图 3–15　火焰效果

⑧ 如果对作品满意，就可以保存它，选择“文件”→“保存”命令即可。

Cool 3D 可以将被编辑内容输出成多种静态图像文件和动态影像文件。静态的有 BMP、JPG、GIF、TGA，动态的可以输出成动画 GIF、AVI 文件等。选择“文件”→“保存”命令，存盘默认的扩展名是 C3D，也可以选择创建图像文件或创建动画文件选项，把图像保存成其他格式的文件。

以上是一个比较简单的例子。在实际的制作过程中，随着制作文字的动静态效果不同，制作方法也不同，而静态文字的制作是比较简单的，只要输入文字调整位置再加入静态的修饰效果即可。

Cool 3D 并不是只能简单地制作文字，它还能以更灵活的形式制作文字，因为它还提供一种区别于 Text Object（文字对象）的叫做 Graphic Object（图形对象）类型的对象。使用这种对象可以让用户自己创建曲线型的截面，然后根据这个截面来生成立体效果。单击工具栏上的“编辑图形”按钮可以往当前对象更改为一个图形对象，此时 Cool 3D 会弹出如图 3-16 所示的“路径编辑器”对话框，用户可以在其中绘图。除此之外，Cool 3D 还支持将文字对象转化成图形对象。只要选中文字，单击工具栏上的按钮便可以随意编辑文字的轮廓了。

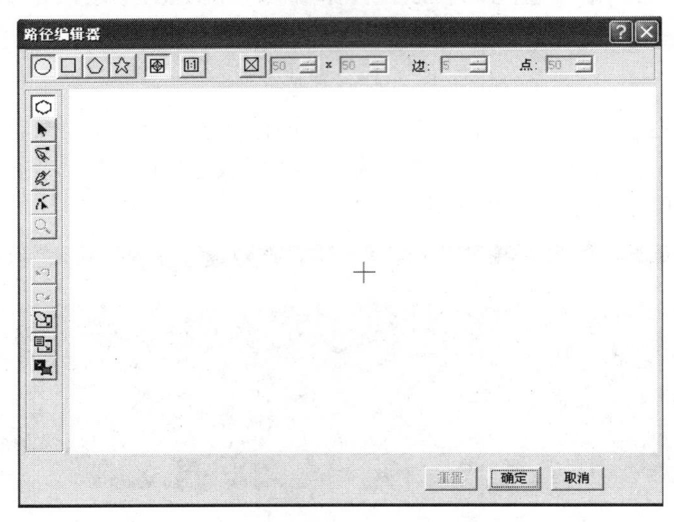

图 3-16 “路径编辑器”对话框

“路径编辑器”对话框中有两个工具栏，竖着的工具栏具有编辑功能，横着的用来控制编辑工具的属性。编辑工具可以创建多边形、可以将曲线转化成贝塞尔曲线来进行编辑，还可以导入图片、将图片作为背景、将导入的位图图片转化成矢量格式，不过这种转换效果不太令人满意。

下面举个例子来说明路径编辑器的用法，操作步骤如下：

① 新建一个图像文件，单击“输入文字”按钮，输入“多媒体技术”5 个字，单击“确定”按钮。再单击“编辑图像”按钮，此时 Cool 3D 会弹出对话框问是否要把文字对象转换成图形对象，单击“确定”按钮，效果如图 3-17 所示。

② 单击“路径编辑器”对话框中左面竖排工具栏中的按钮（这是“变形”工具）。选中“术”字，将其稍微拉大一点，再在 4 个字周围拉出一个方框以选中所有文字，单击上部工具栏中的“推斜”按钮，把字推成斜体。

③ 在“路径编辑器”对话框中选择左面竖排工具栏中的按钮，它的功能是将曲线转化成贝塞尔曲线并进行编辑。可以看到选中文字的曲线轮廓变成了带很多控制点的形状。单击某一个控制点时，该点会变黑并在两边出现另外两个黑点，这便是贝塞尔曲线的控制点。

图 3-17　输入文字

④ 单击“术”字左下角的撇笔尾端，将末尾的几个控制点拉远一点。拖动时要注意配合控制点，力求曲线的平滑。在曲线变形较为复杂时可利用如图 3-18 所示的工具栏来添加、删除控制点，还可以改变控制点的类型，如光滑过渡、曲线对称、拐角等。

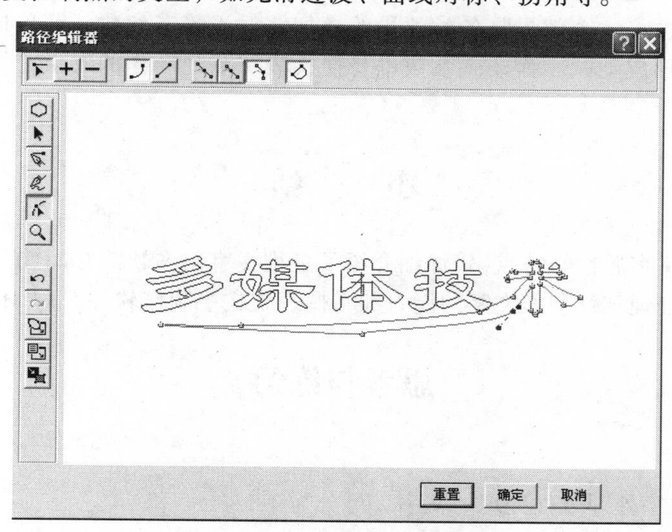

图 3-18 路径编辑器应用

⑤ 如果觉得不满意，可单击“重置”按钮恢复。如果满意，单击“确定”按钮返回 Cool 3D 的图像工作区。此时，工作区中的立体字已经变成如图 3-19 所示的效果。

上个例子主要讲的是路径的编辑，这种曲线的处理方法不仅 Cool 3D 中有，其他的许多图像处理软件尤其是矢量图形处理软件中都有，关键是贝塞尔曲线的编辑。此外 Cool 3D 的“路径编辑器”对话框中还提供手绘功能，也就是用贝塞尔曲线来模拟鼠标运动轨迹的过程，模拟存在误差，却比较平滑，有时也有不少用处。

要熟悉 Cool 3D，关键是要多动手操作，多在实践中掌握其方法。但对于初学者掌握以下几条原则会很有帮助：

① 效果区右面的是所有现成的特效，而左面框的效果则是所有可能效果的总和，任何一种效果选中时都会在下边“属性”工具栏上的最左边显示一个标有“F/X”的按钮，单击时即将这类效果（有时就是指当前选中的现成特效）赋予被选择的对象，对应的参数设置也会出现。

图 3-19　Cool 3D 立体字效果

② 如果不知道哪个对象处于被选中状态，可以在对象管理器中加以设置，也可以选中组以使所有对象都被选中。

③ 全局效果对整个图像都有效，因此以上原则不适用于辉光、火焰、阴影、运动模糊等全局效果，另外背景的设置不会作用于对象。

④ 动画有多种类型。在编辑动画的过程中切换工具或切换修改的属性时，动画序列也会切换到对应的类中去。整个效果是各类效果的叠加。对于静态参数，简单地设置好首尾关键帧中的数值便可以形成动画，而动态参数本身便代表一系列动作的效果，设置起来便没有这么简单。

小　　结

本章主要介绍文字属性与特点，较详细介绍了三维文字制作软件 Cool 3D。通过本章的学习，主要具有利用图像处理软件制作文字的能力和掌握三维文字制作软件 Cool 3D。

思考与练习

一、填空题

1. 我们经常运用文字处理软件处理的文字，可分为________和________两种。
2. 利用 Cool 3D 中的标准工具栏上的________、________和________实现对物体的位置、旋转和大小的操作。
3. 在 Cool 3D 中，软件默认的背景色为________。若要使用用户自己的背景图案，则需要在颜色属性栏中勾选________。
4. 当时间轴上的滑杆被拖动到动画的关键帧时，滑杆下面的小菱形呈现为________色。
5. 调节照相机中的________和________可使图像中物体的大小发生改变。
6. Cool 3D 中，图像光源有________和________两种。
7. 为物体添加“材质”，Cool 3D 中材质的重排模式有以下 4 种：________、________、________和________。

8. Cool 3D 中若我们要把作品保存为动态图像，一般有________和________两种文件格式。若要将作品输出为 Flash 文件，则需通过选择“文件”→________命令来完成。

二、简答题

1. 文字的属性有哪些？
2. 常见制作文字的软件有哪些？
3. 在 Cool 3D 中我们如何添加关键帧？
4. 对于一段三维物体动画，若在两个关键帧，分别使用不同的颜色设置，那在两个关键帧之间会有什么变化？
5. 制作一个具有风吹效果的立体字。
6. 对于相同的作品，若保存格式不同，看看存储容量会有多大的变化？

第 4 章　音频的编辑与制作

总体要求：

- 掌握声音、音频的基本概念
- 了解影响数字音频质量的技术指标
- 熟悉常用音频文件格式
- 了解常用的音频处理软件及音频处理方法
- 掌握一种音频处理软件的使用方法

核心技能点：

- 音频的编辑处理能力
- 音频处理软件 Cool Edit Pro 的应用能力

扩展技能点：

- 常见音频处理软件的应用能力
- 音频的压缩和编码技术能力

相关知识点：

- 熟悉常用音频文件格式
- 多媒体音频的压缩、编码技术
- 音频卡的功能以及安装和使用

学习重点：

- 掌握声音、音频的基本概念
- 掌握音频处理软件 Cool Edit Pro 的使用方法

声音是人类感知自然的重要媒介，人类的听觉和视觉起到认识自然的重要作用。在多媒体产品中，声音是必不可少的对象，其主要表现形式是语音、自然声和音乐。通过对声音的运用，使人们更加形象、直观、容易地认识产品所表现的内容。在多媒体应用系统、多媒体广告、视频特技等领域，声音的作用显得更加重要。

4.1　多媒体音频

音频（Audio）是人们用来传递信息最方便、最熟悉的方式，是多媒体系统使用最多的信息载体。多媒体技术的发展，使计算机处理音频信息达到比较成熟的阶段。音频信号可以携带大量精确的信息。

音频是通过一定介质（如空气、水等）传播的一种连续波，在物理学中称为声波。声音的强弱体现在声波压力的大小上（和振幅相关），音调的高低体现在声波的频率上（和周期相关），如图 4-1 所示。

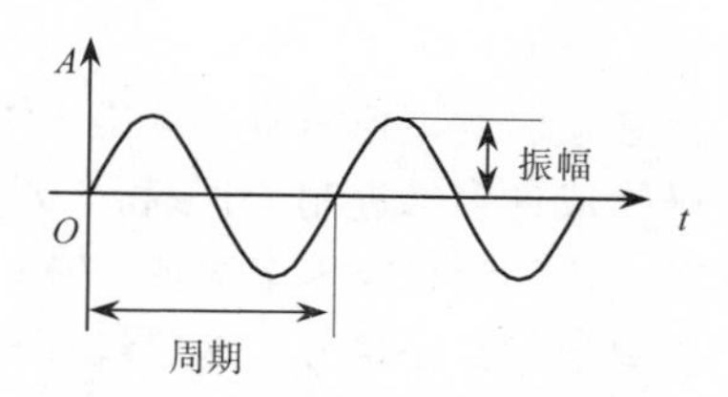

图 4-1　声波的振幅和周期

1．振幅

声波的振幅就是通常所说的音量。在声学中用来定量研究空气受到的压力大小。

2．周期

声音信号以规则的时间间隔重复出现，这个时间间隔称为声音信号的周期，用秒表示。

3．频率

声音信号的频率是指信号每秒变化的次数，用赫兹（Hz）表示。人们把频率小于 20 Hz 的信号称为亚音信号；频率范围为 20 Hz～20 kHz 的信号称为音频（Audio）信号；高于 20 kHz 的信号称为超音频信号，或称超声波信号。

4．带宽

带宽是指频率覆盖的范围。此术语同样应用在计算机网络中，它表示在一条通信线路上可以传输的载波频率范围。它是网络中十分重要的因素，因为一条信道的传输能力和它的带宽有直接的联系。对声音信号的分析表明，声音信号由许多频率不同的信号组成。多种频率信号称为复合信号，单一频率信号称为分量信号。声音信号的带宽用来描述组成复合信号的频率范围，如高保真声音的频率范围为 10 Hz～20 kHz，它的带宽约为 20 kHz，在多媒体技术中，处理的声音信号主要是音频信号，包括音乐、语音等。

4.2　音频的数字化

声波是随时间而连续变化的物理量，通过能量转换装置，可用随声波变化而改变的电压或电流信号来模拟，利用模拟电压的幅度可以表示声音的强弱。

这些模拟量难以保存和处理，而且计算机无法处理这些模拟量。因此，为了使计算机能处理音频，必须先把模拟声音信号经过模/数（A/D）转换电路，转换成数字信号，然后由计算机进行处理；处理后的数据再由数/模（D/A）转换电路，还原成模拟信号，再放大输出到扬声器或其他设备，这就是音频数字化的处理过程。

音频数字化技术是整个数字音频领域中最基本和最主要的技术。在计算机中这一工作过程是由声卡及相关软件完成的。A/D 转换电路对输入的音频模拟信号以固定的时间间隔进行采样，并将采样信号送给量化编码器，变成数值，并以一定方式将所获得的数值保存下来。

数字化后的声音称为“数字音频信号”，它除了包含有自然界中所有的声音之外，还具有经过计算机处理的独特的音色和音质。数字音频的优点在于保真度好，动态范围大，便于计算机处理。

下面就针对音频的数字化过程、音频指标和音频文件的分类等内容进行介绍。

4.2.1 音频的数字化过程

数字化音频技术就是把表示声音强弱的模拟信号（电压）用数字来表示。通过采样量化等操作，把模拟量表示的音频信号转换成许多二进制“1”和“0”组成的数字音频文件，从而实现数字化，为计算机处理奠定基础。数字音频技术中实现 A/D（模/数）转换的关键是将时间上连续变化的模拟信号转变成时间上离散的数字信号，这个过程主要包括采样（Sampling）、量化（Quantization）和编码（Encoding）3 个步骤，如图 4-2 所示。

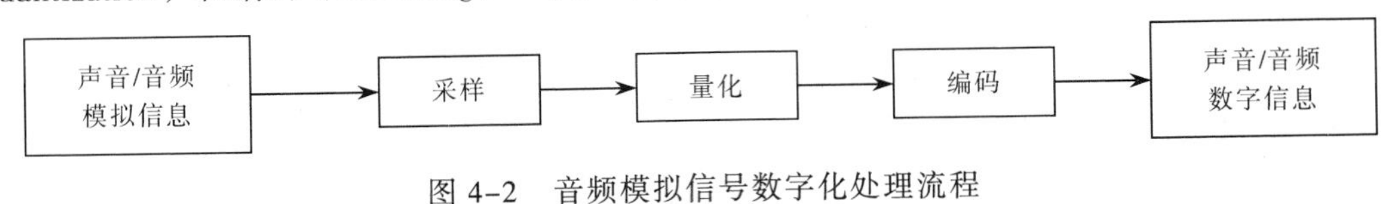

图 4-2　音频模拟信号数字化处理流程

1．采样

每隔一定时间间隔不停地间断性地在模拟音频的波形上采取一个幅度值，这一过程称为采样。而每个采样所获得的数据与该时间点的声波信号相对应，称为采样样本。将一连串样本连接起来，就可以描述一段声波了，如图 4-3 所示。

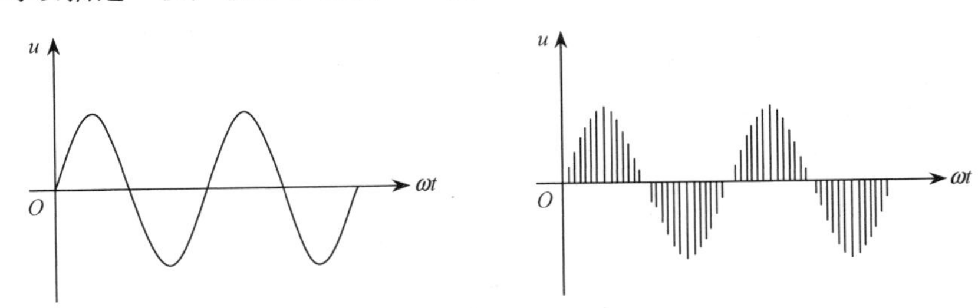

图 4-3　声波波形的采样

2．量化

经过采样得到的样本是模拟音频的离散点，这时还是用模拟数值表示的。为了把采样得到的离散序列信号存入计算机，必须将其转换为二进制数字表示，这一过程称为量化编码。量化的过程是：先将整个幅度划分成有限个小幅度（量化阶距）的集合，把落入某个阶距内的采样值归为一类，并赋予相同的量化值。如表 4-1 所示给出了模拟电压量的量化编码实例。

表 4-1　模拟电压量的量化编码

电压范围	量化数值	编码
0.5～0.7	3	11
0.3～0.5	2	10
0.1～0.3	1	01
-0.1～0.1	0	00

量化的方法大致有两类：

（1）均匀量化

均匀量化采用相等的量化间隔来度量采样得到的幅度。这种方法对于输入信号不论大小一律采用相同的量化间隔，其优点在于获得的音频品质较高，缺点在于音频文件容量较大。

（2）非均匀量化

非均匀量化对输入的信号采用不同的量化间隔进行量化。对于小信号采用小的量化间隔，对于大信号采用大的量化间隔。虽然非均匀量化后文件容量相对较小，但对于大信号的量化误差较大。

3．编码

编码即编辑数据，就是考虑如何把量化后的数据用计算机二进制的数据格式表示出来。

实际上就是设计如何保存和传输音频数据的方法，例如 MP3、WAV 等音频文件格式，就是采用不同的编码方法得到的数字音频文件。

4.2.2　数字音频的技术指标

通过上述的数字化过程，得到了存储在计算机中的数字音频。那么对于这些数字音频文件，影响其质量的主要有采样频率、量化位数和声道数 3 个因素。

1．采样频率

采样频率是指计算机每秒对声波幅度值样本采样的次数，是描述声音文件的音质、音调，衡量声卡、声音文件的质量标准，计量单位为 Hz（赫兹）。采样频率越高，即采样的间隔时间越短，则在单位时间内计算机得到的声音样本数据就越多，声音文件的数据量也就越大，声音的还原就越真实越自然。采样频率与声音频率之间有一定的关系，根据奈奎斯特理论，只有采样频率高于声音信号最高频率的两倍时，才能把数字信号表示的声音还原成为原来的声音。

在计算机多媒体音频处理中，采样通常采用 3 种频率：11.025 kHz、22.05 kHz 和 44.1 kHz。11.025 kHz 采样频率获得的是一种语音效果，称为电话音质，基本上能分辨出通话人的声音；22.05 kHz 获得的是音乐效果，称为广播音质；44.1 kHz 获得的是高保真效果，常见的 CD 采样频率就采用 44.1 kHz，音质比较好，通常称为 CD 音质。

2．量化位数

采样得到的样本需要量化，所谓的量化位数又称“量化精度”，是描述每个采样点样本值的二进制位数。例如，对一个声波进行 8 次采样，采样点对应的能量值分别为 A1～A8，如果只使用 2 bit 二进制值来表示这些数据，结果只能保留 Al～A8 中 4 个点的值而舍弃另外 4 个。如果选择用 3 bit 数值来表示，则刚好记录下 8 个点的所有信息。这里的 3 bit 实际上就是量化位数。

8 bit 量化位数表示每个采样值可以用 2^8，即 256 个不同的量化值之一来表示，而 16 位量化位数表示每个采样值可以用 2^{16}，即 65 536 个不同的量化值之一来表示。常用的量化位数为 8 bit、12 bit 及 16 bit。量化位数大小决定了声音的动态范围。量化位数越高音质越好，数据量也越大。

3．声道数

声音通道的个数称为声道数，是指一次采样所记录产生的声音波形个数。记录声音时，如果每次生成一个声波数据，称为单声道；每次生成两个声波数据，称为双声道（立体声）。随着声道数的增加，音频文件所占用的存储容量也成倍增加，同时声音质量也会提高。

4．音频文件的存储量

音频文件是真实声音数字化后的数据文件，其文件所占存储空间很大，声音的存储量可用下式表示：

$$v = \frac{f_c \times B \times S}{8}$$

式中：v 为存储量，f_c 为采样频率，B 为量化位数，S 为声道数。

【例 4-1】 计算 2 min 双声道、16 bit 采样位数、22.05 kHz 采样频率声音的不压缩的声音数据量。

根据上式可计算得到实际数据量为：

实际数据量=2×60×(22.05×1000×16×2)/(8×1 024×1 024)≈10.09（MB）

4.2.3 数字音频的分类

由前所述，经过采样、量化及编码，就可以把模拟声音转换为数字音频存储到计算机中。那么，不论模拟音频还是数字音频，如何区分这些声音呢？实际上，可以按用途、来源和文件格式等多种方法来对多媒体音频信息进行分类。

1．按用途分类

按照应用的场合不同，可以将音频文件分为语音、音效及音乐等。

（1）语音

语音是人类发音器官发出的具有区别意义功能的声音。语音的物理基础主要有音高、音强、音长、音色，这也是构成语音的四要素。音高指声波频率，即每秒振动次数的多少；音强指声波振幅的大小；音长指声波振动持续时间的长短，又称“时长”；音色指声音的特色和本质，又称“音质”。获得语音的方法为利用麦克风和录音软件把语音（如解说词）录入计算机中。

（2）音效

音效是指有特殊效果的声音，例如，汽车声、鼓掌声、打碎碗及玻璃的声音等。效果声的制作最直接的方法是录制自然的声音，例如，打开传声器，找一群人来拍手，就可得到鼓掌声。

（3）音乐

音乐是指有旋律的乐曲，一般采用 MIDI 文件。

2．按来源分类

音频文件的来源主要有以下几种形式：

（1）数字化声波

将传声器插在计算机的声卡上，利用录音软件，将语音和音乐等波形信息经模/数转换，得到数字化形式进行存储、编辑，需要时再经过数/模转换还原成原来的波形。

（2）MIDI 合成

利用连接计算机的 MIDI（乐器数字化接口），弹奏出曲子，或合成音效录入计算机，再用声音软件编辑。

（3）来源于声音素材库

将录音带或 CD 唱盘等声音素材库中的曲子，用放音设备通过转接线转录到计算机，再用声音软件加以编辑，存成多媒体著作软件可以读取的文件格式。但需要注意版权许可。

3. 按文件存储格式分类

按照音频文件的格式不同，可以将其分为波形文件 WAV、音频文件 MIDI、CD 音频文件和压缩音频文件等。

（1）WAV 文件

WAV(WAVE FORM)是微软的标准声音文件格式，也是微软流行的资源文件交换格式(RIFF 的子集)。这就是为什么在某些声音编辑软件中可以看到 WAVE FORM 格式与 RIFF 格式选项被分在一起的原因。WAV 文件可以被存为立体声或单声道，8 bit 或 16 bit 音响文件。WAV 文件来源于对声音模拟波形的采样。用不同的采样频率对声音的模拟波形进行采样可以得到一系列离散的采样点，以不同的量化位数（8 bit 或 16 bit）把这些采样点转换成二进制数，然后存入磁盘，这就产生了声音的 WAV 文件，即波形文件。波形文件格式支持采样频率和样本精度的声音数据，并支持声音数据的压缩。WAV 文件由采样数据组成，所以它所需要的存储容量很大。

（2）MIDI 文件

乐器数字接口的缩写，实质是一个通过电缆将电子音乐设备连接起来的协议。这一协议就是向有关设备传送数字化的命令。MIDI 技术的优点是显而易见的，它大量节约存储空间：一个半小时的 MIDI 音乐只要 200 KB，而 WAV 则要占几百兆空间。但它的缺点同样明显，声音的播放质量过于依赖于硬件设备。MIDI 又分为两种格式：MIDI Format 0 与 MIDI Format 1。尽管 MIDI 1 要比 MIDI 0 更复杂，并可容纳更多信息，但其通用性不好，所以大家一般还是用 MIDI 0 格式作为标准的 MIDI 文件存储格式。

（3）MP3 文件

MP3 是目前最热门的音乐文件格式，这是一种间频压缩技术，采用 MPEG Layer-3 标准对 WAV 音频文件进行压缩而成，MP3 是 MPEG-l Layel-3 的简写，而不是 MPEG-3。其特点是能以较小的比特率、较大的压缩率达到近乎完美的 CD 音质（其压缩率可达 1∶12 左右，每分钟 CD 音乐大约只需要 1 MB 的磁盘空间）。正是基于这些优点，可先将 CD 上的音轨以 WAV 文件的形式抓取到硬盘上，然后再将 WAV 文件压缩成 MP3 文件，既可以从容欣赏音乐又可以减少光驱磨损。

（4）MP2 文件

MP2 文件是采用 MPEG Layer 2 标准对 WAV 音频文件进行压缩后生成的音乐文件，除压缩率较低（1∶6）之外，其他方面与 MP3 基本类似。而 MP4 文件则是采用 MPEG-2 AAC 3 标准对 WAV 音频文件进行压缩后生成的，它在音质、压缩率等方面都较 MP3 有所改进，更重要的是它加强了对软件版权的控制，以减少盗版。

（5）WMA 文件

WMA 文件是微软公司推出的与 MP3 齐名的音频格式，WMA 在压缩比和音质方面强于 MP3 并且 WMA 支持流媒体技术，可以在网络上在线播放，WMA 是目前网络音频的主要格式。

（6）AU 文件

Sun 的 AU 压缩声音文件格式，只支持 8 bit 的声音。AU 是 Internet 中常用的声音文件格式，多由 Sun 工作站创建，可使用软件 Waveform Hold and Modify 播放。Netscape Navigator 中的 Live Audio 也可播放 AU 文件。

（7）RA 文件

Read Audio 公司的拳头产品，如今已变为网上在线收听的唯一标准。它将音频文件大大压缩，然后再以 20 kbit/s 左右的速率实时播放。压缩后的效果也非常好，可以满足网上实时广播的需求。

（8）VQF 文件

VQF 文件是 YAMAHA 公司购买 NTT 公司的技术开发出的一种音频格式。它的优势在于压缩比很大的时候，声音的失真程度却很小，虽然现在还不像 MP3 那样流行，但它的潜力不可估量。

（9）CD-DA 文件

CD-DA 文件是最常见的 CD 音轨格式。在 CD 机和计算机上都能正常播放。

（10）CD-XA 文件

CD-XA 文件是 CD Extra 的缩写。这种格式的 CD 前面是一个或多个 CD-DA 音轨，最后一轨存放数据。CD-XA 格式的 CD 不仅可以在 CD 机、光驱上正常播放音乐，其数据部分也可像正常数据 CD 一样存取。

4.2.4 数字音频的编码

一般情况下，声音的制作是使用传声器或录音机产生的音频信号，再由声卡上的 WAVE 合成器的模/数转换器对模拟音频采样后，量化编码为一定字长的二进制数据序列，并在计算机内传输和存储。在数字音频回放时，再由数字到模拟的转化器（数/模转换器）解码，可将二进制编码恢复成原始的声音信号，通过音响设备输出，如图 4-4 所示。

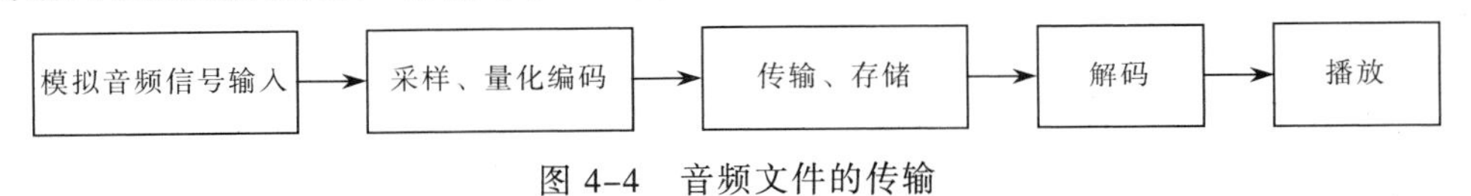

图 4-4 音频文件的传输

数字波形音频文件是要占用一定存储空间的，其容量的计算可由公式完成。如表 4-2 所示列出了不同采样频率及量化位数情况下，1 分钟双声道音频文件所需要的存储容量。

表 4-2 不同采样频率及量化位数的容量

采样频率/kHz	采样精度/bit	所需存储容量/MB	数据速率/kbit/s	常用编码方法	质 量 与 应 用
44.1	16	10.094	88.2	PCM	相当于激光唱盘质量，应用于高质量要求的场合
22.05	16	5.047	44.1	ADPCM	相当于调频广播质量，应用于伴音及各种声响效果
	8	2.523	22.05	ADPCM	
11.025	16	2.523	22.05	ADPCM	相当于调幅广播质量，应用于伴音及解说词
	8	1.262	11.025	ADPCM	

由上可见，数字波形文件的数据量非常大，这对大部分用户来说都是不能接受的，要降低磁盘占用只有两种方法，即降低采样指标或者提高压缩率。而降低采样指标会影响音质，是不可取的，因此专家们研发了各种高效的数据压缩编码技术。

对于不同类型的音频信号而言，其信号带宽是不同的，如电话音频信号为 200 Hz～3.4 kHz，调幅广播音频信号为 50 Hz～7 kHz，调频广播音频信号为 20 Hz～15 kHz，激光唱盘音频信号为 10 Hz～20 kHz。随着对音频信号音质要求的增加，信号频率范围逐渐增加，要求描述信号的数据量也就随之增加，从而带来处理这些数据的时间和传输、存储这些数据的容量增加，因此多媒体音频压缩技术是多媒体技术实用化的关键之一。

音频信号的压缩编码主要有熵编码、波形编码、参数编码、混合编码、感知编码等。

4.2.5　音频的处理软件

音频的处理软件是用来录放、编辑、加工和分析声音的工具。声音工具的软件使用得相当普遍，但它们的功能相差很大，下面列出几种比较常见的工具软件。

1. Cakewalk Pro Audio（Cakewalk SONAR）

早期 Cakewalk 是专门进行 MIDI 制作、处理的音序器软件，自 Cakewalk 4.0 版本后，增加了对音频的处理功能。目前，它的最新版本是 Cakewalk SONAR，国内使用最普遍的版本是 Cakewalk 9.0。虽然 Cakewalk 在音频处理方面有些不尽人意之处，但它在 MIDI 制作、处理方面，功能超强，操作简便，具有无法比拟的绝对优势。如图 4-5 所示是 Cakewalk Pro Audio 的操作界面。

图 4-5　Cakewalk Pro Audio 操作界面

2. Cool Edit Pro

Cool Edit Pro 是美国 Syntrillium Software Corporation 公司开发的一款功能强大、效果出色的多轨录音和音频处理软件。它可以在普通声卡上同时处理多达 128 轨的音频信号，具有极其丰富的音频处理效果，并能进行实时预览和多轨音频的混缩合成。如图 4-6 所示是 Cool Edit Pro 版本的操作界面。

3. Sound Forge

Sound Forge 是一款音频录制、处理类软件，是 Sonic Foundry 公司的拳头产品，它几乎成了 PC 上单轨音频处理的代名词，功能强大。该软件的最新版本是 Sound Forge。与 Cool Edit 不同的是，Sound Forge 只能针对单音频文件进行操作、处理，无法实现多轨音频的混缩。如图 4-7 所示是 Sound Forge 的操作界面。

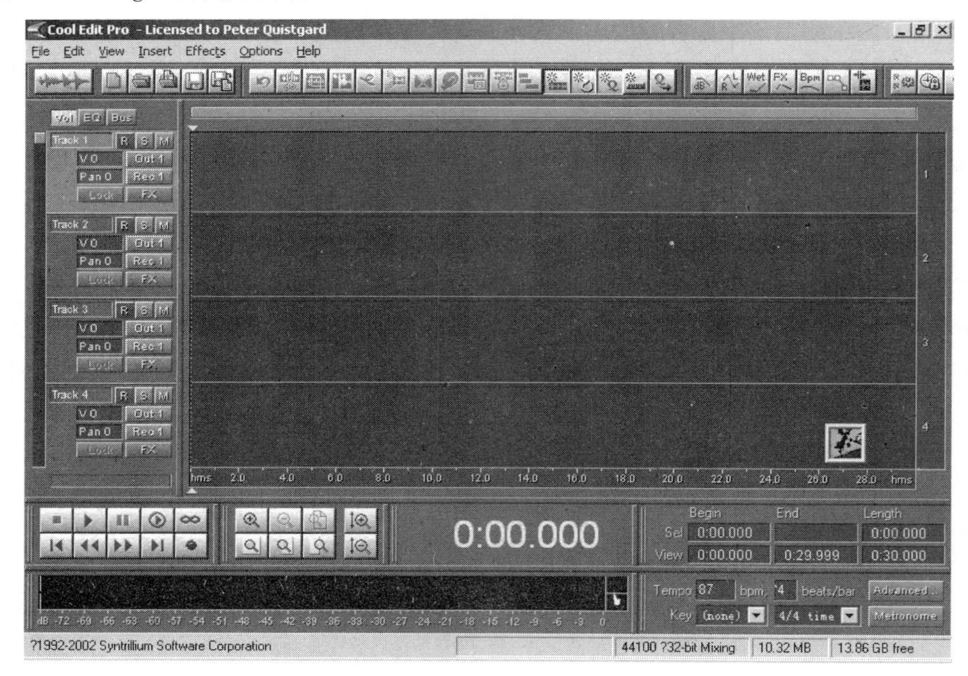

图 4-6　Cool Edit Pro 操作界面

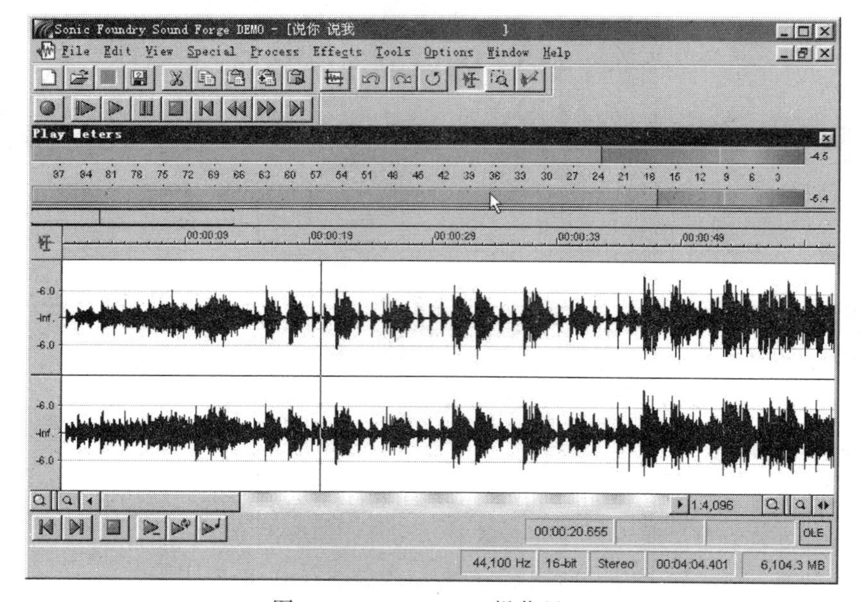

图 4-7　Sound Forge 操作界面

4．Logic Audio

Logic Audio 由 Emagic 公司出品，是当今在专业的音乐制作软件中最为成功的音序软件之一。它能够提供多项高级的 MIDI 和音频的录制及编辑，甚至提供了专业品质的采样音源

（EXS24）和模拟合成器（ESI），它的应用将使多媒体计算机成为一个专业级别的音频工作站。但它的操作非常复杂和烦琐，如图 4-8 所示是 Logic Audio Platinum 的操作界面。

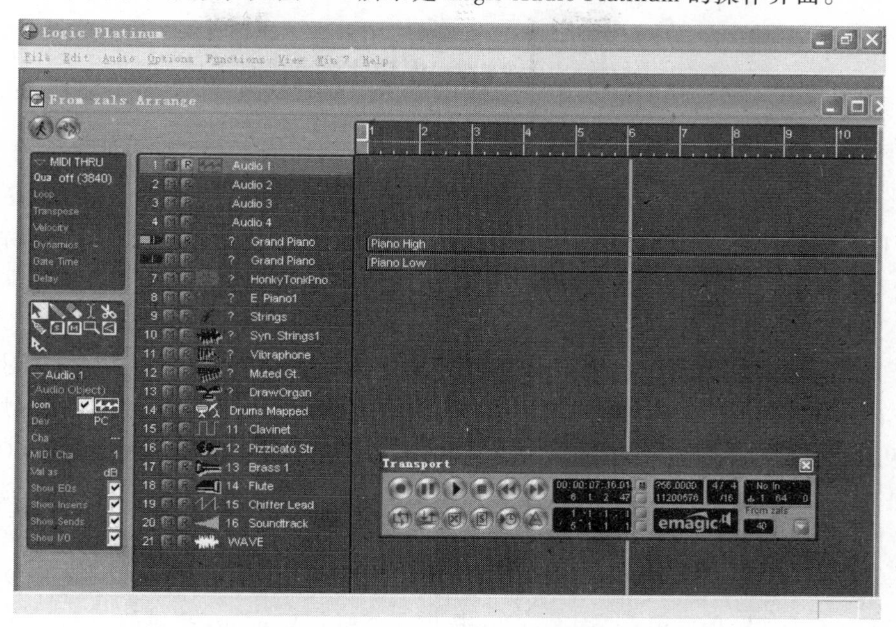

图 4-8　Logic Audio Platinum 操作界面

5．Nuendo

Nuendo 是 Steinberg 公司出品的一个集 MIDI、音频、混音等功能于一体的音乐软件，支持视频 5.1 环绕立体声的制作，功能强大，品质超群，目前，国内正有越来越多的人开始使用这款软件。如图 4-9 所示是 Nuendo 的操作界面。

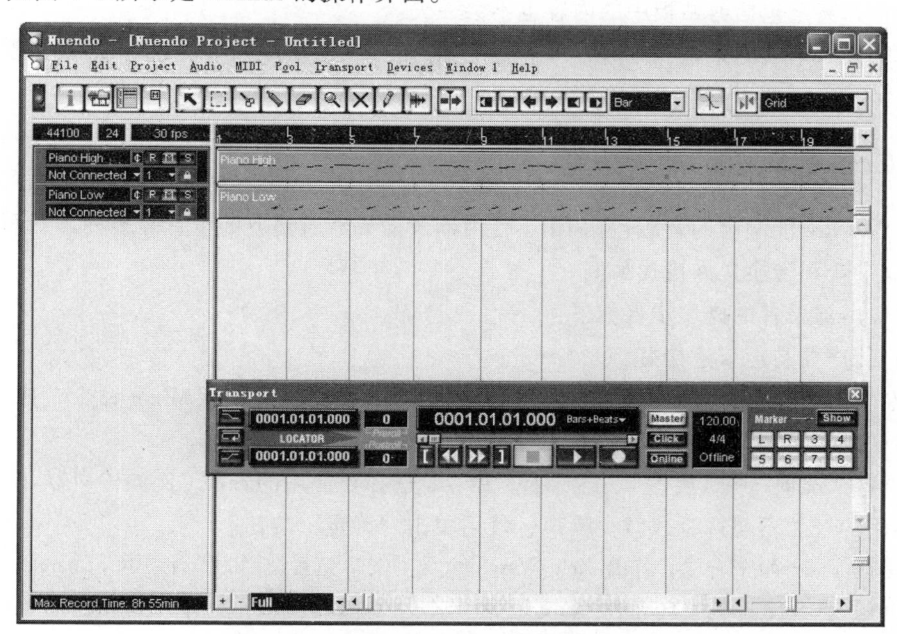

图 4-9　Nuendo 操作界面

音乐制作、音频处理类软件还有很多，比如自动伴奏（编曲）软件、音色采样软件、转换软件等，在此不一一列举。

4.3 音频的采集与制作

4.3.1 音频编辑软件 Cool Edit Pro

Cool Edit Pro 是一个功能强大的音乐编辑软件，可以运行在 Windows /98/NT/XP 操作系统中，能高质量地完成录音、编辑、合成等多种任务，只要拥有它和一台配备了声卡的计算机，也就等于同时拥有了一台多轨数码录音机、一台音乐编辑机和一台专业合成器。

Cool Edit Pro 能记录的音源包括 CD、话筒及各种播放器所播放的声音，并可以对它们进行降噪、扩音、剪接等处理，还可以给它们添加立体环绕、淡入/淡出、3D 回响等奇妙音效，制成的音频文件，除了可以保存为常见的 WAV、SND、VOC、SAM、IFF、SVX、AIF、VOX、DVD、AU、SND、VCE、SMP、VBA 等多种格式外，也可以直接压缩为 MP3 文件，放到互联网上或发 E-mail 给朋友，大家共同欣赏。

Cool Edit Pro 的常规编辑功能，如剪切、粘贴、移动等，跟在字处理器中编辑文本一样简单，而且还有 6 个剪贴板可用（Cool Edit Pro 提供 5 个加上 Windows 提供的一个），使编辑工作更加轻松方便。Cool Edit Pro 对文件的操作是非损伤性的，对文件进行的各种编辑，在保存之前，Cool Edit Pro 不会对原文件有丝毫改变。经过多次的编辑，如不满意，可以多次使用“取消”命令重新编辑。

Cool Edit Pro 能够自动保存意外中断的工作。重新启动 Cool Edit Pro，系统重新恢复到上次的工作状态，甚至包括剪贴板中的内容也不会丢失。

本书中只对单轨的录音和音频处理进行介绍，若由多轨切换到单轨，单击工具栏上的 Switch to Multi track View按钮即可。

4.3.2 Cool Edit Pro 声音采集

Cool Edit Pro 能记录的音源包括 CD、传声器及播放器所播放的声音等多种。下面就麦克风录音、CD 录音和转换文件格式举例。

使用传声器录音的操作步骤如下：

① 将传声器与声卡连接好。

② 在 Cool Edit Pro 主窗口中，选择 Options→Windows Recording Mixer 命令，如图 4-10 所示。弹出“录音控制”窗口，如图 4-11 所示。

③ 选择“选项”→“属性”→“录音”命令，选择要使用的音源（例如传声器），如图 4-12 所示。不用的音源不要选，以减少噪声，然后单击“确定”按钮。

④ 选择 File→New 命令，弹出 New Waveform 对话框，选择适当的录音声道（Channels）、分辨率（Resolution）和采样频率（Sample Rate）。如果不知如何选择，可以分别使用 Stereo、16-bit、44100，这是用于 CD 音质的设置，效果很不错，如图 4-13 所示。

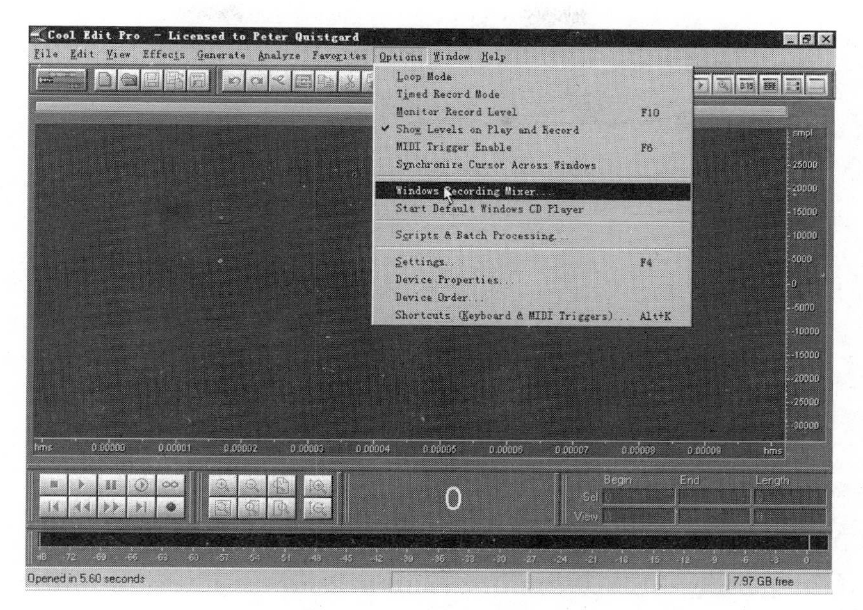

图 4-10　混音器

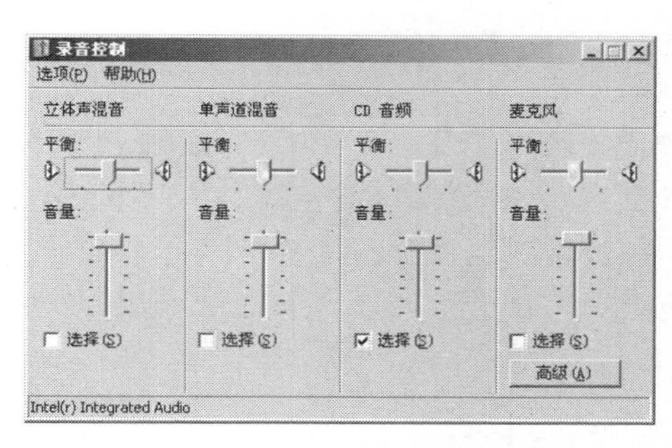

图 4-11　“录音控制”窗口

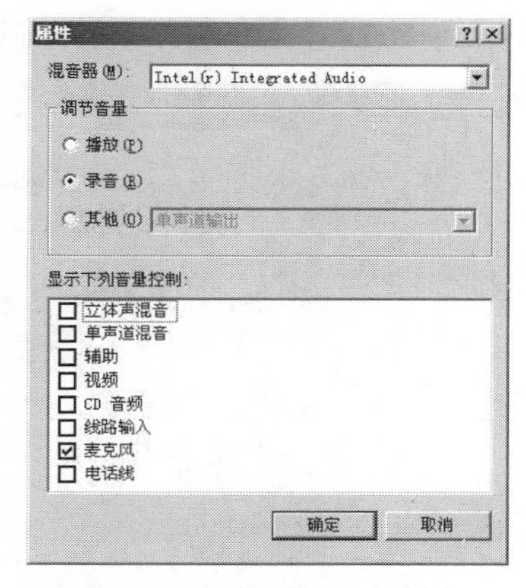

图 4-12　“属性”对话框

⑤ 单击 Cool Edit Pro 主窗口左下部 Transport Buttons 的红色 Record 按钮，开始录音。

⑥ 拿起传声器唱歌。

⑦ 完成录音后，单击 Transport Buttons 的 Stop 按钮。要播放它，单击 Play 按钮。

⑧ 选择 File→Save As 命令，弹出 Save Waveform As 对话框，如图 4-14 所示。在“文件名”文本框中输入“例一.wav”，单击“保存”按钮。

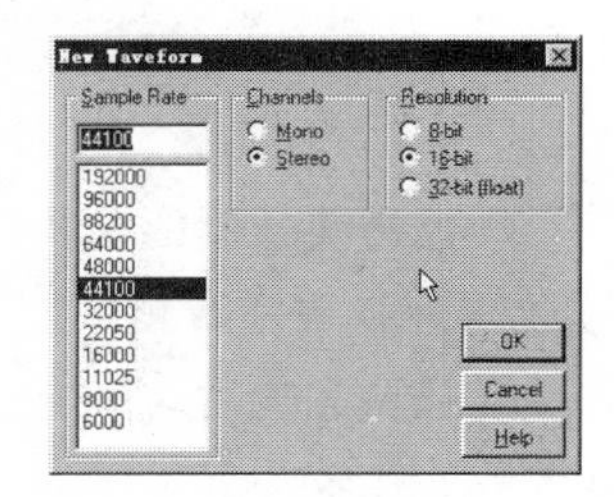

图 4-13　New Waveform 对话框

CD 录音也可以采用和上例大体相同的方式进行录音。首先将 CD 放入光驱（暂时不播放），在 Cool Edit Pro 中设置录音来源为“立体声”，设置好采样频率、分辨率、录音声道等，播放 CD，开始录音。这种方法因为是声卡内部录音，所以录音效果和声卡有很大关系，再者因为是一边播放一边录音，所以需要一定的时间。

图 4-14　Save Waveform As 对话框

使用 CD 录音的操作步骤如下：

① 选择 File→Extract Audio Form CD 命令，弹出 Extract Audio Fro CD 对话框，如图 4-15 所示，在 Device 下拉列表中选择放 CD 的光驱。

② 单击 Refresh 按钮，勾选 Extract To Single Waveform 复选框。

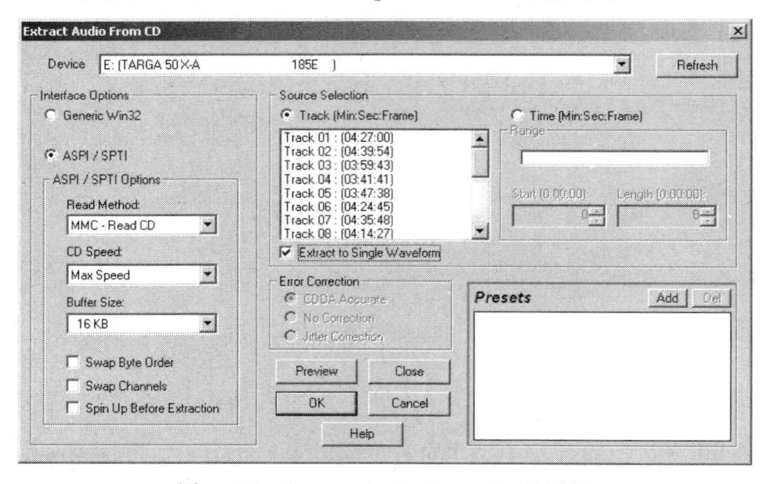

图 4-15　Extract Audio From CD 对话框

③ 选择要录制的音轨（第几音轨就是 CD 目录上的第几首歌），单击 OK 按钮。Cool Edit Pro 开始提取 CD 数字音频。

④ 提取完成后，单击 Cool Edit Pro 窗口左下部 Transport Buttons 的 Play 按钮，试播放且和 CD 的音质比较一下。

⑤ 选择 File→Save As 命令，弹出 Save Waveform As 对话框，如图 4-16 所示。在“文件名”文本框中输入文件名，如“例一”。再单击“保存类型”下拉列表框，选择保存类型为“*. mp3”。

⑥ 单击“保存”按钮，即把 CD 格式的文件（扩展名为 cda）转换成为 MP3 格式（扩展名为 mp3）。

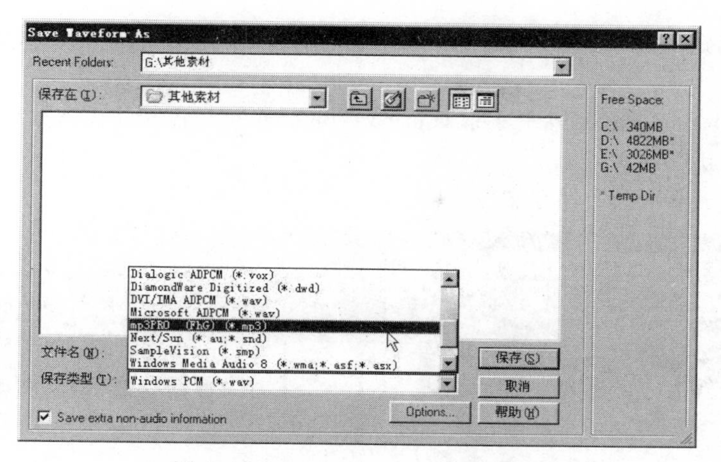

图 4-16　Save Waveform As 对话框

4.3.3　声音文件的制作

用 Cool Edit Pro 编辑声音与在文字处理器中编辑文本相似。一方面，都包括复制、剪切和粘贴等操作；另一方面，都须事先选择编辑对象或范围，对于声音文件而言，就是在波形图中，选择某一片段或整个波形图。一般的选择方法是在波形上按下鼠标左键向右或向左滑动，如果要往一侧扩大选择范围，可以在那一侧右击，要选整个波形，双击即可。此外，Cool Edit Pro 还提供了一些选择特殊范围的菜单，它们集中在 Edit 菜单下，如 Zero Crossings（零交叉），可以将事先选择波段的起点和终点移到最近的零交叉点（波形曲线与水平中线的交点）；Find Beats（查出节拍），可以以节拍为单位选择编辑范围。对于立体声文件，还可以单独选出左声道或右声道进行编辑。

编辑完成后若不满意可以用 Undo 命令还原重新进行编辑，下面就波形文件的剪切、粘贴、复制举例。

1. 剪切波段

① 选择 File→Open 命令，弹出 Open a Waveform 对话框，如图 4-17 所示，选择一个文件，单击“打开”按钮。

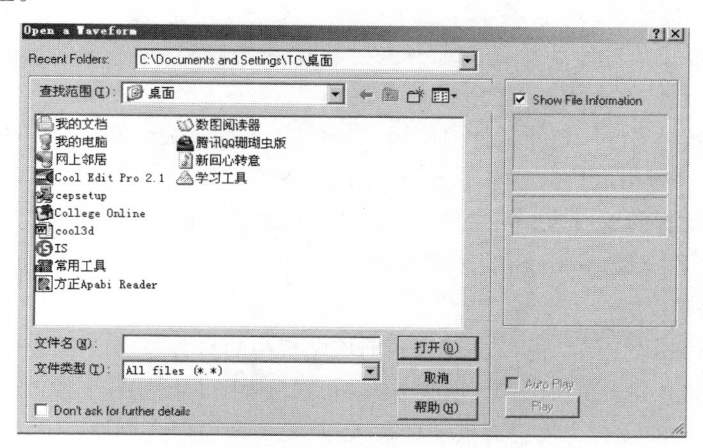

图 4-17　Open a Waveform 对话框

② 通过拖动选中要裁剪的波段并右击，在弹出的快捷菜单中选择 Cut 命令，如图 4-18 所示。

③ 单击 Cool Edit Pro 窗口左下部 Transport Buttons 的 Play 按钮试播放。若不满意可以用 Undo 命令还原重新进行编辑。

④ 选择 File→Save 命令保存文件。

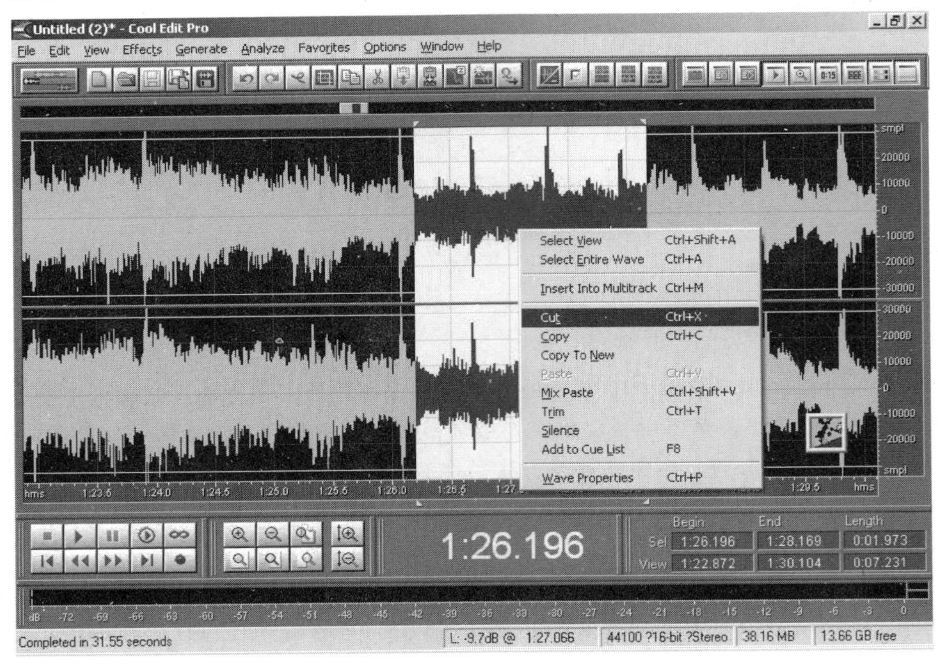

图 4-18 选择 Cut 命令

2．复制、粘贴波段

① 选择 File→Open 命令，弹出 Open a Waveform 对话框，选择一个文件，单击“打开”按钮。

② 通过拖动选中要复制的波段，右击，在弹出的快捷菜单中选择 Copy 或 Cut 命令。

③ 通过选择要添加波段的位置，右击，在弹出的快捷菜单中选择 Paste 命令，如图 4-19 所示。

④ 如果想把复制的波段在新文件内使用，选择 File→New 命令打开新文件，右击，在弹出的快捷菜单中选择 Paste 命令。

⑤ 若想利用复制的波段直接建立一个新文件，则选择 Copy To New 命令，再选择 File→Save Copy As 命令保存文件。

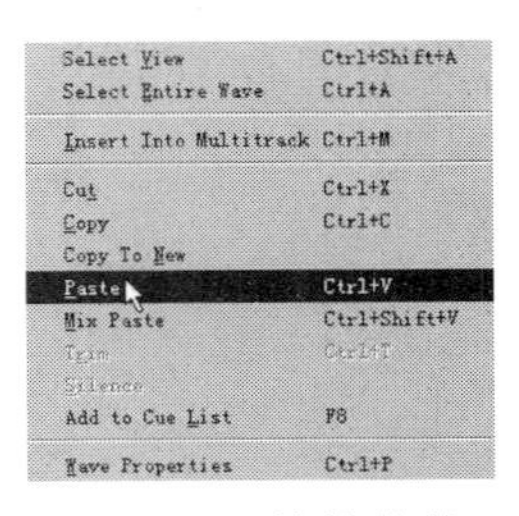

图 4-19 快捷菜单

3．声音的叠加

利用 Cool Edit Pro 的编辑功能，还可将当前剪贴板中的声音与窗口中的声音混合。Cool Edit Pro 提供的混合方式有插入（Insert）、叠加（Overlap）、替换（Replace）或调制（Modulate）。波形图中黄色竖线所在的位置为混合起点（即插入点），混合前应先调整好该位置。

如果一个声音文件听起来断断续续，可以使用 Cool Edit Pro 的删除静音功能，将它变为一个连续的文件，方法是选择 Edit→Delete Silence 命令。

为便于编辑时观察波形变化，可以单击“波形缩放”按钮（不影响声音效果）。按钮分两组，“水平缩放”按钮在窗口下部，有 6 个，带放大镜图标；垂直缩放按钮只有两个，在窗口右下角，同样有放大镜图标。此外，也可以在水平或垂直标尺上，直接滑动鼠标滚轮。右击标尺，还可以弹出菜单，用于定制显示效果。下面就波形文件的叠加举例。

波形文件的叠加的操作步骤如下：

① 选择 File→Open 命令，弹出 Open a Waveform 对话框，选择“1.mp3”文件，单击“打开”按钮。

② 通过拖动选中一段波形，右击，在弹出的快捷菜单中选择 Copy 命令。

③ 选择 File→Open 命令，弹出 Open a Waveform 对话框，选择“2.mp3”文件，单击“打开”按钮。

④ 选择要添加波段的位置，选择 Edit→Mix Paste 命令，弹出 Mix Paste 对话框如图 4-20 所示，选择混合方式为 Overlap，还可以通过 Volume 左右声道的滑块调节左右声道的大小。设置完成后，单击 OK 按钮。

⑤ 单击 Transport Buttons 的 Play 按钮试播放，在叠加的波段会有两首歌的音乐和歌声。

⑥ 选择 File→Save As 命令保存文件。

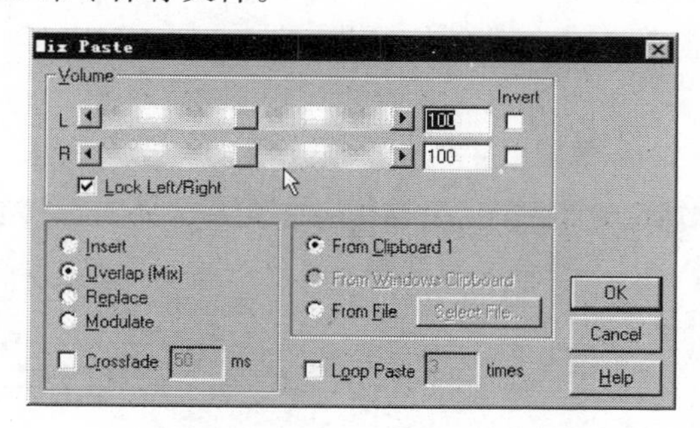

图 4-20　Mix Paste 对话框

4．删除静音

① 选择 File→Open 命令，打开上例录制的“例一.wav”文件。

② 选择 Edit→Delete Silence 命令，弹出 Delete Silence 对话框，如图 4-21 所示，单击 Find levels 按钮进行采样，再单击 OK 按钮。

③ 单击 Transport Buttons 的 Play 按钮试播放，听一听删除静音前后的区别。

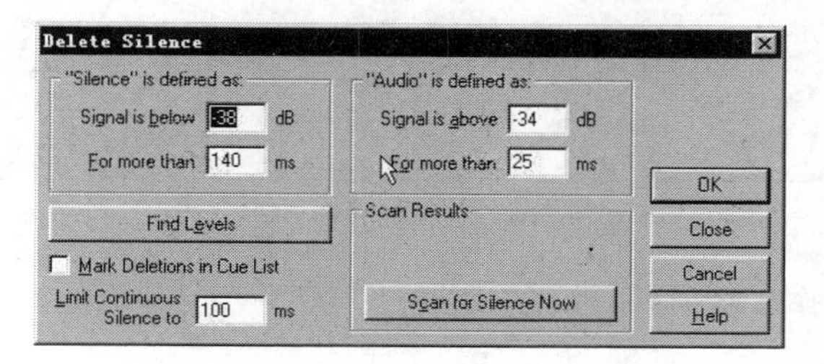

图 4-21　Delete Silence 对话框

5. 降噪、混响、变速

添加音效是 Cool Edit Pro 最优秀的功能。在 Cool Edit Pro 的菜单 Effects 下，有 11 个子菜单，通过它们，用户可以方便地制作出各种专业、迷人的声音效果。如 Amplify（音量增强/衰减），设置淡入、淡出；Reverb（混响），Full Reverb（完美混响）等可以产生音乐大厅的环境效果；Dynamics Processing（动态处理），可以根据录音电平动态调整输出电平；Filters（过滤器），可以产生加重低音、突出高音等效果；Noise Reduction（降噪），可以降低甚至清除文件中的各种噪声、暴音；Time/Pitch（时间/音调），能够在不影响声音质量的情况下，改变乐曲音调或节拍等。

Cool Edit Pro 中，各种音频处理器都有一些软件预设的处理方案，很多都可以直接使用。

下面就设置降噪、淡入、淡出、混响、变速、变调进行举例。

设置降噪的操作步骤如下：

① 选择 File→Open 命令，打开文件（为了对比明显打开一个通过传声器录音的文件）“例一.wav”。

② 波形放大，将噪声区内波形最平稳且最长的一段选中，一般为没有音乐信号的间隔处，选择 Effects→Noise Reduction→Noise Reduction 命令，弹出 Noise Reduction 对话框，如图 4-22 所示。

③ 单击 Get Profile from Selection 按钮，几秒后出现噪声样本的轮廓图，单击 OK 按钮。

④ 按【Ctrl+A】组合键选择整个音频，再次调出降噪窗口波形，根据刚刚的噪声采样，调整 Noise Reduction Level（降噪程度）的值，单击 Preview 按钮可以预听处理后的效果，满意后单击 OK 按钮。

⑤ 选择 File→Save As 命令保存文件。

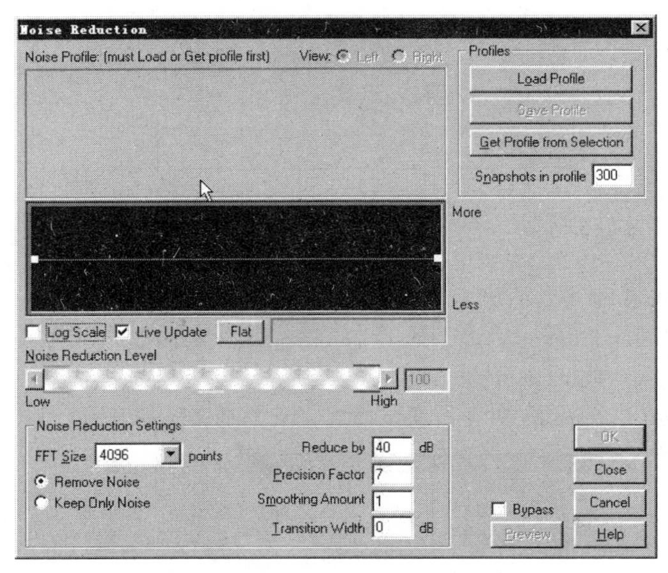

图 4-22　Noise Reduction 对话框

设置淡入/淡出的操作步骤如下：

① 选择 File→Open 命令，打开“2.mp3”文件。

② 选中要进行淡入/淡出处理的波形。

③ 选择 Effects→Amplitude→Amplify 命令，弹出 Amplify 对话框，如图 4-23 所示。

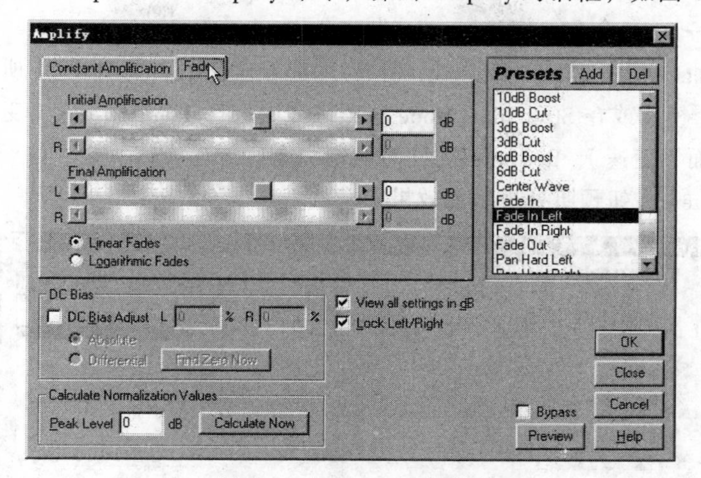

图 4-23 Amplify 对话框

④ 单击第二个标签 Fade，拖动 Initial Amplification 下的滑块调节初始值，拖动 Final Amplification 下的滑块调节结束值。

⑤ 选择是按“Linear Fades”（线性）或“Logarithmic Fads”（对数）的方式自动进行音量的平滑过渡。

⑥ 单击 Preview 按钮可以预听处理后的效果，满意后单击 OK 按钮。

设置混响的操作步骤如下：

① 选择 File→Open 命令，打开“2.mp3”文件。

② 单击 Effects→Delay Effects→Full Reverb 命令，弹出 Full Reverb 对话框，如图 4-24 所示，在 Preset 选项区域内选择一个模式或通过 Mixing 选项区域的 Original Signal、Early Reflections、Reverb 滑动条自己设定混响效果。

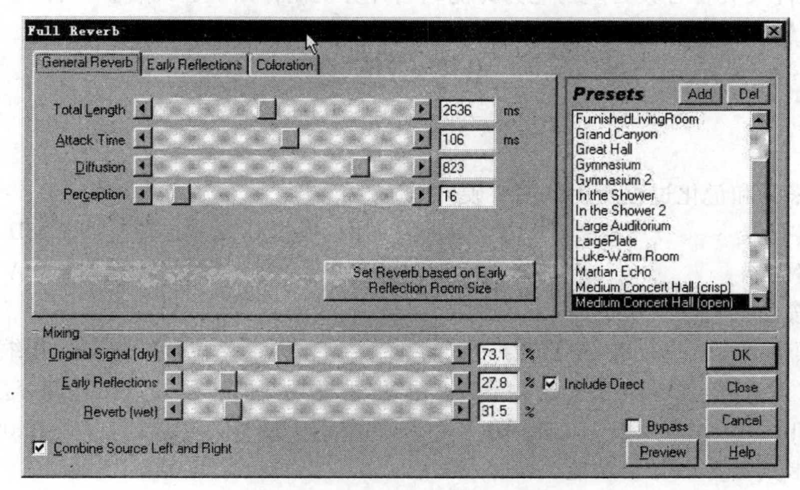

图 4-24 Full Reverb 对话框

③ 单击 Preview 按钮预听处理后的效果，满意后单击 OK 按钮。

设置变速、变调的操作步骤如下：

① 选择 File→Open 命令，打开“3.mp3”文件。

② 单击 Effects→Time/Pitch→Stretch，弹出 Stretch 对话框。如图 4-25 所示，在 Presets 选项区域内选择一个模式或在 Stretching Mode 选项区域中选择 Time Stretch（变速而音高不变）、Pitch Shift（变调而不变速）、Resample（同时变调和变速）选项。

③ 单击 Preview 按钮预听处理后的效果，满意后单击 OK 按钮。

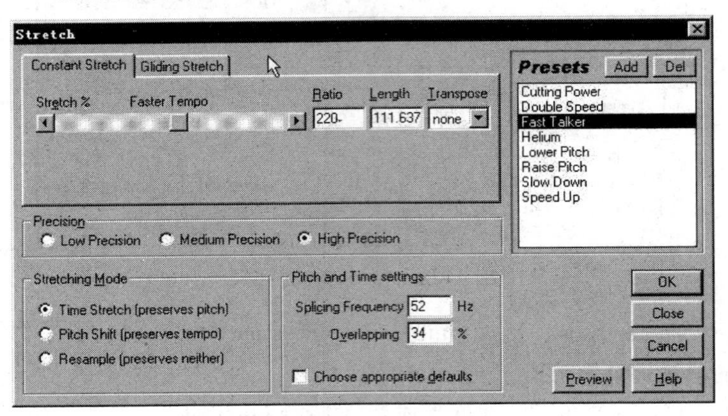

图 4-25 Stretch 对话框

小 结

本章主要阐述声音的基本概念、音频数字化方法和多媒体音频的关键技术及多媒体音频处理软件的使用方法等知识，通过本章的学习应掌握声音数字化的相关概念，了解声音文件的存储格式，了解语音编码的分类和常用编码方法，熟练掌握声音的采集与编辑方法，能够熟练使用音频处理软件及具备音频处理的能力并能利用计算机制作出优美的音频文件。

思考与练习

一、选择题

1. 数字音频采样和量化过程所用的主要硬件是（ ）。

   A. 数字编码器　　B. 模拟到数字的转换器（A/D 转换器）

   C. 数字解码器　　D. 数字到模拟的转换器（D/A 转换器）

2. 音频卡是按（ ）分类的。

   A. 采样频率　　B. 声道数　　C. 采样量化位数　　D. 压缩方式

3. 一个 2 min 双声道、16 bit 采样位数、22.05 kHz 采样频率的声音的数据存储容量是（ ）。

   A. 5.05 MB　　B. 10.58 MB　　C. 10.35 MB　　D. 10.09 MB

4. 目前音频卡具备（ ）功能。

   （1）录制和回放数字音频文件　　（2）混音

（3）实时解压缩数字音频文件　　（4）语音识别

A.（1）、（3）、（4）　　B.（1）、（2）、（3）

C.（2）、（3）、（4）　　D. 全部

5. MIDI 的音乐合成器有（　　）。

A. FM　　B. 波表　　C. 复音　　D. 音轨

6. 下列采集的波形声音质量最好的是（　　）。

A. 单声道、8 bit 量化、22.05 kHz 采样频率

B. 双声道、8 bit 量化、44.1 kHz 采样频率

C. 单声道、16 bit 量化、22.05 kHz 采样频率

D. 双声道、16 bit 量化、44.1 kHz 采样频率

7. 声音是一种波，它的两个基本参数为（　　）。

A. 采样率、采样位数　B. 音色、音高　　C. 噪声、音质　　D. 振幅、频率

8. 需要使用 MIDI 的情况是（　　）。

（1）没有足够的硬盘存储波形文件时

（2）用音乐伴音，而对音乐质量的要求又不是很高时

（3）想连续播放音乐时

（4）想音乐质量更好时

A. 仅（1）　　B.（1）（2）　　C.（1）（2）（3）　　D. 全部

二、简答题

1. 声音文件的作用是什么？
2. WAV 格式文件和 MIDI 格式文件有什么不同？
3. 声音的三要素是什么？
4. 音频文件的数据量与哪些因素有关？
5. 模拟声音文件如何实现数字化？
6. 如何利用 Windows 提供的录音机进行声音录制？
7. 人耳能听到的声音频率范围是多少？
8. 试计算一个 1 min 双声道、16 bit 采样位数、44.1 kHz 采样频率的声音的不压缩的数据量。

第5章 图像的编辑与制作

总体要求：

- 掌握数字图像的基本概念
- 了解色彩的基础概念
- 熟悉常用图像文件格式
- 了解常用的图像处理软件
- 掌握常用图像处理软件的使用方法

核心技能点：

- 了解图像采样量化过程
- 熟练使用图像处理软件的能力

扩展技能点：

- 常见图像处理软件的使用
- 色度学和美术有关知识

相关知识点：

- 熟悉常用图像文件格式
- 其他图像制作软件的应用

学习重点：

- 掌握图像、色彩的基本概念
- 掌握一种图像处理软件的使用方法

图像是人类视觉感受到的一种形象化媒体，它可以形象、生动、直观地表现出大量的信息，俗话说“一幅图画胜过千言万语”，比起文字，图像能够被人们更容易地回忆和理解。20 世纪 80 年代后，图像在计算机多媒体技术的支持下其应用领域变得越来越广泛，内涵也发生了很大变化，广泛应用于桌面出版、影视制作、多媒体应用系统、遥感测绘以及网络传播中。

5.1 数字图像基础

在计算机技术高速发展的今天，图像的设计和表现也广泛地运用在计算机应用领域，尤其是它直观、表现力强、包含信息量大的特点，使其在多媒体设计中占有重要的地位。

5.1.1　数字图像和图形

计算机图形主要分为两大类，分别是位图图像和矢量图形。位图图像在技术上称为栅格图像，它使用彩色网格即像素来表现图像。每个像素都具有特定的位置和颜色值。例如，如图 5-1 所示为位图图像中的自行车轮胎由位置像素的马赛克组成。在处理位图图像时，编辑的是像素，而不是对象或形状。位图图像是连续色调图像最常用的电子媒介，如照片或数字绘画，因为它们可以表现阴影和颜色的细微层次。位图图像与分辨率有关，它们包含固定数量的像素。因此，如果在屏幕上对它们进行缩放或以低于创建时的分辨率来打印，将丢失其中的细节，并会出现锯齿状。

矢量图形由称为矢量的数学对象定义的线条和曲线组成。矢量根据图像的几何特性描绘图像。例如，如图 5-2 所示为矢量图形中的自行车轮胎由数学定义的圆组成，如圆以某一半径画出，放在特定位置并填充有特定颜色。移动轮胎、调整其大小或更改其颜色不会降低图形的品质。矢量图形与分辨率无关，也就是说，可以将它们缩放到任意尺寸，可以按任意分辨率打印，而不会遗漏细节或降低清晰度。因此，矢量图形是表现标志图形的最佳选择。标志图形（如徽标）在缩放到不同大小时必须保留清晰的线条。

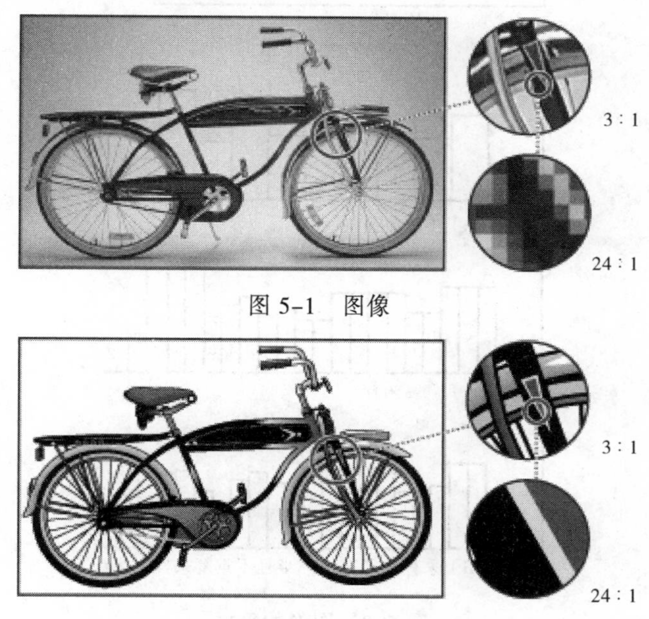

图 5-1　图像

图 5-2　图形

5.1.2　图像数字化

日常生活中的图像是怎样被输入计算机中的呢？这就要经过采样和量化两个过程。

图像的采样是指将图像转变为像素集合的一种操作。使用的图像基本上都是采用二维平面信息的分布方式，将这些图像信息输入计算机进行处理，就必须将二维图像信号按一定间隔从上到下有顺序地沿水平方向或垂直方向直线扫描，从而获得图像灰度值阵列，再对其求出每一特定间隔的值，就能得到计算机中的图像像素信息。

在采样过程中，采样孔径和采样方式决定了采样得到的图像信号。采样孔径确定了采样像素的大小、形状和数量，通常有方形、圆形、长方形和椭圆形等 4 种。采样方式是采样间隔确定后相邻像素之间的位置关系和像素点阵的排列方式。采样相邻像素的位置关系有 3 种情况，分别是相邻像素相离、相邻像素相切、相邻像素相交。前两种为不重复采样，后一种为重复采样。像素点阵的排列方式通常采用把采样孔径中心点排列成正交点阵的形状和把采样孔径中心排成三角点阵的形状。

不同采样方式所获取的图像信号是不同的。如图 5-3 所示的是几种采样方式输入图像信号的状况，其中图 5-3（a）是原始图像信号，图 5-3（b）和图 5-3（c）为不同采样方式的图像输入信号，从图中可知重复采样比不重复采样能更接近原始图像，即图像分辨率提高，但整体形状产生失真。图 5-3（d）则是采样孔径缩小一半而不重复采样的输入图像信号，与图 5-3（c）相比，采样孔径缩小比重复采样的分辨率提高更为显著。

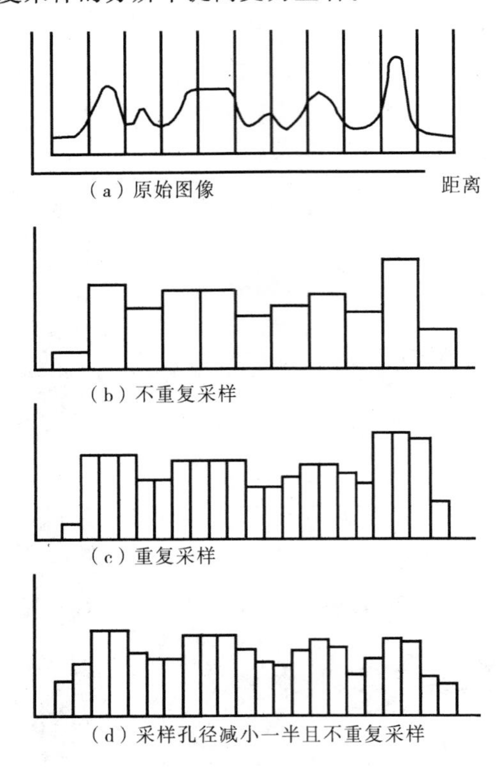

图 5-3　图像的采样

经过采样后，图像已被分解成在时间和空间上离散的像素，但这些像素值仍然是连续量，并不是在计算机中所见的图像。量化则是指把这些连续的浓淡值变换成离散值的过程。也就是说量化就是对采样后的连续灰度值进行数字化的过程，以还原真实的图像，如图 5-4 所示。

图像的量化分为两类，一类是等间隔量化即将采样值的灰度范围进行等间隔分于像素灰度值在黑～白范围内均匀分布的图像，其量化误差可变得最小，故又称均匀量化或线性量化。另一类是非等间隔量化，是将小的灰度值的级别间隔细分，而将大的灰度值的级别间隔粗分的方法，如对数量化；使用像素灰度值的概率密度函数，使输入灰度值和量化级的均方误差最小的方法，如 Max 量化；在某一范围内的灰度值频繁产生，而其他范围灰度值几乎不产生的场合，采用在这一范围内进行细量化，而该范围之外进行粗量化。这种方法，其量化级数不变，又能降低量化误差亦称锥形量化。

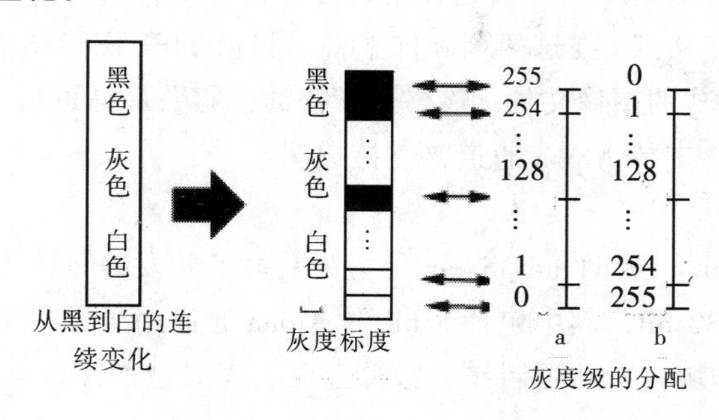

图 5-4　量化

5.1.3　图像的格式

计算机图像是以多种不同的格式储存在计算机中的，每种格式都有自己相应的用途和特点，通过了解多种图像格式的特点，在设计输出时就能根据自己的需要，有针对性地选择输出格式。

（1）JPEG 格式

JPEG（Joint Photographic Expert Group）格式是 24 bit 的图像文件格式，也是一种高效率的压缩格式，文件格式是 JPEG（联合图像专家组）标准的产物，该标准由 ISO 与 CCITT（国际电报电话咨询委员会）共同制定，是面向连续色调静止图像的一种压缩标准。它可以储存 RGB 或 CMYK 模式的图像，但不能存储 Alpha 通道，不支持透明。JPEG 是一种有损的压缩，图像经过压缩后图像尺寸变得很小，但质量会有所下降。

（2）BMP 格式

BMP（Windows Bitmap）格式是在 DOS 和 Windows 上常用的一种标准图像格式，能被大多数应用软件支持。它支持 RGB、索引颜色、灰度和位图色彩模式，不支持透明，需要的存储空间比较大。

（3）GIF 格式

GIF（Graphic Interchange Format）图形交换格式用来存储索引颜色模式的图形图像，就是说只支持 256 色的图像，GIF 格式采用的是 LZW 的压缩方式，这种方式可使文件变得很小。GIF89a 格式包含一个 Alpha 通道、支持透明，并且可以将数张图存成一个文件，从而形成动画效果。这种格式的图像在网络上大量的被使用，是最主要的网络图像格式之一。

（4）PNG 格式

PNG（Portable Network Graphics）是一种能存储 32 bit 信息的位图文件格式，其图像质量远胜过 GIF。同 GIF 一样，PNG 也使用无损压缩方式来减少文件的大小。目前，越来越多的软件开始支持这一格式，在不久的将来，它可能会在整个 Web 上广泛流行。PNG 图像可以是灰阶的（16 bit）或彩色的（48 bit），也可以是 8 bit 的索引色。PNG 图像使用的是高速交替显示方案，显示速度很快，只需要下载 1/64 的图像信息就可以显示出低分辨率的预览图像。与 GIF 不同的是，PNG 图像格式不支持动画。

（5）TIFF 格式

TIFF（Tagged Image File Format）这种格式可支持跨平台的应用软件，是 Macintosh 和 PC 上使用最广泛的位图交换格式，在这两种硬件平台上移植 TIFF 图形图像十分便捷，大多数扫描仪也都可以输出 TIFF 格式的图像文件。该格式支持的色彩数最高可达 16M 种，采用的 LZW 压缩方法是一种无损压缩，支持 Alpha 通道，支持透明。

（6）TGA 格式

TGA（Tagged Graphics）是 True Vision 公司为其显卡开发的一种图像文件格式，创建时间较早，最高色彩数可达 32 bit，其中包括 8 bit 的 Alpha 通道用于显示实况电视。该格式已经被广泛应用于 PC 的各个领域，在动画制作、影视合成、模拟显示等方面发挥重要的作用。

（7）PSD 格式

PSD（Adobe PhotoShop Document）格式是 Photoshop 内定的文件格式，它支持 Photoshop 提供的所有图像模式。包括多通道多图层和多种色彩模式。

（8）UFO 格式

UFO 是著名做图软件 Ulead Photo Imapct 的专用图形格式，它致力于追上 Adobe 的友立科技，同样也发展出跟 PSD 类似的图像格式，能够完整记录所有 Ulead Photo Imapct 所处理过的属性。不过在记录原理上则有些不同，UFO 以物件来代替图层。

（9）RIF

RIF 是著名做图软件 Painter 的专用图形格式，处理方式和前面介绍的软件大同小异，都可以储存相当多的属性资料。Painter 可以打开 PSD 文件，而且经过 Painter 处理过的 PSD 文件在 Photoshop 中通用。这样可以利用同一个文件在 Photoshop 和 Painter 中交换使用。

（10）CDR

CDR 是著名做图软件 CorelDRAW 的专用图形格式，由于 CorelDRAW 是向量软件，所以 CDR 可以记录的资料量可以说是千奇百怪，各物件的属性、位置、分页都可以储存，以便日后修改，但兼容性不好。

（11）EPS

EPS 是印刷前经常用到的格式，向量图可以转成 EPS，点阵图也可以转成 EPS。EPS 文件可以同时存有点阵以及向量两种资料，专门用于印刷前操作，如排版等用途，所以一般用于印刷时都采用 EPS 文件。

5.1.4 图像的技术参数

1. 图像的分辨率

图像的分辨率（Image Resolution）是图像最重要的参数之一。图像的分辨率的单位是 ppi（pixels per inch），既每英寸（1 in=0.0254 m）所包含的像素点。如果图像分辨率是 100 ppi，就是在每英寸长度中包含 100 个像素点。图像分辨率越高，意味着每英寸所包含的像素点越高，图像就有越多的细节，颜色过渡就越平滑。图像分辨率和图像大小之间有着密切的关系，图像分辨率越高，所包含的像素点越多，也就是图像的信息量越大，因而文件就越大。

2．色彩深度

色彩深度（Pixels Depth）是衡量每个像素包含多少位色彩信息的方法，色彩深度值越大，表明像素中含有更多的色彩信息，更能反映真实的颜色，色彩深度和图像色彩信息量的关系如表 5-1 所示。

表 5-1　色彩深度和图像色彩的关系

色彩深度	色彩信息数量	色彩模式
1 bit	2^1=2 种颜色	位图模式（Bitmap）
8 bit	2^8=256 种颜色	索引模式（Indexed Color） 灰度模式（Grayscale Color）
24 bit	2^{24}=16 777 216 种颜色	RGB 色彩模式 CMYK 色彩模式

3．图像容量

图像容量是指图像文件的数据量，也就是在存储器中所占的空间，其计量单位是字节（Byte）。图像的容量与很多因素有关，如色彩的数量、画面的大小、图像的格式等。图像的画面越大、色彩数量越多，图像的质量就越好，文件的容量也就越大，反之则越小。一幅未经压缩的图像，其数据量大小计算公式为：

图像数据量大小=垂直像素总数 × 水平像素总数 × 色彩深度 ÷ 8

比如一幅 640 × 480 的 24 bit 的 RGB 图像，其大小为：

图像数据量大小=640 × 480 × 24 ÷ 8=921 600 字节=0.88 MB

各种图像文件格式都有自己的图形压缩算法，有些可以把图像压缩到很小，比如一张 800 × 600 ppi 的 PSD 格式的图片大约有 621 KB，而同样尺寸同样内容的图像以 JPG 格式存储只需要 21 KB。

计算机图像的容量是在设计时不得不考虑的问题。尤其在网页制作方面，图像的容量关系着下载的速度，图像越大，下载越慢。这时就要在不损失图像质量的前提下，尽可能地减小图像容量，以在保证质量和下载速度之间寻找一个较好的平衡。

4．输出分辨率

输出分辨率（dots per inch）也可以称为设备分辨率，是针对设备而言的，比如打印分辨率即表示打印机每英寸打印多少点，它直接关系到打印机打印效果的好坏。打印分辨率为 1 440 dpi，是指打印机在一平方英寸的区域内垂直打印 1 440 个墨点，水平打印 1 440 个墨点，且每个墨点是不重合的。通常激光打印机的输出分辨率为 300～600 dpi，照排机要达到 1 200～2 400 dpi 或更高。

再比如显示分辨率表示显示器在显示图像时的分辨率。显示分辨率的数值是指整个显示器所有可视面积上水平像素和垂直像素的数量。例如 800 × 600 的分辨率，是指在整个屏幕上水平显示 800 个像素，垂直显示 600 个像素。显示分辨率的水平像素和垂直像素在总数上总是成一定比例的，一般为 4∶3，5∶4 或 8∶5。同时在同一台显示器上，显示分辨率越高，文字和图标显示的就越小，考虑到人视觉的需要，通常在 15 in 显示器上显示分辨率设为 800 × 600，在 17 in 显示器上设为 1 024 × 768。

设备分辨率还有扫描分辨率、数码照相机分辨率、鼠标分辨率等，是分辨率家族重要的一员。

5.1.5 色度学基础

人们看到各种物体的颜色都离不开光。物体的色是人的视觉器官受光刺激后在大脑中的一种反映。正确认识物体的光和色，有利于以更真实的形象来表现事物。下面来简单分析一下颜色是怎样产生的以及它的特性。

光色分为光源的颜色和物体的颜色。光源的颜色取决于发出光线的光谱成分，即光的波长。光是一种电磁波，可视波长范围为 380～780 nm，此范围内的光称为可见光，如图 5-5 所示。举例来说，太阳光是由 400～700 nm 不同波长的连续光波组成的，让一束白光（如太阳光）穿过三棱镜，就能看到三棱镜的另一面折射出的是从红到紫逐渐变化的红、橙、黄、绿、青、蓝、紫色光。这是三棱镜把白光中不同波长的光线分解折射的关系，太阳光也就是上面几种色光的组合。如果光源发出的光线光谱发生变化，就呈现出各种有色光源，如红灯，就是因为光源仅发出了红色光的波长。

图 5-5 可见光谱

物体的颜色取决于物体对各种波长光线的吸收、反射和透视能力，人们看到的颜色是物体反射或透视过的不同波长的色光。物体又分为消色物体和有色物体。消色物体就是指黑、白、灰色物体，它们被反射的光线光谱成分和入射光的光谱成分相同，当白光照射上去时，反光率高就趋于白色，越低就趋于黑色，介于二者之间就显出不同程度的灰色；当有色光照射在消色物体上时，物体反射光颜色与入射光颜色相同，如红光照在白纸上就显红色。有色物体的颜色有不同光线照到有色物体上，入射光吸收的各种波长的色光是不等量的，当白光照到红色物体上时，物体反射的波长相当于红色光的波长，所以看到的就是红色的。照在绿色物体上时，反射的波长相当于绿色光的波长，看到的就是绿色的。

人们发现将等量的红色光、绿色光和蓝色光相加就能产生白光，如果 3 种色光按不同比例混合就能得到几乎所有的色光，所以人们把红、绿、蓝称为三原色光，把各种比例红、绿、蓝色光相加得到各种色光的方法叫做加色法，如图 5-6 所示。彩色电视机和显示器就是用加色法原理得到彩色影像的。

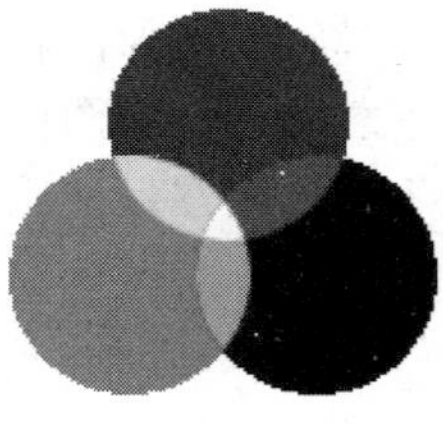

图 5-6 加色法原理

人们将三原色中的每两种进行混合，分别得到青、品红、黄色光，如公式：

红+蓝=品红

红+绿=黄

蓝+绿=青

因为三原色光相加等于白光，所以用其中两种原色光组成的色光加第三种原色光也能得到白色，这两种原色光组成的色光人们就称它为第三种原色光的补色光，实验证明，红色与青色互为补色，绿色与品红色互为补色，蓝色与黄色互为补色。人们也称青色、品红色、黄色为三基色。

同样用三基色也能得到各种色光，但与加色法不同，它被称为减色法。

人们把青色、品红色、黄色看作是 3 种颜色的滤镜，可以吸收部分色光，通过部分色光。当一束白光照射在黄色滤镜上，因为黄色和蓝色相加得到白色，黄色滤镜就吸收了蓝色光的通过，而通过的等量的红色光和绿色光混合产生了黄色光，这样滤镜看上去就是黄色了，其他的色光也一样。如果 3 种基色的滤镜同时作用，就没有色光通过而变成黑色。这种通过色光相减得到光色的方法就叫减色法。彩色摄影和印刷就是采用减色原理，如图 5-7 所示。

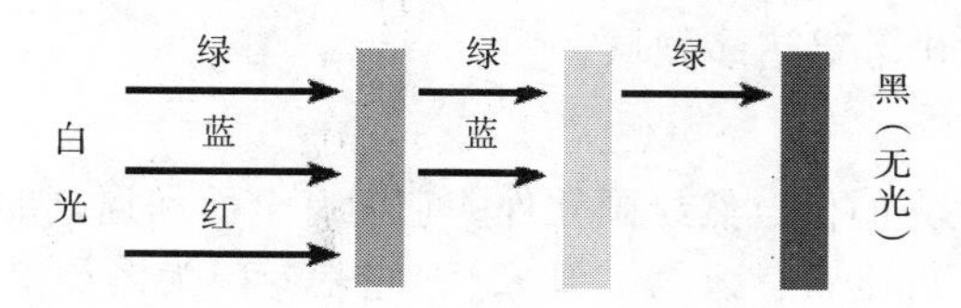

图 5-7　减色法原理

知道了色彩是怎样产生的，再来认识一下色彩的三要素：

1．色别

色别又称色相，是颜色最基本的特征，指颜色之间主要的区别，比如绿、红、蓝、黄、青就属于不同的色别。色别是由光的光谱成分决定的，不同波长的色光给人不同的色彩感觉，人眼能辨别的色别有 180 多种。

2．明度

明度又称亮度，是指颜色的明暗、深浅。常用反光率来表示。

3．饱和度

饱和度指颜色的纯度，是表示色觉强弱的概念，饱和度取决于某种颜色中含色的成分与含消色成分的比例，含色的成分越大，饱和度越大；含色的成分越小，饱和度越小。

色彩的三要素是相关联的，色别决定了颜色的基本性质；色的明度改变时，饱和度也随之改变。明度适中时，饱和度最大；明度增大，则颜色中的白光增加，色纯度减小，饱和度降低；明度减小，则颜色中的灰色增加，色纯度也减小，饱和度也随之降低，如图 5-8 所示。

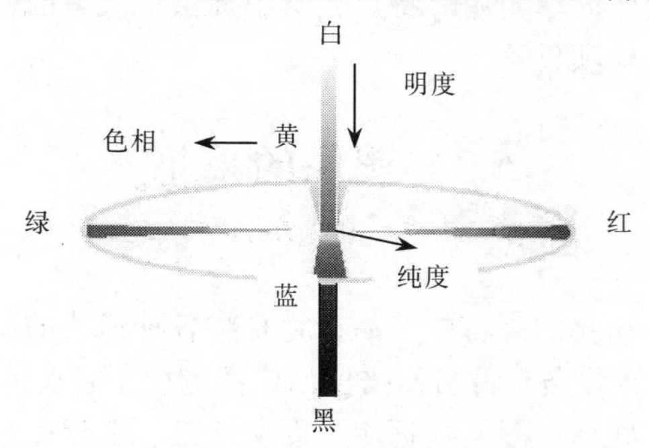

图 5-8　色彩三要素的关系

5.2　图像处理软件

1．Adobe Photoshop

美国 Adobe 公司的著名软件 Photoshop 无疑是图像处理领域中最出色、最常用的软件，它具有强大的图像处理功能，深受广大平面设计人员和电脑美术爱好者的喜爱。Photoshop 集图像扫描、编辑修改、图像制作、广告创意，图像输入与输出于一体，在照片修饰、印刷出版、网页图像处理、视频辅助、建筑装饰等各行各业有着广泛的应用。

2．CorelDRAW

CorelDRAW 是一款由加拿大的 Corel 公司开发的矢量图形制作工具软件，它功能强大且应用广泛，几乎涵盖了所有的计算机图形应用，广泛地应用于商标设计、标志制作、模型绘制、插图描画、排版及分色输出等等诸多领域。

3．Painter

Painter 是一款极其优秀的仿自然绘画软件，它拥有全面和逼真的仿自然画笔，是数码素描与绘画工具的终极选择。Painter，意为“画家”，它是专门为渴望追求自由创意及需要数码工具来仿真传统绘画的数码艺术家、插画画家及摄影师而开发的。把 Painter 定为艺术级绘画软件比较适合，它能通过数码手段复制自然媒质（Natural Media）效果，是同级产品中的佼佼者，获得业界的一致推崇。与 Photoshop 相似，Painter 也是基于栅格图像处理的绘图软件。

4．Adobe Illustrator

Adobe Illustrator 是一款典型的专业矢量绘画设计软件，是真正在出版业上使用的标准矢量图绘制工具，由于早先作为苹果机上的专业绘图软件，一直没有广泛的流行，直至 7.0 PC 版的推出，才受到国内用户的注意。该软件为创作的图形提供无与伦比的精度和控制，适合生产任何小型设计到大型的复杂项目，常用于各种专业的矢量图设计。Adobe Illustrator 是出版、多媒体和在线图像的工业标准矢量插画软件，它符合印刷品设计标准，色彩指定方式也是设计者熟悉的印刷分色形式，并且支持激光照排分色输出。该软件最适合于广告插画、商标、标志等商业图文设计制作。

5．Ulead Photo Impact

Ulead Photo Impact 可以说是目前 Web 玩家不可缺少的图像编辑工具，它提供了一个功能完整的网页设计、网页图形和图像编辑的解决方案。Photo Impact 带有创新的易于理解和使用的工具组合，具有界面友好、操作简单实用等特点，其中提供了大量的模板和组件，用户可以轻松地创建精美高效的网页及其他项目。

5.3 图像的采集

1．扫描图像

扫描仪是一种光机电一体化的高科技产品，它是将各种形式的图像信息输入计算机的重要工具，是功能极强的一种输入设备。目前扫描仪已广泛应用于各类图形图像处理、出版、印刷、广告制作、办公自动化、多媒体、图文数据库、图文通讯、工程图纸输入等许多领域。图像扫描是经常用到的一种图像获取方法，用这种办法来使现有的图片或照片进入计算机变成人们需要的素材，并可进行编辑。

（1）扫描仪技术指标

扫描仪的技术指标中最重要的是扫描仪的分辨率，通常用 dpi 表示。扫描仪的分辨率分为 3 种：光学分辨率、机械分辨率和差值分辨率。光学分辨率又称水平分辨率，是指扫描仪的光学仪器 CCD 每英寸所能捕捉的像素点数，取决于扫描头中的 CCD 数量。机械分辨率又称垂直分辨率，是指扫描仪带动感光组件进行扫描的步进电机每英寸移动的步数。比如说扫描仪的分辨率参数是 600 × 1 200 dpi，600 dpi 表示光学分辨率，1 200 dpi 表示机械分辨率。通常用扫描仪的光学分辨率和机械分辨率表示扫描仪的扫描精度：

扫描仪的扫描精度=光学分辨率 × 机械分辨率

差值分辨率是用数学方法在真实的扫描点上插入一些点得到的分辨率，所以并不是真实的点，画面的清晰度虽然提高了，但在细节上跟原来的图像还是有些差别。扫描仪的其他技术指标还有灰度级、色彩精度、扫描速度等。

（2）扫描一张图片

用方正扫描仪来扫描一张图像的方法如下：

① 首先将扫描仪与计算机连接，并安装好驱动程序。再选择一款图像处理软件来作为扫描仪图像传输的软件平台，在这里选择了 Photoshop CS4。

② 打开 Photoshop CS4，选择“文件”→“导入”→Founder Scan 4180 命令，如果安装正确就会弹出如图 5-9 所示的扫描仪操作界面。

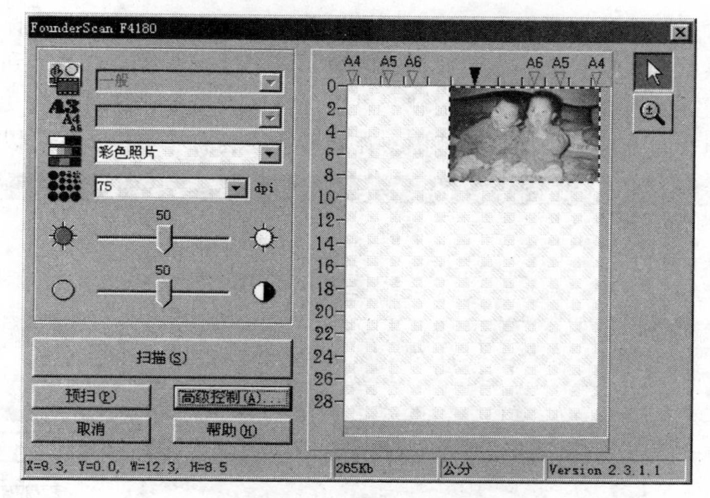

图 5-9　扫描图像

③ 将图片放在玻璃台上，要扫描的面向下，图片的边缘尽量与扫描仪平台的边缘平行。盖上压板，单击“预扫”按钮，这个按钮的功能是可以模拟扫描一遍，让使用者看到图片在扫描仪中的位置和效果，来调整图像的位置和颜色设置。

④ 预扫完成后，按照平台中图片的位置，使用操作界面右上角的和图标，移动和缩放扫描区的虚线框使其与要扫描的图像部分边缘相切，适当设置分辨率和扫描图像类型，如果对扫描的色彩不满意，可以单击“控制”按钮在其设置中调整。

⑤ 设置完成后，单击“扫描”按钮进行扫描，扫描完成后的图像就出现在 Photoshop 的界面中。

（3）扫描的注意事项

在扫描图像时尽量采用质量好的原稿，因为原稿的质量直接关系到后期扫描的效果，尤其是一些对焦不准或光线很差的图片，虽然可以在后期采用调整修复工具修复图像，但很难达到满意的效果。在扫描印刷品之前，要设置去网纹选项，这种网纹是在印刷时出现的纹路。

保持图像和扫描仪的清洁也很重要，尤其是平台式扫描仪的玻璃板，容易沾上灰尘或手印。如果沾上灰尘或手印要用干净的软布擦掉，以免在扫描的图像中留下斑点。

2．捕捉屏幕图像

捕捉屏幕图像也是常用的一种图像获取方式，尤其在制作关于计算机方面的多媒体课件时，几乎都要用捕捉屏幕图像。常用的捕捉方式有键盘捕捉和软件捕捉。

使用键盘捕捉很简单，按【Print Screen】键，就可以将当前屏幕完全捕捉下来。使用【Alt + Print Screen】组合键就可以把当前活动窗口捕捉下来。捕捉后打开某个绘图软件新建一个文件或打开某个图像文件，使用“粘贴”命令即可把捕捉的图像复制并存储下来。但视频图像不能用这个方法捕捉。

使用软件捕捉可以更加精确和随意地捕捉屏幕图像。常用的软件有 HyperSnap 7。这款软件不但能方便地捕捉屏幕任何部位的图像，而且使用放大的方法使图像的捕捉更加精确，同时还能在软件中进行简单的编辑。

打开 HyperSnap 7 软件，如图 5-10 所示，在“捕捉”选项区域中有多种捕捉的区域可以选择，包括整个屏幕、单个活动窗口、按钮、任意规则区域、任意不规则区域、多个选择区域等。如选择其中的“窗口”选项，可以在屏幕上捕捉活动窗口或工具条。这时鼠标移动到的活动窗口或工具条会用黑色方框框起来，表示捕捉的区域。双击后，图像会自动传到 HyperSnap 操作界面上。如果要捕捉屏幕上的任意一块区域，可以选择区域命令，这时鼠标变成十字状态，在屏幕上拖动，其拖放的方框就是捕捉的范围，在屏幕上还会有一个提示区可以放大校准图像。

图 5-10　Hyper Snap 7 操作界面

使用 Hyper Snap 软件还可以在捕捉图像后进行简单的编辑操作，如旋转、缩放等操作，甚至在“图像”选项区域中还可以模糊图像、锐化图像或做成浮雕效果。

3．数码照相机的图像输入

数码照相机是现在使用越来越广泛的数字设备之一，因为它具有很多普通光学照相机无法达到的特点，如它的高分辨率和大存储空间，受到越来越多摄影爱好者和专业摄影师的青睐。

用数码照相机拍照时，进入照相机镜头的光线聚焦在 CCD 上。当照相机判定已经聚集了足够的电荷（即相片已经被合适地曝光）时，就“读出”在 CCD 单元中的电荷，并传送给译码器，译码器将模拟的电信号转换为数字信号，再从中传输数据到数字信号处理器中对数据进行压缩并存储在照相机的存储器中，最后通过数据接口传送到计算机。

4．从 Internet 上下载图像素材

Internet 是一个资源的宝库，从中可以得到很多有用的图像。对于课件的制作既可以从专门的图像网站上下载图像，也可以到与课件制作内容相关的网站，如一些教育网站上去寻找。有些图像文件直接显示在网页上，对于这些文件，可以直接将其保存在课件制作素材库中。

5．通过其他途径获取图像素材

（1）捕获 VCD、DVD 图像

用计算机看 VCD、DVD 时，有时发现某些图像与要制作的课件主题相符，可以用“超级解霸”等多媒体播放软件将画面截取下来。

（2）通过素材光盘获取图像

市场上有许多专业的素材库光盘，其中有着丰富的图像素材，如中国大百科全书、Flash 资源大全、中国地图大全、牛津百科等不胜枚举。

5.4　Photoshop 图像制作

Photoshop 图像处理软件从 5.0 版到 CS5，功能等各方面都发生了很大变化。Photoshop CS 是一款功能十分强大的图像处理软件。认真学习它的使用方法，就会创作出满意的作品。

首先熟悉 Photoshop CS4 的工作界面，如图 5-11 所示。

Photoshop CS4 的工作界面由应用程序栏、菜单栏、工具属性栏、工具箱、选项卡式文档窗口、浮动控制面板以及状态栏组成。

① 应用程序栏：以前版本一般叫做标题栏，位于整个窗口的顶端，显示当前应用程序的名称、相应功能的快速图标、相应功能对应工作区的快速设置，以及用于控制文件窗口显示大小的窗口最小化、窗口最大化（还原窗口）、关闭窗口等几个快捷按钮。

② 菜单栏：位于应用程序栏的下方，由“文件”、“编辑”、“图像”、“图层”、“选择”、“滤镜”、“视图”、“窗口”、“帮助”菜单组成。单击任意一个菜单项都会弹出其包含的命令，Photoshop 中的绝大部分功能都可以利用菜单栏中的命令来实现。

③ 工具属性栏：位于菜单栏下方，主要用于对所选取工具的属性进行设置，其显示的内容会根据所选工具的不同而发生变化。

④ 工具箱：通常位于工作界面的左侧，也可以根据自己的习惯拖动到其他位置。利用工具箱中所提供的工具，可以进行选择、绘画、取样、编辑、移动、注释和查看图像等操作。还可以更改过前景色和背景色以及进行图像的快速蒙版等操作。

⑤ 文档窗口：在工作界面的中间，呈灰色显示的区域即为图像编辑工作区。当打开一个文档时，工作区中将显示该文档的图像窗口，图像窗口是编辑的主要工作区域，图像的绘制或编辑都在此区域进行。文档窗口还显示当前打开文件的名称、颜色模式、显示比例等信息。

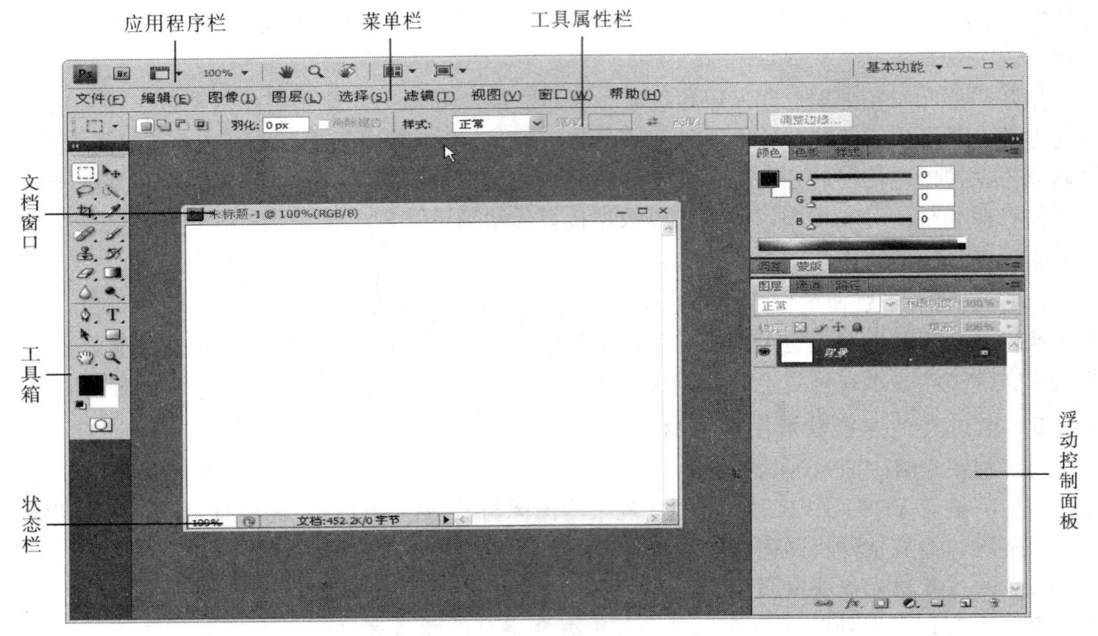

图 5-11　Photoshop CS4 操作界面

⑥ 浮动控制面板：浮动控制面板是大多数软件比较常用的一种界面布局方式，主要用于对当前图像的颜色、图层、信息导航、样式以及相关操作进行设置和控制。默认情况下，浮动面板是以面板组的形式出现，位于工作界面的右侧，用户可以进行分离、移动和组合。

⑦ 状态栏：位于 Photoshop 文档窗口的底部，用来缩放和显示当前图像的各种参数信息以及当前所用的工具信息。

5.4.1　区域的选择

在图像上进行区域的选择是 Photoshop 最基本的操作，Photoshop 中提供了多种选区选择的方法，每种都有其各自的特点。

1. 规则选框工具选取

在 Photoshop 工具箱中提供了 4 种规则选取工具，分别用于不同形状的选取：

① 指用方框形状选取图像。选取方法是单击矩形选框工具，在图像上拖动出一个矩形来，矩形范围就是选取范围。在矩形选取工具选项栏中可以设置选取的属性。首先是羽化属性，这个属性决定了选区有柔化的边缘，数值越大羽化的宽度越宽，如图 5-12 所示。选择“消除锯齿”选项，可以使选择区的边缘更平滑、更清晰，如图 5-13 所示。

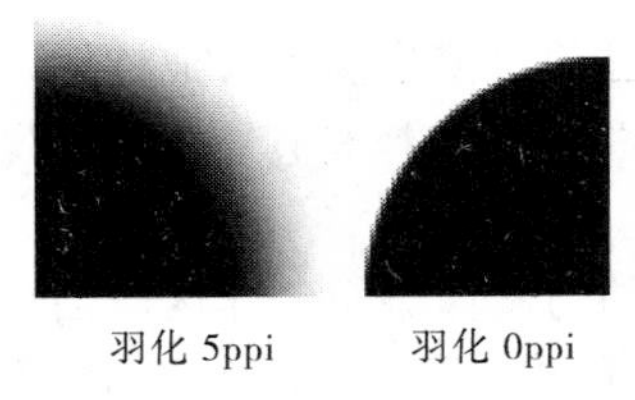

图 5-12　羽化

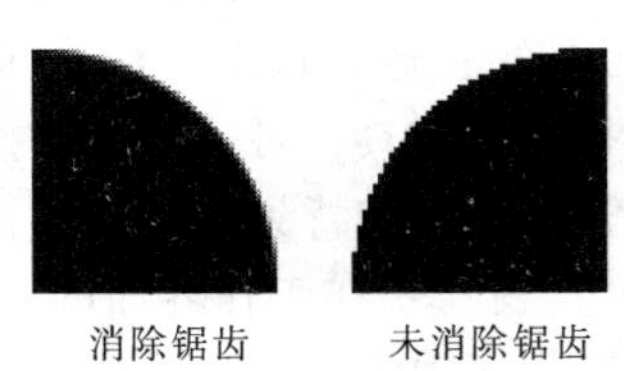

图 5-13　消除锯齿

② 指用椭圆形选取图像。选取方法与矩形选框工具类似。

③ 指选取高度为一个像素的选区。选取时在选取位置单击即可。

④ 指选取宽度为一个像素的选区。选取方法同单行选框工具相同。

2．套索工具选取

套索工具可以产生不规则的选区，其中包括自由套索工具、多边形套索工具和磁性套索工具。

① 套索工具：可以产生任意形状的选择区域，按住鼠标左键移动，鼠标的轨迹就是选择的范围。

② 多边形套索工具：可以产生边线为直线的选择区域，单击鼠标确定一个定位点，最后的定位点要与起始点重合。

③ 磁性套索工具：这个工具可以自动跟踪图像的边缘以形成选区，是一个很有用的工具。

使用磁性套索工具在图像边缘上单击后沿着图像边缘移动，该工具会自动增加锚点，直到最后和起始点重合完成图像的选取。磁性套索工具有几个选项和参数很重要，第一个是“宽度”，用于设置此工具在鼠标指针周围多大范围内寻找边界，数值范围为 1～40 像素。第二个是“边对比度”用于设置检测图像的边界的灵敏度，取值范围为 1%～100%，数值越高，寻找边界时认定的边界与背景的对比越强，反之则选定的边界与背景的对比越弱；第三个是“频率”用来设置磁性套索工具的锚点出现的频率，数值越大，锚点出现的越多，其取值范围为 0～100。

3．魔术棒工具选取

① 魔术棒工具：可以根据相邻像素的颜色来确定选择区域。周围颜色相同或相似，它就会认定在同一区域内。在魔术棒工具中有一项非常重要的属性“容差”，这个属性表示魔术棒能选择的色彩范围，容差参数的值可以从 0～255，容差越小，选择的颜色范围就越窄；容差越大，选择的颜色范围就越宽。

② 快速选择工具：利用可调整的圆形画笔笔尖快速“绘制”选区。拖动时，选区会向外扩展并自动查找和跟随图像中定义的边缘。快速选择工具是智能的，它比魔棒工具更加直观和准确。不需要在要选取的整个区域中涂画，快速选择工具会自动调整所涂画的选区大小，并寻找到边缘使其与选区分离。

4．颜色范围选择命令

在“选择”菜单中的“色彩范围”命令中，可以选择图像中某一种颜色而形成选区，是一种快捷方便的选择方法。

打开“色彩范围”对话框，如图 5-14 所示，鼠标移动到左下方的预览视图中会变成一个吸管的样式，在图中单击位置的颜色，其所包含的区域就是所要选择的选区。在预览视图下的选择范围选项和图像选项分别显示所选区域预览和当前视图预览。在选择范围预览中，白色表示选中的部分，不同的灰度表示不同深度的被选中。预览窗口上方有一个“容差”参数设置，其作用和魔术棒工具的“容差”参数差不多，选定后单击“确定”按钮。

5．选区的操作

在进行了选择操作后，选区的边缘会用闪烁的虚线表示。选区可以进行移动、增加、相减等操作，还可以使用“选择”菜单中的命令来调整，以取得最满意的效果。

图 5-14 “色彩范围”对话框

（1）移动选择区

选区选定后，选择规则选框工具或套索工具中的任意一种，移动鼠标到选区中，可以看到光标变为移动样式 ，按住鼠标拖动就可以移动选区。

（2）增加、减去、相交选择区

在规则选框工具、套索工具和魔术棒工具的工具选项栏的右侧能看到这样 4 个选区操作按钮 ，它们从左到右依次表示新建选区、新建选区与原选区相加、原选区减去新建选区、选择新建选区与原选区相交的区域。如图 5-15 所示默认设置时“新建选区”按钮被选定。

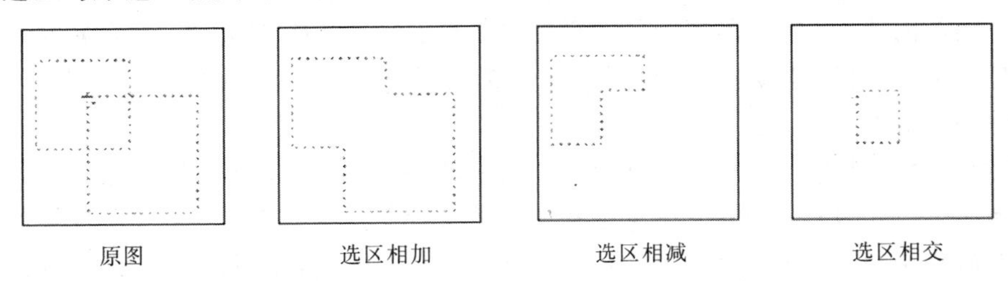

图 5-15 选区操作

要增加选择范围，可以在选择一个选区后，使用选取工具的同时按住【Shift】键，或单击“选区操作”按钮，此时所用工具的右下角出现一个符号 +，在图像上再画一个选区，则选择的结果是两个选区相加后的区域。

要减少选择区域，在选择一个选区后，使用选取工具的同时按住【Alt】键，或单击“选区操作”按钮，此时所用工具的右下角出现一个符号 +-，再画一个选区与原选区相交，则选择的结果是原选区减去第二个选区后得到的区域。

选择两个选区相交的区域，在选择一个选区后，使用选取工具的同时按【Shift+Alt】组合键，或单击“选区操作”按钮，此时所用工具的右下角出现一个号 +×，再画一个选区与原选区相交，则选择的结果是原选区和第二个选区相交的区域。

6．选择命令

Photoshop 的“选择”菜单是专门控制调整选区的命令菜单，其中的很多命令是经常用到的。

①“全选”命令：选择全部图像或某一层中的全部图像，快捷键是【Ctrl+A】。

②“取消选择”命令：取消当前的选择区域，快捷键是【Ctrl+D】。

③“重新选择”命令：恢复上一次取消的选区，快捷键是【Ctrl+Shift+D】。

④“反向”命令：选取当前选区以外的部分。

⑤“变换选区”命令：可以对选区进行大小、旋转以及斜切等变换。

⑥“储存选区”命令：储存当前选区，以通道的形式保留在图像中，可以在其他时候调用该选区。

⑦“载入选区”命令：载入已存选区，可以以反向载入，也可以与当前选区进行相加、减去和相交的操作。

5.4.2　绘图工具

Photoshop 除了具有强大的后期图像处理功能外，同时也具有强大的绘画功能，Photoshop 中提供了多种绘画工具，并有很大的调节能力。

铅笔工具、画笔工具和喷枪工具是 3 个最基本的画图工具，铅笔工具可以产生一种自由手绘硬性边缘的效果。画笔工具模仿毛笔的效果，可以产生柔和的画笔。喷枪工具是画笔工具的一个选项，可以模仿喷涂的效果，边缘比画笔产生的效果更分散，如图 5-16 所示。使用这 3 种绘画工具的方法很简单，按住鼠标左键在图像上拖动即可，如果按住【Shift】键拖动，就可画出直线。

（a）铅笔工具

（b）毛笔工具

（c）喷枪工具

图 5-16　绘图工具

1. 定义画笔

在使用铅笔、画笔或是其他描绘工具时，首先要定义画笔，确定使用什么形状、大小和硬度的笔触来绘制图像。以上几种工具的工具选项栏中，都可以看到定义画笔的选项和设置，在图标上单击，可以看到标准画笔的设置，如图 5-17 所示。大小表示画笔的大小，硬度表示画笔的柔化程度。在改变设置时可以拖动每个选项下的三角滑块，在笔尖选择区可以选择不同的笔尖形状。

Photoshop 同时提供了各种形状艺术画笔和仿自然画笔，在右上角单击有三角标志的按钮，弹出一个菜单，其中：

① 载入画笔：向 Photoshop 中装载特殊画笔，在弹出的对话框中选择扩展名为 abr 的画笔文件，就可以使用 Photoshop 提供的或自己设置的特殊画笔。

② 存储画笔：存储自定义的画笔到一个画笔文件。

③ 替换画笔：用新载入的画笔文件代替原有的画笔文件。

④ 复位画笔：恢复默认的画笔设置。

除了形状、大小和软硬度外，画笔还可以进行翻转、角度、圆度、间距以及形状动态等其他特殊效果的添加。打开“画笔”面板，如图 5-18 所示，每种效果均有参数设置。

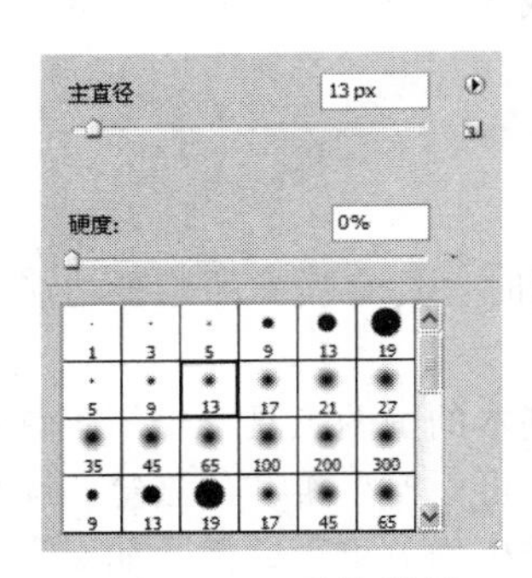

图 5-17　画笔设置

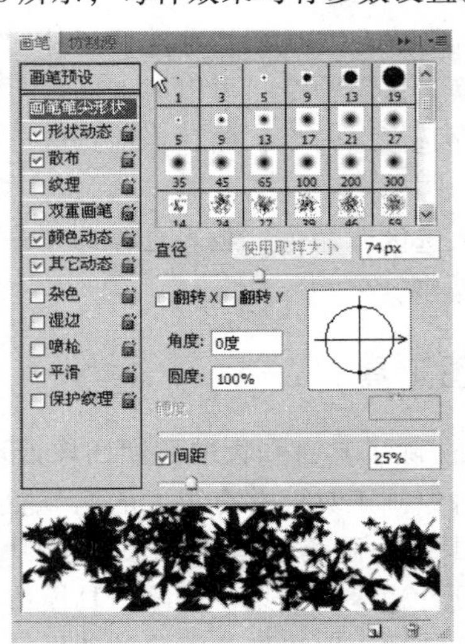

图 5-18　“画笔”面板

2. 定义前景色和背景色

要选择一个颜色绘图时，就要使用到工具箱中的前景色和背景色选择工具，单击工具箱中的前景色设置工具，弹出“拾色器（前景色）”对话框，如图 5-19 所示，左边是一个大的颜色场，旁边有一个颜色带；右边是各种颜色选择的参数和一个预览窗口。在默认的拾色器中提供了 4 种色彩模式来定义颜色。

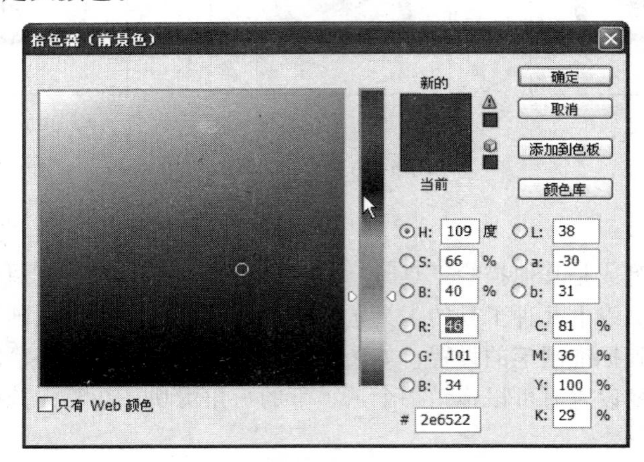

图 5-19　“拾色器（前景色）”对话框

① HSB 模式：是用颜色三要素来定义颜色的，H（Hue）表示色相，S（Saturation）表示饱和度，B（Brightness）表示亮度，改变颜色的要素来选择颜色。

② RGB 颜色模式：是根据光源产生颜色来定义颜色的，也就是前面所讲的加色法原理，其中有 3 个通道红、绿、蓝，分别代表三原色。通过三原色的不同混合比例来选择颜色。

③ CMYK 模式：是根据油墨吸收特性来定义颜色的，也就是人们所讲的减色法原理，其中除了三基色 C（Cyan—青）、M（Magenta—品红）、Y（Yellow—黄）还有一个 K 通道表示黑色（Black

一黑色），因为在实际印刷工作中，由于染料的纯度关系，只靠三基色混合得不到真正的黑色，而只能得到深灰色，所以增加使用了黑色染料。

④ Lab 模式：是由 CIE 协会（国际照明委员会）在 1931 年制定的一个衡量颜色的标准，又称 CIE Lab。此模式有 3 个通道：L 表示亮度，范围从 0～100；a 表示绿—红轴，b 表示蓝—绿轴。这种颜色模式不依赖于设备，也是包含颜色范围最广的颜色模式。

选择颜色时可以拖动颜色场中的小圆圈，圆圈套住的地方也就是选择的颜色（在旁边的预览窗口中可以看到），或设置颜色的参数值，以得到准确的颜色。

在前景色和背景色选择工具的左下角和右上角有两个小按钮，表示设置默认颜色，前景色是黑色，背景色是白色。表示交换前景色和背景色。

3．擦除工具

使用擦除工具可以像橡皮一样擦去图像，使用方法与画笔工具类似。在单个图层中擦除时，是将擦除部分变为透明，在背景层擦除时，相当于用背景色填充。

5.4.3　图像修正

由于多方面的原因，所捕获图像中很可能会存在这样或那样的缺陷，如在扫描的照片中可能在图片上有斑点和污渍；图像的颜色不正，偏绿或偏黄；图片过暗或过亮等情况，这些都需要在捕获后进行处理、修正，使图片能更清晰、漂亮。

1．图像剪裁

当图像的宽或高不合适时，有时要对其进行裁剪，可以使用剪裁工具，单击工具箱中的按钮，在图像上拖动，可以看到一个矩形框，周围有 4 个控制点，可以控制裁剪的大小，在矩形框以外的图像会变暗，如图 5-20 所示。调整好大小后，按【Enter】键，变暗的部分就被裁剪掉了。

图 5-20　裁剪图像

也可以使用命令对图像进行剪裁，在一幅图像中可以按照设定选区的大小来裁剪图像，首先在图像中选取一个选区，然后选择“图像”→“剪裁”命令，如果选区是方型，则按照选区的边框裁剪；如果是圆形，则按照选区的切线来裁剪；如果是不规则选区则按照选区中最长的地方来设定裁剪位置。

2．使用修补工具去除斑点和污渍

在扫描图像时，有时因为扫描仪或照片本身的问题，常在扫描后的图像上出现污点，使用修补工具可将其抹去或淡化。

① 模糊工具：可以降低相邻像素的对比度，使图像更加柔和。

② 锐化工具：与模糊工具相反，增加相邻像素的对比度，使图像的边缘更加清晰。

③ 涂抹工具：模拟手指涂抹油墨的效果，在修正图像时可以使斑点与周围混在一起，使其不明显。

在图像上有时会出现很小局部的过亮或过暗，影响整个图像的质量，可以使用 Photoshop 提供的修复工具处理。

① 加深工具：用来使细节部分变暗，使用方法和画笔相同，设置不同的曝光度使工具作用的程度不同，曝光度越高，作用越明显。

② 减淡工具：用来使细节部分变亮，其选项同加深工具类似，曝光度设置越高，作用越明显。

③ 海绵工具：用来增加和降低颜色的饱和度。在模式中选择去色或加色，可以减少或增加图像某部分的饱和度，设置不同的压力来控制饱和度增加和减少的程度。

这 6 种工具的使用方法和画笔工具类似，也要先定义画笔的大小和硬度，还要定义工具作用的强度。在修复图像时只有将几个工具反复结合来使用，就可得到较好的效果。

3. 调整图像颜色

Photoshop 提供了强大的图像颜色调整功能，是许多软件望尘莫及的，包括对色调进行细微的调整，改变图像的对比度和色彩等。在 Photoshop “图像”菜单下“调整”子菜单中的命令都是进行色彩调节的。其中主要的命令有色阶、曲线、色彩平衡、亮度/对比度、色相/饱和度、变化等。

（1）使用“色阶”命令

选择“图像”→“调整”→“色阶”命令，弹出“色阶”对话框，如图 5-21 所示，在对话框中显示了图像的直方图，表示了图像中每个亮度值处像素点的多少，最暗的像素点在左边，最亮的像素点在右边。

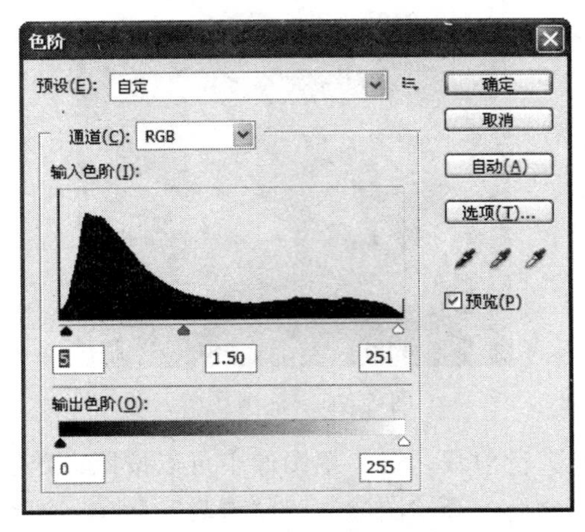

图 5-21 “色阶”对话框

在输入色阶的直方图下面有黑、灰、白 3 个三角形滑块，黑三角调整图像暗部的对比度，白三角调整图像亮部的对比度，灰三角则调整图像中间色调的对比度。通过拖动三角形滑块，调节图像的亮度和对比度。向中间拖动黑三角，使图像的暗部更暗，而向中间拖动白三角，使图像的亮部更亮，同时向中间拖动可以使整个图像的对比度增强。而且在对话框上部的“通道”下拉列表框中选择不同的通道，可以调节个别通道的亮度和色阶。

输出色阶可以降低整个图像的对比度，黑色三角降低图像暗部的对比度，白色三角降低图像亮部的对比度。

在面板上的 3 个按钮分别代表定义图像中最亮的地方（白场）、中间调、最暗的地方（黑场）。根据图像中白场和黑场的定义，Photoshop 会重新分配图像亮暗部分的像素值。

在“调整”子菜单下还有“自动色阶”命令，该命令指定图像中最亮的像素和最暗的像素为图像的白色和黑色，然后按比例重新分配其他的像素值。

（2）使用“曲线”命令

“曲线”命令与“色阶”命令类似，都是调整图像色调范围的。不同的是“色阶”命令只调节亮调、暗调和中间调，而“曲线”命令调节灰调曲线中的每一点，如图 5-22 所示。

曲线图中的横轴相当于“色阶”命令中的输入色阶，纵轴相当于“色阶”命令中的输出色阶。通过调整曲线，调整图像中输入色阶和输出色阶的关系，来调整图像的色调和对比度。

（3）使用“色彩平衡”命令

当图像出现偏色现象时，若用荧光灯作为光源拍摄，有时会产生偏绿的现象。这时可以使用“色彩平衡”命令对图像进行偏色的调节，在调节面板中有几个滑块，在确定图像所偏的颜色后，向该颜色的反向拖动调节，也就是向该色的补色调节，如图 5-23 所示。

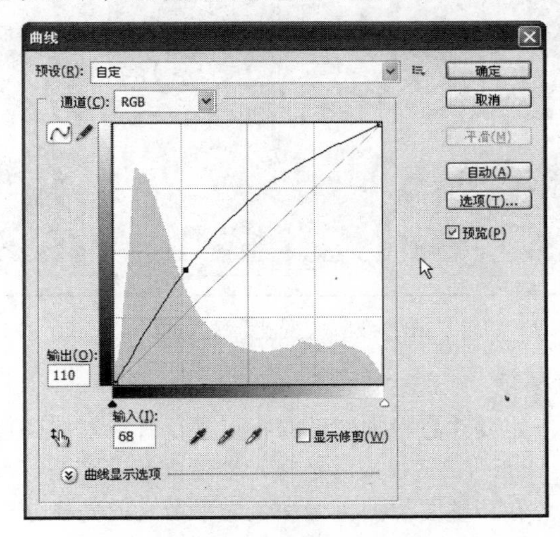

图 5-22　“曲线”窗口

（4）使用“亮度/对比度”命令

此命令可以调整图像的亮度和对比度，勾选“预览”复选框，在调整时可以观察到图像的变化，如图 5-24 所示。

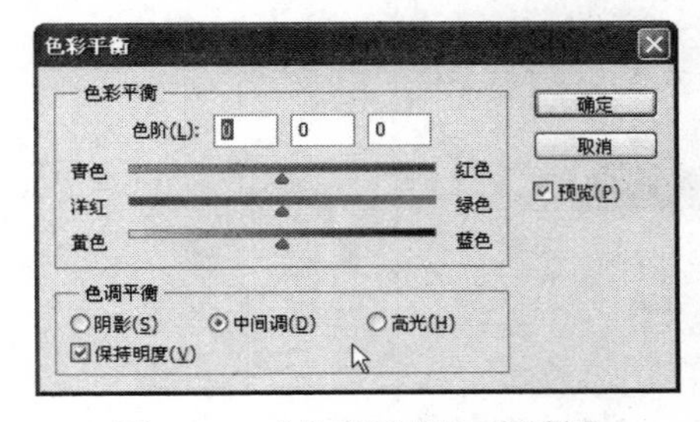

图 5-23　“色彩平衡”对话框

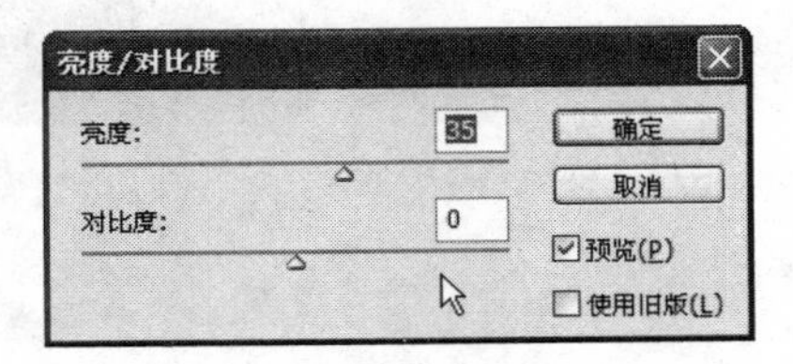

图 5-24　“亮度/对比度”对话框

（5）使用“变化”命令

“变化”命令可以调节图像的色彩平衡、亮度和饱和度。“变化”对话框如图 5-25 所示，左下角的大片区域用来调整图像的偏色，右侧的区域用来调整图像的亮度。在右上方有一个刻度标尺，表示调整的程度大小，将小三角拖向“精细”表示调整的程度变小，将小三角拖向“粗糙”表示调整的程度变大。同时可以在右上方的选项中选择图像的暗调、中间调、高光和饱和度，用以进行不同的调节。

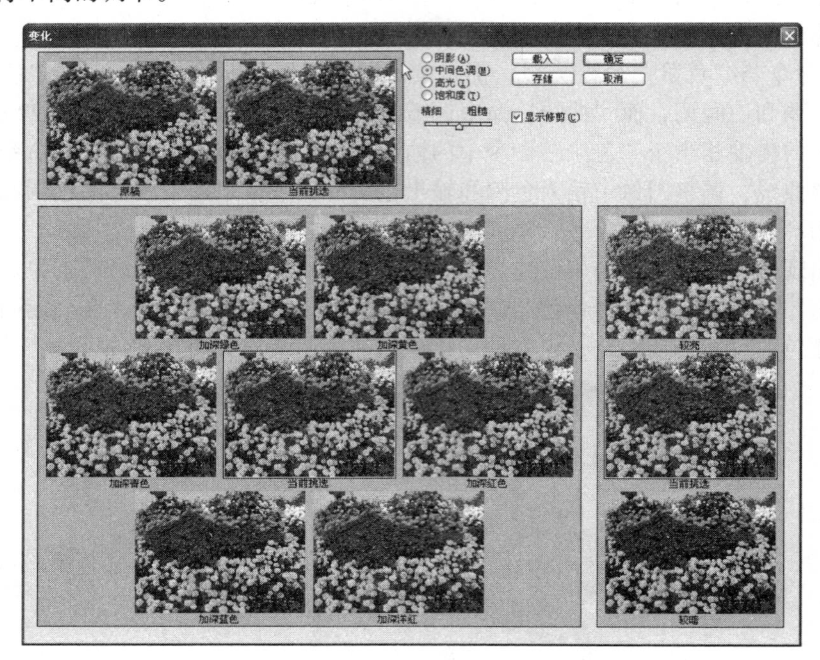

图 5-25 “变化”对话框

4. 图像调整的注意事项

在调整图像色彩时，一定要注意根据图像的特点进行有计划的调整。首先在调整前要校正显示器的颜色，可以使用 Adobe Gamma 或其他显示器适配程序校正，否则最后输出的颜色可能在两台计算机上相差甚远。在调整图像的色调和色彩平衡之前先要分析图像的色调是亮色调、暗色调还是中间色调，色彩是否够丰富，细节是否足够等，保证在原图的基础上可以修改，而原图效果不好，在处理时就很困难，图像色调可以使用直方图来观察。选择“图像”→“直方图”命令就可以看到当前图像的色阶分布，如图 5-26 所示。

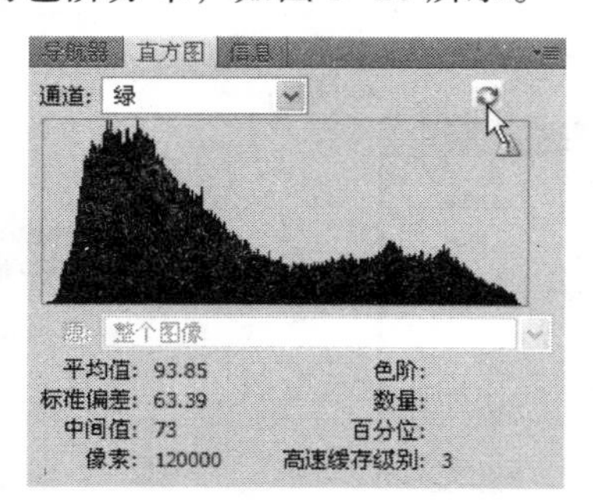

图 5-26 “直方图”对话框

同时在调整过程中不要频繁改变图像模式，因为不同的模式有时在颜色设置上不同，改变图像模式可能会造成图像颜色的丢失。在调整彩色图片时一般采用 RGB 模式或 CMYK 模式。去除图像的斑点或调整细节时，要有耐心，细小处就要使用小的画笔，以免操作失误。

5.4.4　图像大小及分辨率

图像的尺寸是指图像画面的宽高，与剪裁工具不同的是改变图像的尺寸是在不影响图像内容的前提下，增大或减小图像的宽度或高度，这里要使用到“图像大小”命令。

选择“图像”→“图像大小”命令，弹出一个对话框，如图 5-27 所示。

在“像素大小”选项区域设定图像设计的尺寸大小和计算单位；在“文档大小”选项区域可以设定图像的打印尺寸和分辨率，在打印尺寸的单位设置中可以是厘米、英寸、点、派卡、列和百分比，在分辨率设置中可以是像素/英寸或像素/厘米。设计尺寸、打印尺寸和分辨率是相联系的，设计尺寸等于打印尺寸乘以分辨率。

勾选“约束比例”复选框，可以按照原来图像宽和高的比例改变图像的尺寸。勾选“重定图像像素”复选框表示图像尺寸改变后图像像素的采样方法，如果取消选择该复选框则只能设定图像的打印尺寸和分辨率。

如果要增大图像的大小以便在其四周加入新的内容，就可以使用“画布大小”命令。这个命令的作用是在图像的四周增加空白区域，从而增大图像尺寸。在对话框中可以重新设置图像的宽度和高度，对话框下方的示意图中，中心的白色表示现在图像的位置，箭头放射的方向表示向什么方向增加空白区域。如果箭头向内，表示将剪裁掉一部分图像，如图 5-28 所示。

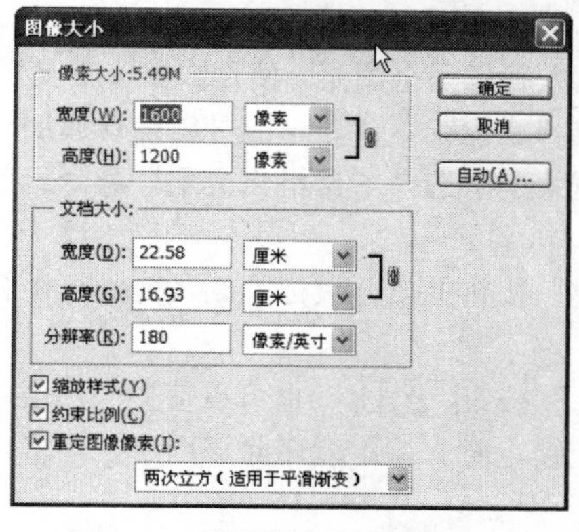

图 5-27　“图像大小”对话框

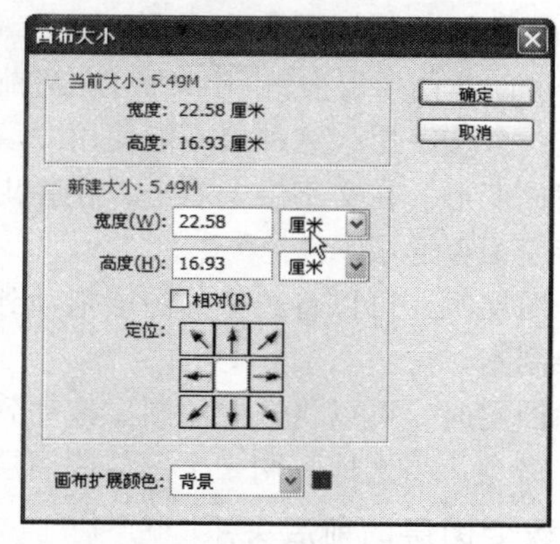

图 5-28　“画布大小”对话框

5.4.5　图层

Photoshop 很重要的一个特点就是采用了图层的概念，在一幅图像中如果有多个图层，就像一层一层的透明玻璃纸叠合在一起，把图像的各个部分放在不同的图层里，相当于在透明玻璃纸上粘上图像；然后对单独的图层进行编辑操作，而不会影响其他图层的图像；每个图层没有图像的区域都是透明的，这样也能看到底下的图层。同时在 Photoshop 中使用图层组的功能，可以使几个图层归为一组，更加方便了图层的管理和调整。最后所有的图层使用一定的混合模式叠加在一起，既方便了编辑，又可以产生特殊的效果。

1. “图层”面板

选择“窗口”→“显示图层”命令，弹出“图层”面板，如图 5-29 所示，可以显示出当前图像的图层设置。在“图层”面板底部有一排按钮，从左到右依次为添加图层样式、添加图层蒙版、创建图层组、创建填充和调整图层、新建图层和删除图层。面板顶部为图层的混合模式、透明度和图层锁定选项。图层的所有操作基本上都在“图层”面板和“图层”菜单中完成。在图层锁定选项和命令按钮之间是各个图层的略缩图和名称，左边的方框表示图层是否可视和现在的编辑状态。

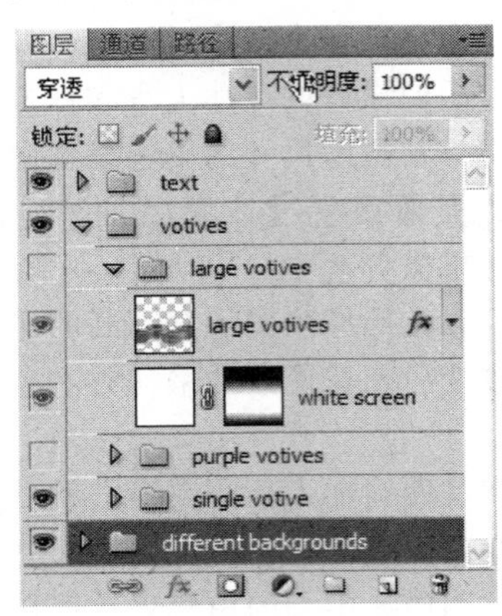

图 5-29 “图层”面板

2. 图层的新建、复制和删除

单击“新建图层”按钮既可在当前图层上方新建一个图层，使用“文字工具”书写时会生成一个文字层，这种层不能使用“填充”或“滤镜”等命令，但可以像普通层一样添加样式和缩放变形。在文字层上右击，在弹出的快捷菜单中选择“栅格化文字”命令，就可以把文字层转变为普通层。

复制图层时，可以将选中的图层拖动到“新建”按钮上放开鼠标，则 Photoshop 自动形成一个图层副本。

删除图层时，可以将选中的图层拖动到“删除”按钮上，也可以使用“图层”→“删除图层”命令。当文档只剩一个图层或图层被完全锁定时，就不能删除该图层。

3. 改变图层的前后关系

在“图层”面板中用鼠标拖动某个图层到另外的两个图层之间的线上，这时线会变粗，松开鼠标则图层就会被移动到两个图层之间。

“背景”层是不能移动的，想移动“背景”层只能将其转换为普通图层。可以在图层上双击，在弹出的对话框中填写图层名称和选择设置，单击“确定”按钮即可将其转换为普通图层。

4. 图层的链接和对齐

图层和图层可以相互链接，链接后的图层可以同时移动、缩放，还可以对齐链接图层和合并链接图层。但是要注意，Photoshop 中只能在一个活动图层上编辑，不能同时在两个或多个层上操作。图层之间的链接很简单，选中图层，然后单击“图层”面板下方的链接标志即可，表示当前层和所选层已经链接上了。然后使用同样的方法可以将多个图层链接在一起。

图层对齐是指两个或多个图层中的内容对齐，图层可以和选区对齐或链接图层相互对齐。与选区对齐时，要先选取一个选区或图层选区，选取图层选区时，可以按住【Ctrl】键，在图层上单击，这样就选中了图层中图像的区域。选定选区后，选择要与选区对齐的图层，选择“图层”→“与选区对齐”子菜单中的命令，其中 6 个命令表示图层和选区的对齐方式。如果要对齐的图层是链接图层，则可以选择“图层”→“对齐链接图层”子菜单中的命令来对齐。

5．图层组的应用

Photoshop CS4 中图层组的功能，大大方便了多图层时的管理，可以把意义相似，位置差别不大的多个图层放在一个图层组中，如图 5–30 所示。单击“图层”面板下部的“新建图层组”按钮，在“图层”面板中新出现一个像文件夹一样的特殊图层。拖动其他图层到图层组中，这些图层便被编进该图层组中。图层组中有个小倒三角，单击它可以显示和关闭图层组中的内容。

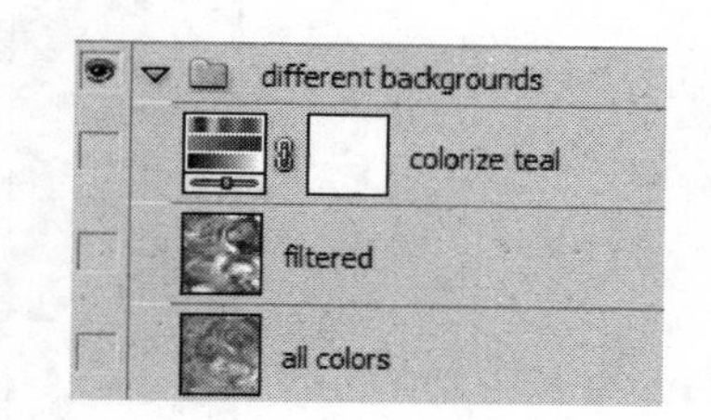

图 5–30　图层组

6．图层的混合模式

图层的混合模式是 Photoshop 根据上下图层的色彩关系，通过数学计算得到的效果，使用不同的混合模式可以得到许多意想不到的效果，有兴趣的读者可以试一试。

7．图层样式

在 Photoshop CS4 中提供了很多图像样式，使图层有更多更方便的特殊效果。

单击“图层”面板下部的“图层样式”按钮，或在图层上双击，弹出一个对话框，其中列出了图层的所有样式。选中各个效果名称前的复选框，便给图层添加了该效果。其中有投影、内投影、外发光、内发光、斜面和浮雕、光泽、颜色叠加、渐变叠加、图案叠加和描边。可以十分有效快速的实现图层的立体效果、纹理效果、发光效果等。下面以为文字添加浮雕和阴影效果为例进行讲解。

① 新建一个文件，选择“文件”→“打开”命令，打开一个文件。单击工具箱中的 T 按钮，在图像上单击，图标变成一条竖线，表示文字插入的位置，输入“多媒体”3 个字，在文字工具选项中设置文字的字体为“隶书”，大小为 72，如图 5–31 所示。设置好后单击选项栏最右侧的按钮，这时在“图层”面板中出现了一个名字叫“多媒体”的文字图层。

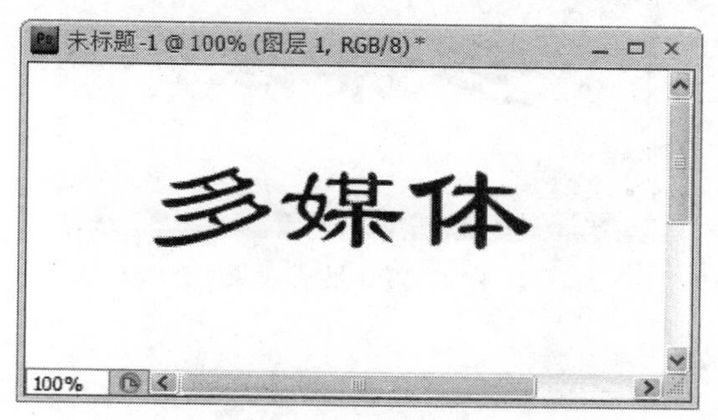

图 5–31　新建文档

② 双击该图层或单击“图层”面板下部的“图层特效”按钮，选择某种样式，弹出“图层样式”对话框，如图 5–32 所示。

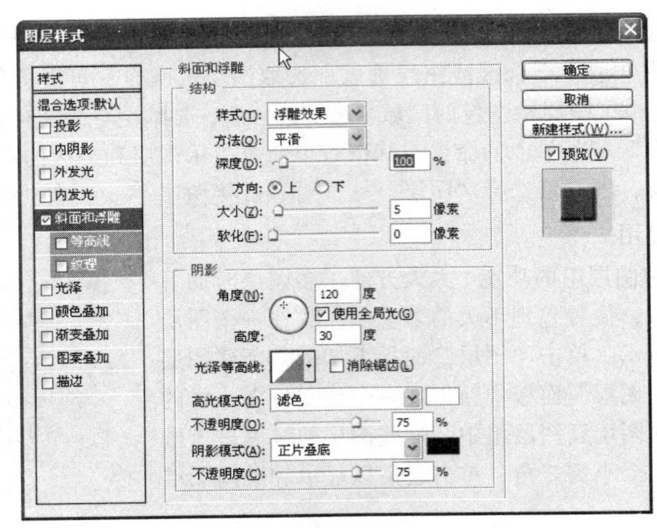

图 5-32 “图层样式”对话框

③ 现在为“多媒体”3个字设置浮雕效果。选择“斜面与浮雕”样式，在对话框中间就会出现浮雕样式的设置，在“样式”下拉列表框可以选择不同的浮雕风格，选择“浮雕效果”，在“方法”下拉列表中选择“平滑”。“深度”表示浮雕突起的程度，可以调整下面的三角滑块设置为100%；“方向”表示浮雕亮部的位置，选择“方向”为上。“大小”设置为5像素，“软化”设置为2像素。在“阴影”选项区域中设置阴影的方向为120度，“高度”为30度。“光泽等高线”为默认的线形方式，“高光模式”表示浮雕的亮部，“暗调模式”表示为浮雕的暗部，可以为亮部和暗部设置不同的颜色、“混合模式”和“不透明度”，使其产生立体感，这里使用其默认的白色和黑色。

④ 单击“确定”按钮，就可以看到刚才设置的效果，如图5-33所示。在设置时，勾选“图层样式”对话框中的“预览”复选框，可以和编辑的同时看到改变的效果。如果在图层上还增加别的样式，可以选取“图层样式”对话框中的其他样式。

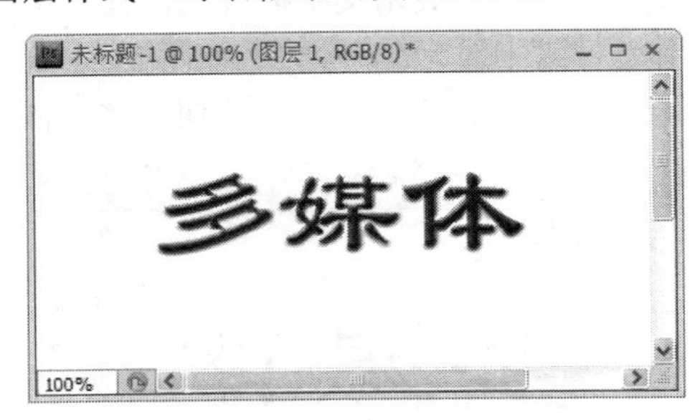

图 5-33 最后效果

5.4.6 通道

通道表示为一个8 位的颜色图层，它可以是各种色彩模式的分色通道，存储图像的颜色信息；也可以选择区内的256灰阶图像，即Alpha通道，用来存储选择范围。

颜色信息通道的类型由色彩模式决定，如RGB色彩模式有3个颜色通道：红色通道用于存储红色信息；绿色通道用于存储绿色信息；蓝色通道用于存储蓝色信息。而CMYK色彩模式有

4 个颜色通道，分别为青色通道、品红色通道、黄色通道和黑色通道，存储各自的颜色信息。

Alpha 通道是用户自己设立的，用于表示选择范围或蒙版信息。

1．“通道”面板的使用

选择“窗口”→“显示通道”命令，弹出“通道”面板，如图 5-34 所示，在其中显示了图像所有的颜色通道和用户自定义的 Alpha 通道。在图层底部有一排按钮，从左到右依次为“将通道转换为选区”、“将选区转换为通道”、“新建通道”和“删除通道”。

图 5-34　“通道”面板

2．创建通道、删除通道和复制通道

新建一个通道可以单击“新建通道”按钮，Photoshop 会自动增加一个 Alpha 通道。单击“删除通道”按钮可以删除一个通道。

复制通道时可以将要复制的通道拖动到“新建通道”按钮上，会生成一个新的通道副本。

3．通道选项

单击“通道”面板右上的三角形按钮，弹出一个菜单，其中包括“新建”、“复制”、“删除通道”等命令。选择其中的“通道选项”命令，在弹出的对话框中用来设置通道的属性，在“色彩指示”选项区域中选择通道的表示方法，若选择“被蒙版区域”单选按钮表示按照默认方式显示，一般通道中白色表示选择的区域，黑色表示透明的区域，中间不同的灰度表示不同透明度的选择区；选择“所选区域”单选按钮则相反显示；选择“专色”单选按钮将现有通道改为专色通道，如图 5-35 所示。

4．快速蒙版、选择区和通道

在 Photoshop 中，可以用 3 种方式表示选择范围：选区、通道和快速蒙版。当选择选区时，相当于新建一个蒙版，将选区保存就是新建了一个 Alpha 通道。蒙版的概念就好像一块镂空的半透明或不透明的纸，这种纸覆盖在图像上，可以修改蒙版的形状，而不担心影响到图像。所以蒙版相当于对选区效果的编辑。

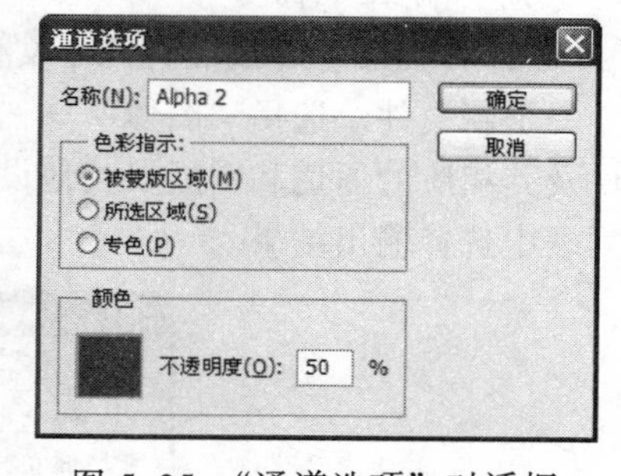

图 5-35　“通道选项”对话框

快速蒙版是 Photoshop 中可以直接将选区作为蒙版来处理的功能，在工具箱中单击按钮就可以进入快速蒙版状态，再次单击可以回到标准编辑状态。在默认情况下进入快速蒙版状态时，图像中红色的部分表示被蒙版的部分，其他部分表示当前的选区。可以对红色的部分进行各种描绘的操作，甚至可以使用滤镜。蒙版用一种单色表示，其羽化边缘表示不同程度的选取。

双击“快速蒙版”按钮可弹出一个对话框，如图 5-36 所示，在其中可以设置蒙版中颜色表示的区域是选择的区域还是蒙版的区域。在下方可以设置表示蒙版的颜色和透明度。

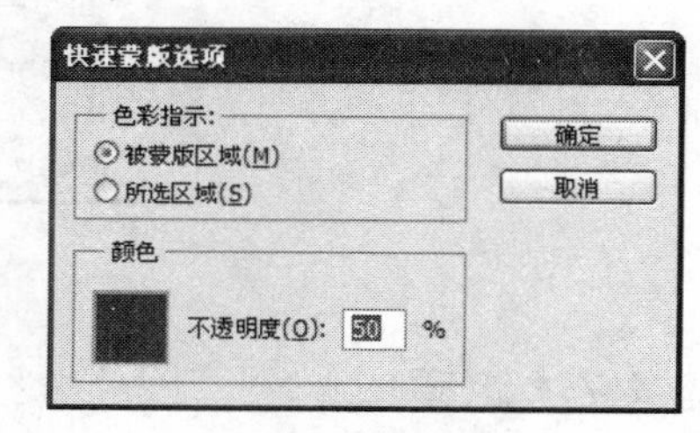

图 5-36　“快速蒙版选项”对话框

5．通道的计算

在 Alpha 通道中，只看到黑色、白色和不同灰度的灰色，就是说通道中的每个像素点是从黑色（像素值为 0）到白色（像素值为 255）的。计算功能可以对两个通道中的像素进行数学运算，得到一个新的通道效果。在 Photoshop 中可以使用“应用图像”命令和“运算”命令来实现。

6.“应用图像”命令

这个命令可以将另外一个图像中的图层和通道混合到当前图像中的某个图层或通道中。先打开两幅图像，二者必须有完全相同的大小和分辨率。选择“图像”→“应用图像”命令，弹出如图 5-37 所示的对话框。选择源文件和相应的图层和通道，在“混合”下拉列表中选择相应的计算方式，计算方式和图层的混合模式相同，设定“不透明度”可定义作用的强度。勾选“保留透明区域”复选框就只用于图层中有图像的部分，勾选“蒙版”复选框用于文件中的一个通道作为灰阶的蒙版。

图 5-37 “应用图像”对话框

7.“计算”命令

“计算”命令可以混合两个文件的通道和图层在任意源文件中生成一个新通道、选区或建立一个新文件。选择“图像”→“计算”命令，弹出如图 5-38 所示的对话框。设置两个源文件及其相应的通道和图层，其他设置与“应用图像”命令基本相似。在最底部的“结果”下拉列表中选择输出结果。

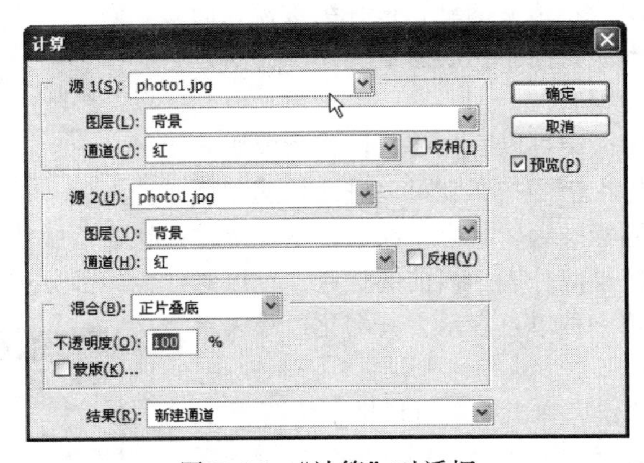

图 5-38 “计算”对话框

5.4.7 滤镜

滤镜是 Photoshop 最精彩的地方，使用滤镜会产生种种神奇的特效，它可以对图像或图层中的选择部分进行特殊效果的处理，不同的滤镜可以产生不同的效果。另外除了 Adobe 公司提供本身自带的滤镜外，很多第三方提供的滤镜效果，也为 Photoshop 带来了无穷的魅力和光彩。Photoshop 中的所有滤镜效果都在“滤镜”菜单下，下面简单介绍几个常用的滤镜。

模糊滤镜使选择区内的影像产生虚化的效果，可以平滑地转换影像中的生硬部分。其中常用的有高斯模糊滤镜、动态模糊滤镜和径向模糊滤镜。高斯模糊滤镜用可调节的柔化方式快速柔化图像或图像的选择区域。选择“滤镜”→“模糊”→“高斯模糊”命令，调整弹出对话框中的“半径”滑动块，半径越大，模糊效果越显着。动感模糊滤镜可以产生物体快速运动的效果，在弹出的对话框中选择模糊的角度和像素拉动的距离。径向模糊滤镜可以产生径向放射和圆周放射的效果，在弹出的对话框中选择模糊效果应用的数量、方法和品质。如图 5-39 所示表示了模糊的效果。

原图

高斯模糊

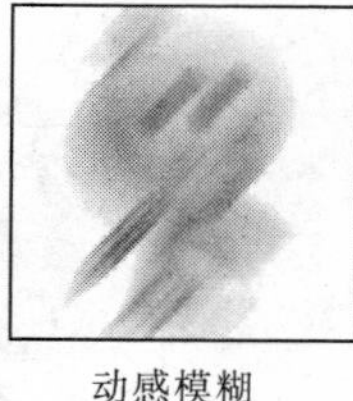
动感模糊

径向模糊

图 5-39　模糊滤镜组

浮雕滤镜可以表现浮雕的效果，在做立体效果时常会用到。选择“滤镜”→“风格化”→“浮雕”命令，在弹出的对话框中设定浮雕的角度、深度和实现浮雕效果的像素数。

风效果滤镜用来表现风吹的效果，选择“风格化”→“风”命令，在弹出的对话框中设定风的类型和方向，效果如图 5-40 所示。

扭曲滤镜组都是产生图像波纹和几何变形的，好像哈哈镜的效果。其中的波浪滤镜、波纹滤镜、玻璃滤镜、海洋波纹滤镜和水波滤镜都能很好地表现不同情况下水的波动。切变滤镜可以实现图像水平的扭曲变形，选择“扭曲”→“切变”命令，在弹出的对话框上方有一条直线，拖动直线的不同位置可以实现图像水平不同程度的扭曲，如图 5-41 所示。球面命令可以使图像的一部分看上去像凹陷或凸出的球体或圆柱体，在弹出的对话框中设定实现的数量和形状。

浮雕效果

风吹效果

图 5-40　风格滤镜组

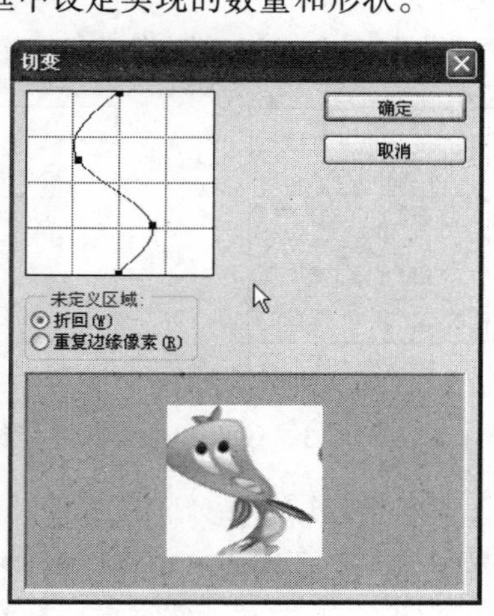

图 5-41　“切变”对话框

锐化滤镜组和模糊滤镜组刚好相反，锐化是增加图像中像素点的亮度和饱和度，从而将模糊的图像变得清晰。其中 USM 锐化滤镜可以设定高锐化的图像，选择“锐化”→“USM 锐化”命令，在弹出的对话框中设定锐化的数量、半径和阈值。

素描滤镜组、画笔描边滤镜组和艺术效果滤镜组中的滤镜都是表现运用不同的画笔、笔触或画布来作图的效果。其中有很多滤镜可以使图像表现为油画、水彩画、炭精画或其他特殊的艺术效果。在画笔描边滤镜组中的喷溅滤镜可以表现为喷枪绘画的效果，喷枪滤镜的对话框中可以设定喷枪的大小和柔和程度。素描滤镜组中的大部分滤镜效果和工具箱中的前景色和背景色设置有关，基底凸现滤镜可以表现浅浮雕的效果，和浮雕效果类似，但它是用前、背景色表现图像的凹凸部分。艺术效果滤镜组可以产生人工绘图的各种艺术效果，如其中的水彩滤镜表现水彩画的效果，塑料包装效果则表现图像的塑料感觉。如图 5-42 所示为几种滤镜效果。

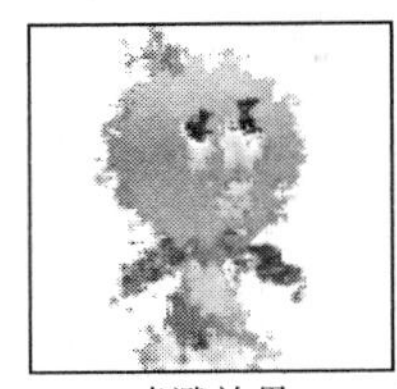

喷溅效果

塑料包装效果

水彩效果

图 5-42　素描滤镜组

纹理滤镜组和像素化滤镜组都是将图像填充成一定纹理或图像像素集合为特殊形状区块的滤镜。纹理滤镜组中的染色玻璃滤镜可以使图像产生彩色玻璃块的效果，在滤镜对话框中设定区块的大小、中间边框的粗细和光线照射玻璃的强弱。像素化滤镜组中的马赛克滤镜使图像产生马赛克效果，如图 5-43 所示，可在滤镜对话框中设定马赛克的大小。

杂色滤镜组可以在画面中增加或删除杂点和划痕等，如图 5-44 所示的效果。添加杂色滤镜可以向图像中添加杂点，在滤镜对话框中可设定增加的数量和分布方式。蒙尘与划痕滤镜则用来去掉杂点。

“液化”命令可以对图像进行变形处理，比如瘦身、恶作剧等，如图 5-45 所示。

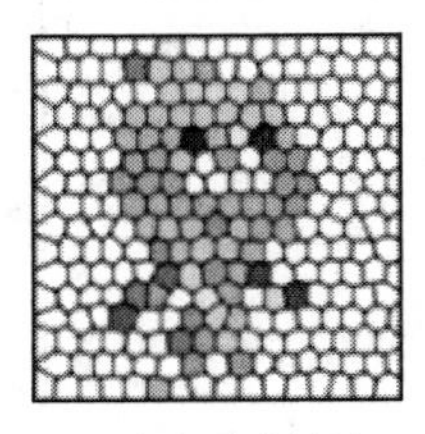

染色玻璃效果

马赛克效果

图 5-43　纹理和像素化滤镜组

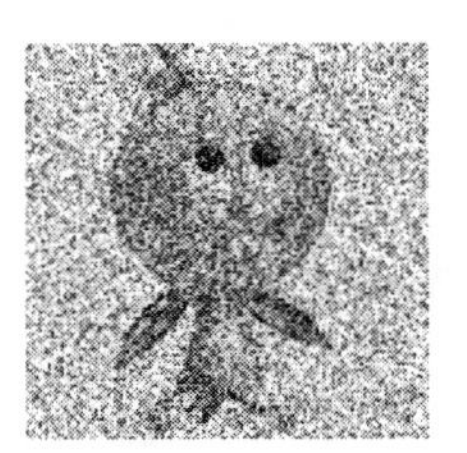

图 5-44　添加杂色滤镜

图 5-45　液化后效果

光照效果滤镜也是一个常用的滤镜，用来表现各种各样的光线效果。选择“渲染”→“光照效果”命令，在弹出对话框的左侧为效果预览图，在右侧的“样式”下拉列表中选择灯光的样式，如图 5-46 所示，然后设定灯光的强弱、扩散的大小等参数。

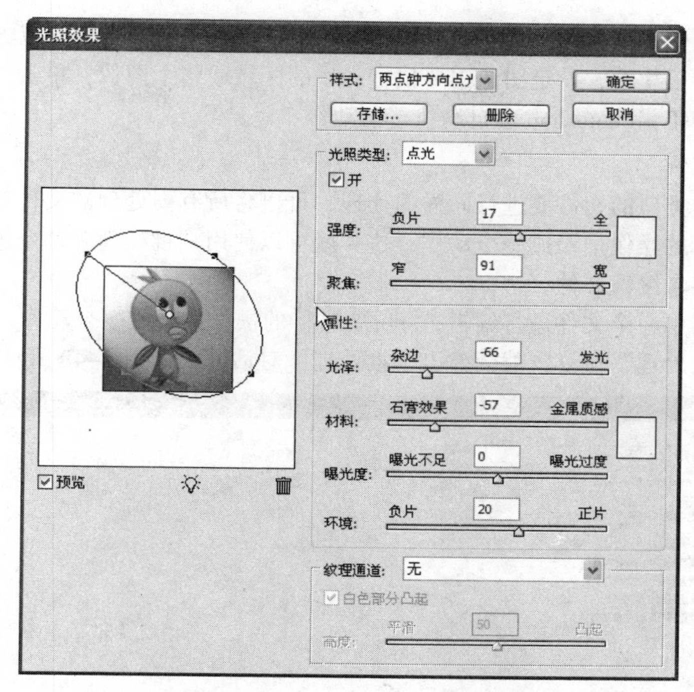

图 5-46 “光照效果”对话框

5.4.8 动作

动作可以记录从开始时所有的操作，然后对其他文件进行同样的操作或一个文件夹中的多个文件进行批处理。动作的实现都是在“动作”面板中完成的。选择“窗口”→“显示动作”命令，即可看到“动作”面板，如图 5-47 所示。在“动作”面板最底端有一排按钮，从左到右为“停止录制/播放”、“开始录制”、“开始播放”、“创建新序列”、“创建新动作”和“删除动作”。

1. 默认动作

在 Photoshop 中提供了一些默认的动作，都放在“默认动作”序列中，单击“默认动作”左边的小三角，可以显示或关闭显示动作。在每个动作的左边也有同样的三角，单击即可看到动作中的每一步操作，在每条操作记录的最左边有一栏方框，其中有标志，表示该操作是可以被执行的，没有的表示该操作被暂时关闭，不可以被执行。在旁边有一栏有图标的方框，表示动作进行到该操作时有对话框弹出来，可以让用户修改参数，如果不显示图标，表示默认参数。

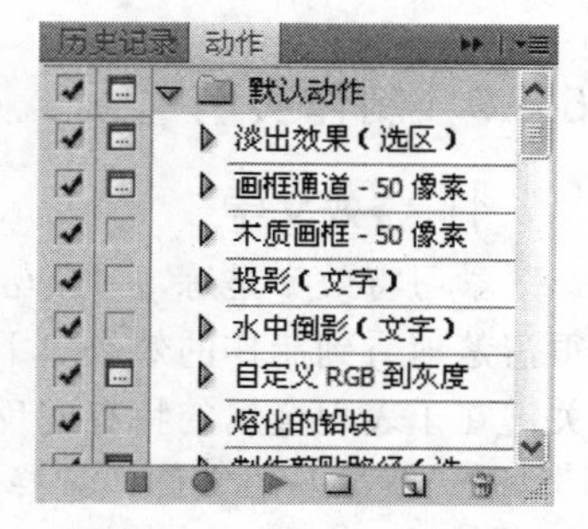

图 5-47 “动作”面板

2. 创建和执行一个新动作

单击“创建新动作”按钮，在弹出的对话框中填写新动作的名称，选择动作所在的序列，如果需要可以为动作设定快捷键和动作显示的颜色。设定后单击“记录”按钮，则新建了一个动作。这时“动作”面板下面的“记录动作”按钮变成了红色，从此时起在图像上做的所有编辑操作都会被记录在该动作中。如果要停止记录，可以单击旁边的“停止记录”按钮。

如果要建立多个动作可以建立一个序列，将所有的动作放在一个序列中，以方便管理。

执行一个动作很简单，设定图像中要执行动作的区域或整个图像，单击“动作”面板下方的“播放动作”按钮，Photoshop 会自动执行该动作。

3．批处理文件

如果有大量相类似的文件要进行同样的处理，可以将所有要处理的文件存放在一个文件夹内，就会把要进行的操作记录成一个动作，这样就可以使用“批处理”命令进行全部文件的统一操作，而不用逐个编辑文件。

首先要选择其中一个文件进行编辑，将所要进行的操作记录成一个动作，然后选择“文件”→“自动”→“批处理”命令，就会弹出“批处理”对话框，如图 5-48 所示。

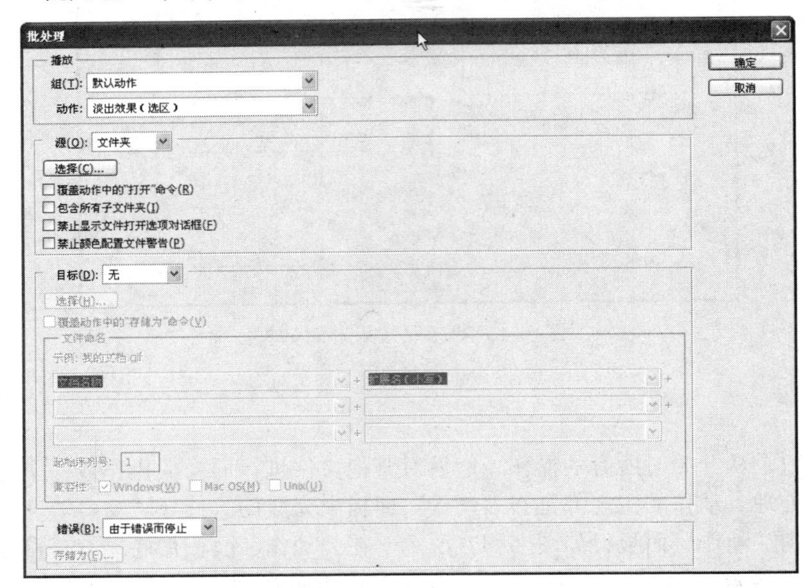

图 5-48 “批处理”对话框

5.4.9 制作实例

1．特效文字

学习特效字是练习 Photoshop 最好的方法，因为文字的颜色和结构都很简单，这样就可以很清楚地看到制作的效果。下面来练习做一种金属字，实现金属效果的方法有很多种，制作的关键在于表现金属的特有的反射效果。

① 新建一个文件，选择“文件”→“新建”命令，在弹出的对话框中填写名称为“特效字”，图像大小为 500×200 像素，背景为白色。

② 使用工具箱中的“文字工具” T 在文件上填写文字，为了效果明显可以选择粗体字，并把字号设为 60，颜色为 50%灰色，如图 5-49 所示。

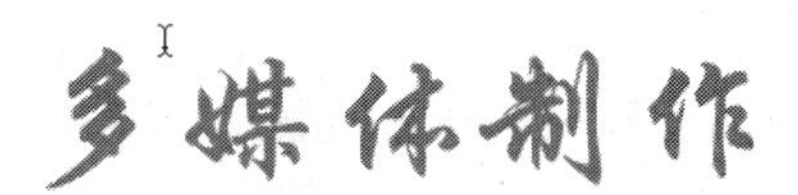

图 5-49 填写文字效果

③ 按住【Ctrl】键的同时单击文字图层，选择文字区域。在“通道”面板中新建一个通道，命名为 Alpha1，在新建通道使用白色填充选区，如图 5-50 所示。

图 5-50　通道效果

④ 在通道中不取消选择的情况下使用“高斯模糊”滤镜，设置半径为 2.9 像素，如图 5-51 所示。回到文字图层并右击，在弹出的对话框中选择“栅格化图层”命令，使文字层变成了普通图层。选择“滤镜”→“渲染”→“光照效果”命令，对话框如图 5-52 所示，在“纹理通道”下拉列表中选择刚才新建的 Alpha1 通道，调整灯光方向和强度，使文字突现出来，效果如图 5-53 所示。

图 5-51　“高斯模糊”对话框

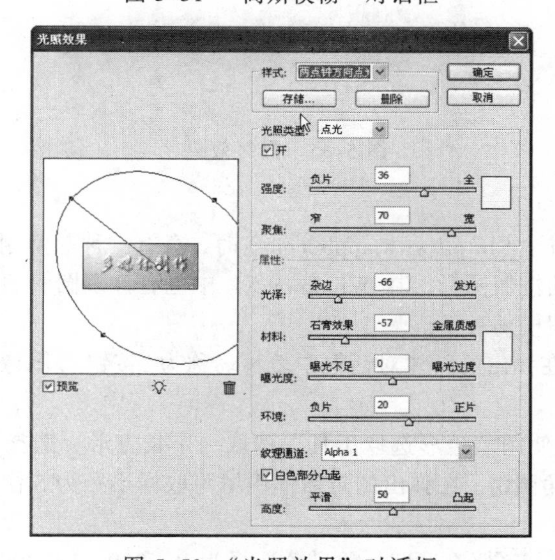

图 5-52　“光照效果”对话框

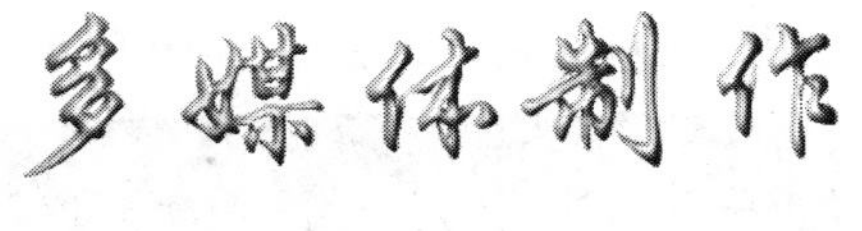

图 5-53　文字突现效果

⑤ 使用“图像”→“调整”→“曲线”命令设置图像的曲线，这样做的目的是为了使暗部和亮部的对比明显且边界清晰，从而表现金属的反射效果，设置如图 5-54 所示。

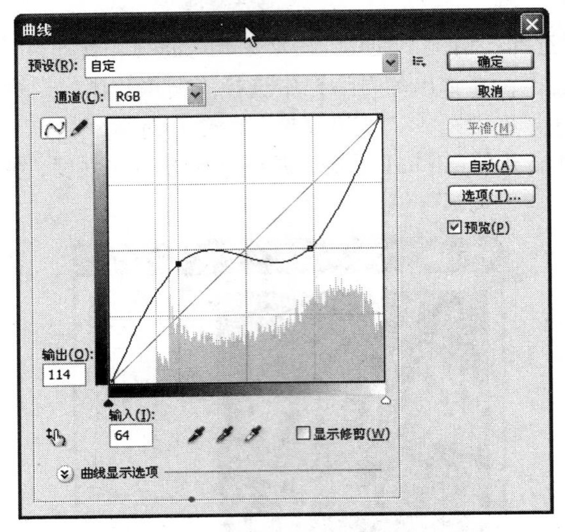

图 5-54　金属的反射效果

⑥ 最后使用图层样式给图层增加一个阴影效果，使金属文字具有立体感，这样一个简单的模拟金属文字就完成了。最终效果如图 5-55 所示。

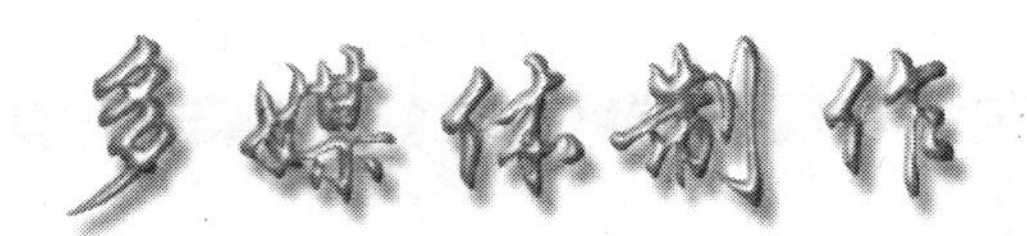

图 5-55　最终效果

2．制作按钮

浏览 Apple 公司的网站（http://www.apple.com）时，会有一种晶莹剔透时尚前卫的感觉，就是因为其中有很多漂亮的按钮图标，在 Windows XP 中也有许多圆润的按钮图标非常漂亮，现在就来简单地做一个按钮模仿一下。

① 新建一个文件，在弹出的新建对话框中填写名称为“按钮”，图像大小为 200×200 像素，背景为白色。

② 新建一个图层，使用“矩形选取工具”选取一个长方形，选择“选择”→“修改”→“平滑”命令，使选区四角圆滑。在弹出的对话框中填写取样半径为 5 像素，单击“确定”按钮，效果如图 5-56 所示。

③ 使用“渐变工具”填充选区，前景色选择为 R：209、B：209、G：209，背景色为白

色，选择从前景色向背景色渐变，渐变类型为线形，在选区内从上到下按住【Shift】键的同时拖动，得到如图 5-57 所示的效果。

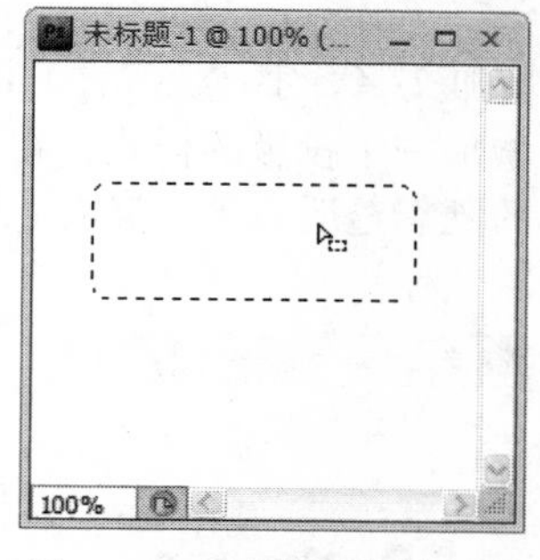

图 5-56　新建一个长方形

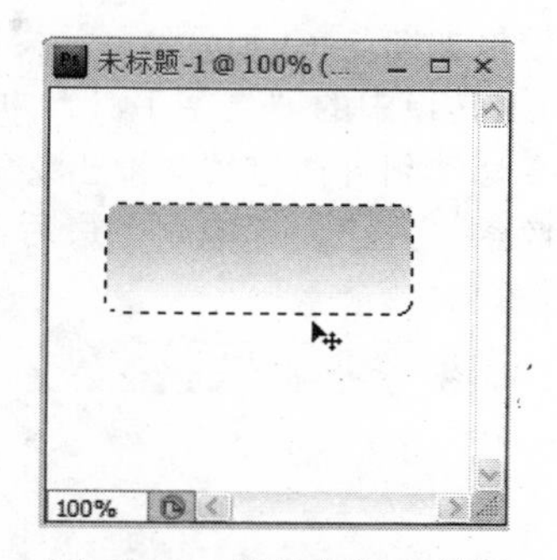

图 5-57　背景色渐变效果

④ 选择“矩形选框工具”，按住【Shift+Alt】组合键的同时在当前选区的上部选取一部分区域，如图 5-58 所示。

⑤ 新建“图层 2”，将刚才选取的部分填充为白色，选择“编辑”→“自由变换”命令，拖动选区周围的几个控制点，如图 5-59 所示，将当前的白色区域适当缩小，然后按【Enter】键确认。

⑥ 选择“选择”→“取消选择”命令，再选择“滤镜”→“模糊”→“高斯模糊”命令，在“高斯模糊”对话框中得“半径”设置为 3 像素，使白色部分变得模糊，好像是发亮的高光部分一样，如图 5-60 所示。

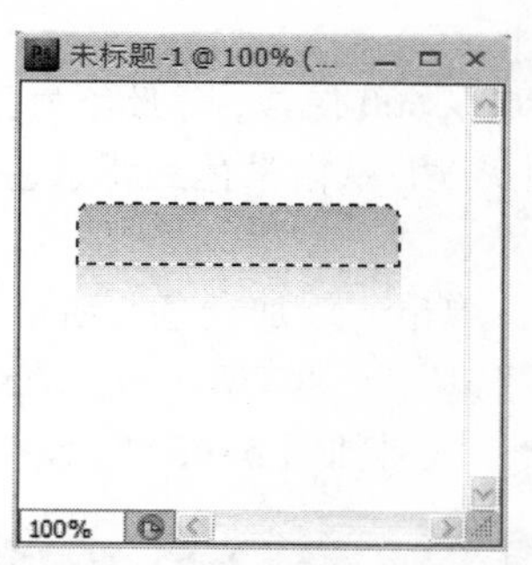

图 5-58　选取部分区域

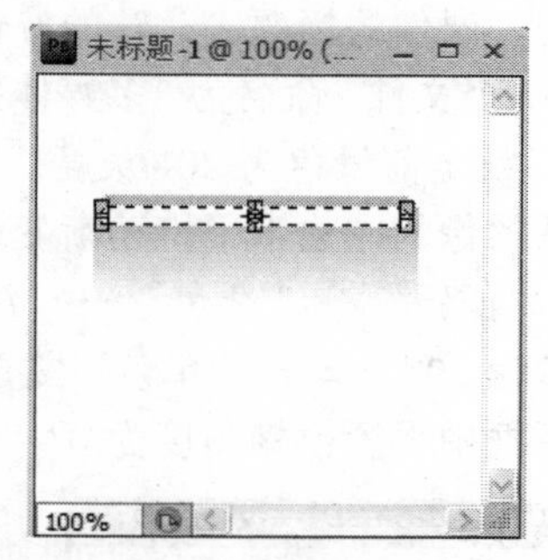

图 5-59　白色区域缩小

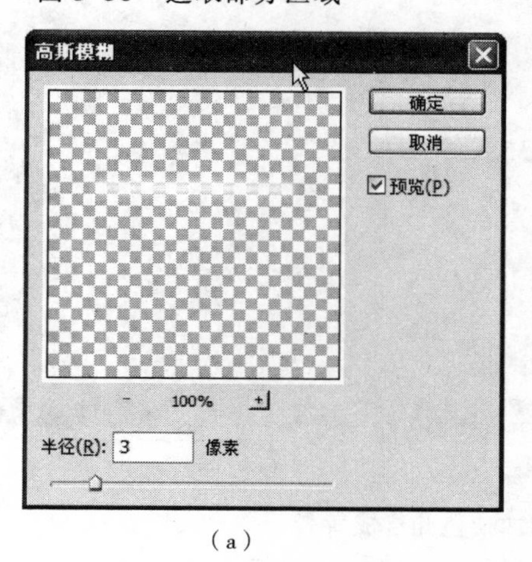

(a)

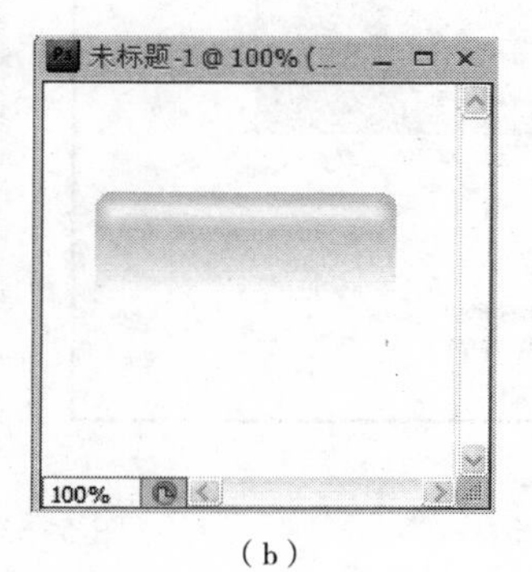

(b)

图 5-60　高斯模糊效果

⑦ 双击“图层 1”，在弹出的“图层样式”对话框中为图层添加“外发光”样式，在“外发光”选项中设置颜色为中灰色，混合模式为“正常”，大小 3 像素，其他为默认设置，单击“确定”按钮，效果如图 5-61 所示。

⑧ 单击工具箱中的“文字工具” T，给图中按钮增加文字，字体为 Arial Black，颜色为黑色，将文字移动到合适位置。双击文字图层，给文字增加一个投影的样式，在投影选项中设置距离为 2 像素，大小为 3 像素。最后便得到一个简单的既有透明效果，又有立体感的按钮，如图 5-62 所示。

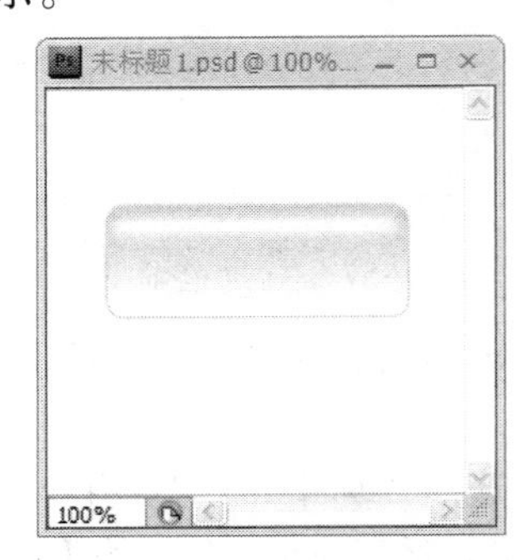

图 5-61　外发光效果

图 5-62　立体感的按钮

3．背景合成

有一个课件所需要的文字标题和按钮，把他们合成在一起，为课件制作一个背景。背景中有公司的标志、课件的标题、跳转的按钮和显示内容的区域。

① 新建一个文件，命名为“多媒体技术”，设置为 800×600 像素，背景色为白色。单击“渐变工具”，设定前景色为 20%灰度，背景色为 60%的灰度，从前景色到背景色渐变，方式为线形渐变。从图像的左边水平拖动渐变线到图像右边。

② 选择“滤镜”→“杂色”→“添加杂色”命令，弹出“添加杂色”对话框，在图中增加杂色，数量为 20%，勾选“单色”复选框。再选择“滤镜”→“模糊”→“动感模糊”命令，在弹出的对话框中设置模糊角度为 0°，距离为 70 像素。效果如图 5-63 所示。

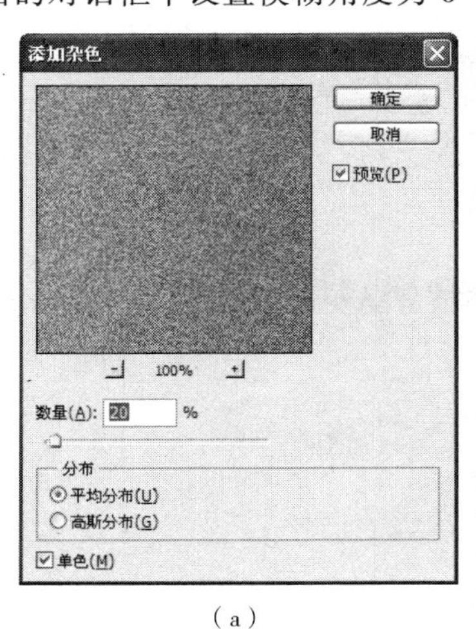

（a）

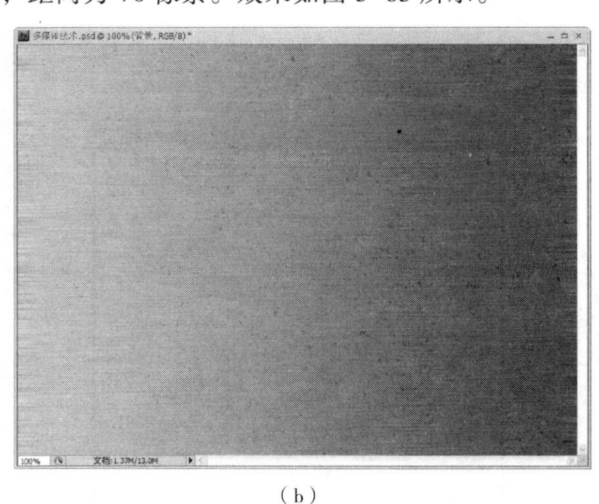
（b）

图 5-63　添加杂色和合成背景

③ 使用“矩形选取”工具选择宽为 800 像素，高为 120 像素的区域，使用【Ctrl+C】组合

键复制当前选区内的图像，使用【Ctrl+V】组合键粘贴在新层中，移动该层的图像到文件的最上方，选择“变换”→“水平反转”命令，将图像反转。使用“描边”命令给当前选择区增加一道黑边，使图像分为上下两部分，如图 5-64 所示。

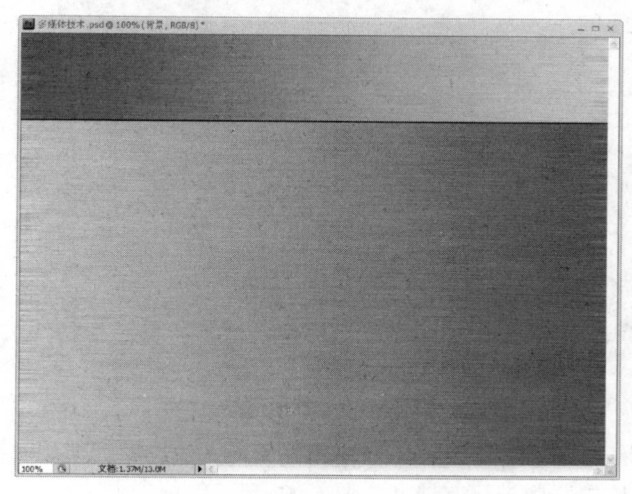

图 5-64　水平反转和描边效果

④ 使用“文字工具” T 在图像上填写文字，字体可以使用稍粗些的字体，选择适当的文字大小，颜色为 20%灰色，移动文字到下半部分图像中央。写好后双击文字图层，弹出“图层样式”对话框，为文字设置一个内斜面的浮雕效果。设置浮雕的深度为 100%，方向为下，大小为 3 像素。设定后单击“确定”按钮。

⑤ 在“图层”面板中将文字图层的不透明度改为 40%，混合模式为“颜色加深”，效果如图 5-65 所示。

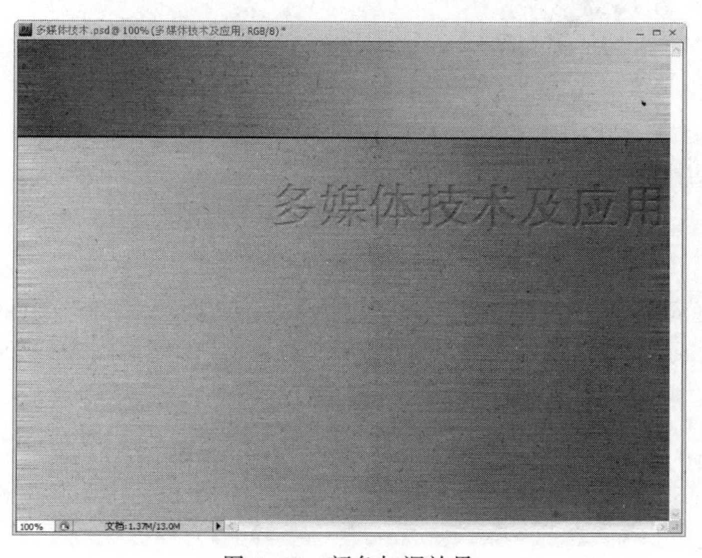

图 5-65　颜色加深效果

⑥ 选择打开 Photoshop CS4 的版本信息画面，按【Ctrl+A】组合键全部选择，再使用“复制”和“粘贴”命令将图像粘贴到“多媒体技术”文件中，效果如图 5-66 所示。

图 5-66　合成效果

⑦ 把此图层的混合模式改为“叠加”。使用同样的方法再粘贴两幅其他程序的安装画面，并调整它们的位置，使用蒙版进行遮挡，如图 5-67 所示。

图 5-67　叠加效果

⑧ 打开制作公司的标志文件，将其全部选定并粘贴到“多媒体技术”文件中，使用“颜色范围”命令选择白色区域，按【Del】键将其全部删除，并移动到合适的位置，效果如图 5-68 所示。

图 5-68　合成背景效果

⑨ 最后将前面做的特效字、按钮文件也粘贴到“多媒体技术”文件中，移动到适当的位置，设置合适的混合模式，如图 5-69 所示。

图 5-69　制作完成效果

5.5　图像的输出

在对图像进行的处理全部完成后，就需要用适当的格式输出图像。在选择输出图像格式时，要根据图像的用途、图像质量的需要、图像的容量和后期编辑软件的支持等多方面考虑，然后选择最合适的图像格式。

在 Photoshop 中一般使用“存储”和“存储为”命令来输出图像。选择“文件”→“存储”命令或使用【Ctrl+S】组合键，如果是首次储存图像，会弹出一个“存储为”对话框，如图 5-70 所示。

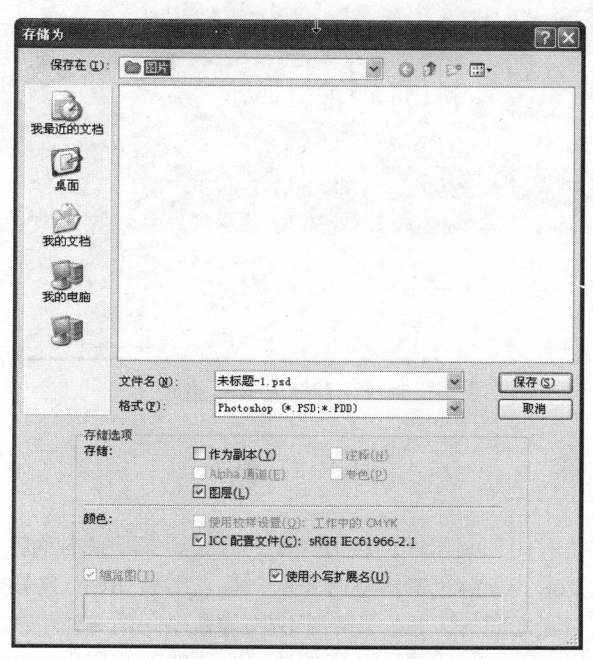

图 5-70　“存储为”对话框

在对话框中填写文件储存的名称和文件格式，并选择存储文件的位置。在“存储选项”选项区域中，有几个选项分别表示文件存储时可以携带的文件信息，包括“图层”、“Alpha 通道”、“注释”和“专色”通道。当然只有在文件格式支持，且文件带有这些信息时，这些选项才是可选的。勾选“作为副本”复选框，在当前存储文件名后自动增加“拷贝”两个字表示存储的是图像副本。

“存储副本”命令可以存储原文件的一个副本，对原文件没有影响，并使其保持打开状态。

在 Photoshop 中提供了输出网络图像的功能，这个命令可以方便地输出网络图片，包括 GIF、JPG 和 PNG 格式的文件。选择“文件”→“存储为 Web 所用格式”命令，就会弹出一个对话框，在对话框的右侧为输出参数设置，在“设置”下拉列表中选择输出的格式，并设置其参数。在 JPG 图像设置中，图像的品质数越低，图像的容量越小，但质量越差。在 GIF 设置中，图像的颜色数越小，输出的效果离设计效果越远，在中间的预览图中能预测输出的效果。选择预览视图标签可以使用多个视图观察图片的输出效果，并在每个预览图下方可以看到图像的大小和信息，如图 5-71 所示。

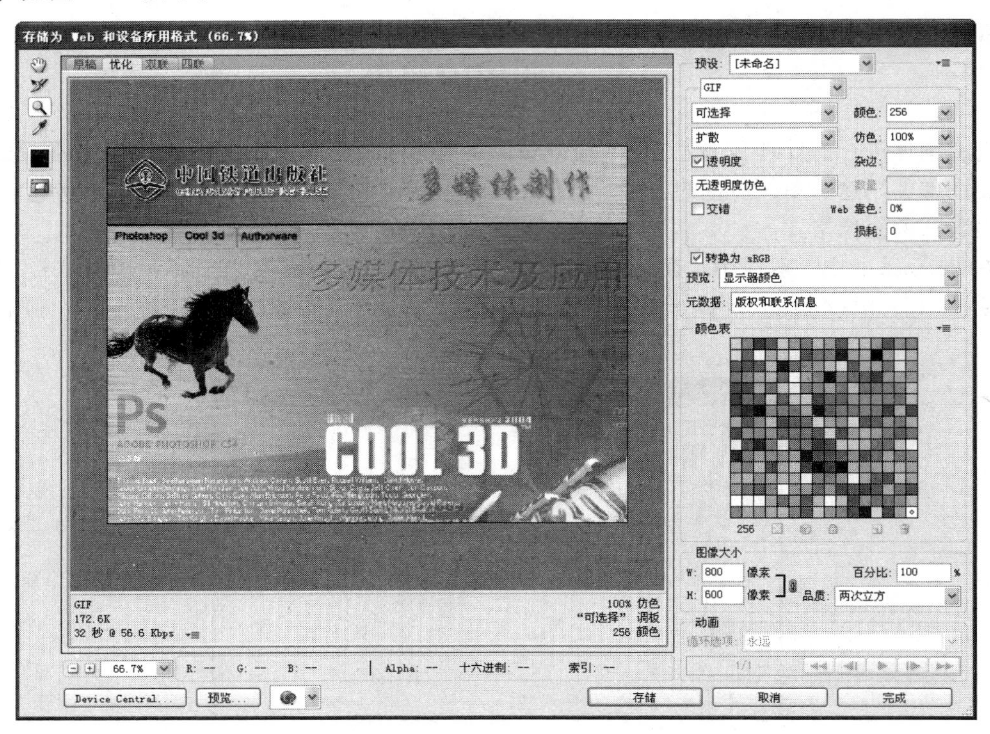

图 5-71　存储为 Web 格式

小　　结

本章对图像的数字化和图像制作进行较为详尽的介绍。学习完本章后，应掌握色彩的基础知识，重点掌握色彩的三要素。了解色彩的空间表示，重点掌握 RGB 色彩空间的表示。掌握图像的数字化基本概念以及相互之间的关系，了解图形/图像数字化的方法。熟练掌握图像文件的常用格式，掌握图像选取区域、图层、滤镜、动作的使用。能够熟练使用 Photoshop 图像处理软件。

思考与练习

一、选择题

1. 下面（　　）不是一对互补色。
   A. R与Bm　　B. R与G　　C. B与Y　　D. G与M
2. 下面（　　）不是位图文件的格式。
   A. bmp　　B. cdr　　C. jpg　　D. gif
3. 以下（　　）不是Photoshop工具箱中的工具。
   A. 圆形选取工具　　B. 矩形选取工具
   C. 铅笔工具　　D. 切片工具
4. Photoshop中，下面（　　）工具不可以选取不规则的区域。
   A. 多边形工具　　B. 魔棒工具　　C. 椭圆工具　　D. 套索工具
5. 下列（　　）是Photoshop的主要功能。
   A. 图像扫描　　B. 图像合成
   C. 图像特殊效果处理　　D. 动画编辑
6. 在Photoshop中，对图层的描述正确的是（　　）。
   A. 背景始终在“图层”面板中所有图层的最下面
   B. “背景”层可转化为普通图层
   C. “背景”层肯定是不透明的
   D. 普通层是透明的
7. 对Photoshop中“裁切工具”描述正确的是（　　）。
   A. 裁切工具可保留裁切框以内的区域，剪掉裁切框以外的区域
   B. 裁切框可随意旋转
   C. 要取消裁切操作可按【Esc】键
   D. 裁切后的图像大小改变了、分辨率也随之改变
8. 在Photoshop中对选区的羽化描述正确的是（　　）。
   A. 使选取范围扩大　　B. 使选取范围缩小
   C. 使选取边缘柔软　　D. 使选取边缘锐化
9. 下面对Photoshop蒙版描述正确的是（　　）。
   A. 使用Alpha通道来存储和载入作为蒙版的选择范围
   B. 使用快速蒙版模式可以建立蒙版通道，返回正常模式后在通道中仍然保留
   C. 可在“图层”面板中直接建立蒙版
   D. 在“图层”面板中可对所有图层建立蒙版
10. 在Photoshop中，若要选择图像的某一区域，下列可以使用的工具是（　　）。
    A. 规则选区工具　　B. 魔术棒工具　　C. 套索工具　　D. 路径工具
11. 图像是以RGB模式扫描的，下列叙述正确的是（　　）。
    A. 应当转换为CMYK模式后再进行颜色的调整
    B. 应当转换为Lab模式后再进行颜色的调整

C．尽可能在RGB模式下进行颜色的调整，最后在输出之前转换CMYK模式

D．根据需要，可在RGB和CMYK模式之间进行多次转换

12．如何使用仿制图章工具在图像中取样（　　）。

A．在取样的位置单击鼠标并拖拉

B．按住【Shift】键的同时单击取样位置来选择多个取样像素

C．按住【Alt】键的同时单击取样位置

D．按住【Ctrl】键的同时单击取样位置

13．Alpha通道最主要的用途是（　　）。

A．保存图像色彩信息　　B．创建新通道

C．存储和建立选择范围　　D．为路径提供的通道

14．复制图层的操作是（　　）。

A．选择“编辑”→“复制”命令

B．选择“图像”→“复制”命令

C．选择“文件”→“复制图层”命令

D．将图层拖放到“图层”面板下方的“创建新图层”图标上

15．如果在图层上增加一个蒙版，当要单独移动蒙版时下面（　　）操作是正确。

A．首先单击图层上的蒙版，然后选择移动工具即可

B．首先单击图层上的蒙版，然后选择全选用选择工具拖拉

C．首先要解除图层与蒙版之间的链接，然后选择移动工具即可

D．首先要解除图层与蒙版之间的链接，再选择蒙版，然后选择移动工具即可

16．下面（　　）色彩调整命令可提供最精确的调整。

A．色阶　　B．亮度/对比度　　C．曲线　　D．色彩平衡

17．下列（　　）命令用来调整色偏。

A．色调均化　　B．阈值　　C．色彩平衡　　D．亮度/对比度

18．设定图像的白场，应（　　）。

A．选择工具箱中的“吸管工具”在图像的高光处单击

B．选择工具箱中的“颜色取样器工具”在图像的高光处单击

C．在“色阶”对话框中选择“白色吸管工具”并在图像的高光处单击

D．在“色彩范围”对话框中选择“白色吸管工具”并在图像的高光处单击

19．如果扫描的图像不够清晰，可用下列（　　）滤镜弥补。

A．噪音　　B．风格化　　C．锐化　　D．扭曲

20．下面（　　）格式是有损的压缩。

A．RLE　　B．TIFF　　C．LZW　　D．JPEG

二、简答题

1．什么是色彩？什么是可见光？它们的波长是多少？

2．什么是色彩的三要素？

3．光的亮度和光的强度是什么关系？相同强度的光照在不同色度的物体上会有什么结果？

4．饱和度与什么因素有关？

5．何为互补色？试列举几种常见的互补色。

6．试列出常见的图形/图像文件格式类型。

7．调整图层的作用是什么？调整层和调整命令的区别？

8．什么是蒙版？蒙版的作用是什么？有几种类型的通道？作用各是什么？

三、操作题

1．用 Photoshop 打开两幅图片，最终使它们合成为一幅图片。

2．利用 Photoshop 的色彩调整功能，将一幅图片进行层次曲线、色彩曲线、色彩平衡以及亮度，对比度的调节，看看会产生什么效果。

3．利用 Photoshop 的滤镜功能将一幅图片调整为浮雕、模糊以及裂纹等效果。

四、计算题

一幅 1 024 × 800 像素的图像，其文件大小约为多少字节？

第6章 动画的编辑与制作

总体要求：

- 掌握动画的基本概念
- 熟悉常用动画文件格式
- 掌握 GIF Animator 5 软件的使用方法
- 掌握 Flash CS4 动画软件的使用方法
- 了解 3ds max 2010 软件的使用方法

核心技能点：

- 掌握动画的基本概念
- 熟练使用动画处理软件制作动画

扩展技能点：

- 常见动画处理软件的使用
- 三维动画制作软件 3ds max 2010 的使用方法

相关知识点：

- 动画的分类和基础知识

学习重点

- 掌握动画的基本概念
- 掌握二维计算机动画和三维计算机动画软件的使用方法

在这个计算机信息技术发展日新月异的时代，人们对计算机动画已不再感到陌生，从好莱坞的动画电影到平常多媒体课件中的演示动画，大家已逐渐地接受了这种直观生动的媒体形式。它的优点不言而喻，直观、生动、趣味性强，而且表现出越来越多的功能和用途，尤其在网络飞速发展的时代，创作动画已经不是专业人员的专利，更多的普通计算机爱好者也加入了制作动画的行列。计算机动画是在传统动画的基础上，使用计算机图形图像技术而迅速发展起来的一门技术。它的出现，一方面丰富了多媒体信息的表现手法，在多媒体应用中可以很容易实现图形图像的运动效果；另一方面不仅使传统动画进入计算机，缩短了动画的制作周期，而计算机三维动画使动画制作发生了质的改变，能够产生传统动画所不能比拟的视觉效果。

6.1 动画技术基础

1. 动画的基本概念

动画是由很多内容连续但各不相同的画面组成的。动画是利用了人类眼睛的“视觉滞留效应”。因为人在看物体时，画面在人脑中大约要停留 1/24 s，如果每秒有 24 幅或更多画面进入人脑，那么人们在来不及忘记前一幅画面时，就看到了后一幅，形成了连续的影像。这就是动画的形成原理。

在计算机技术高速发展的今天，动画技术也从原来的手工绘制进入了计算机动画时代。使用计算机制作动画，表现力更强、动画的内容更丰富，制作也变得更简单。经过人们不断的努力，计算机动画也从简单的图形变换发展到今天真实的模拟现实世界。同时，计算机动画制作软件也日益丰富，且更易于使用，使每一个人都可以创作自己的动画，且不需要专业的训练。

2. 计算机动画的分类

从动画的性质上分类，计算机动画可以分为两大类，帧动画和矢量动画。帧动画是由一帧一帧的内容不同而又相联系的画面连续播放形成动画的视觉效果。这种动画是传统的动画表现方式，构成动画的基本单位是帧，创作帧动画时就要将动画的每一帧描绘下来，然后将所有的帧排列并播放，工作量很大。现在人们使用了计算机作为动画制作的工具，只要设置能表现动作特点的关键帧，中间的动画过程会由计算机计算得出。这种动画常用来创作传统的动画片、电影特技等。

矢量动画是经过计算机计算生成的动画，表现变换的图形、线条文字和图案等，这种动画画面其实只有一帧，通常由编程或是矢量动画软件来完成的，是纯粹的计算机动画形式。

从动画的表现形式上分类，动画又分为二维动画、三维动画和变形动画。二维动画是指平面的动画表现形式，其运用了传统动画的概念，通过平面上物体的运动或变形，来实现动画的过程，具有强烈的表现力和灵活的表现手段。创作平面动画的软件有 Flash、GIF Animator 等。

三维动画是指模拟三维立体场景中的动画效果，虽然它也是由一帧帧的画面组成，但它表现了一个完整的立体世界。通过计算机可以塑造一个三维的模型和场景，而不需要为了表现立体效果而单独设置每一帧画面。创作三维动画的软件有 3ds max、Maya 等。

变形动画是通过计算机计算，把一个物体从原来的形状改变成为另一种形状，在改变的过程中把变形的参考点和颜色有序地重新排列，形成了变形动画。这种动画的效果有时是惊人的，适用于场景的转换、特技处理等影视动画制作。常用的软件有 Morph 等。

6.2 GIF 动画制作

GIF 是 Graphics Interchange Format 的缩写，这种类型的文件主要用于网络传输和 BBS 用户使用的图像文件格式，也是目前网络上使用最频繁的文件格式。是由 CompuServe 公司在 1987 年推出，其中 GIF89a 这个版本允许一个文件存储多个图像，可实现动画功能，GIF 动画也基本成为了网络图像动画的代名词。

1. GIF Animator 5 基础

（1）GIF Animator 5 的界面

Ulead GIF Animator 5 是目前比较常用的 GIF 动画制作软件之一，它具有友好的用户界面和简单的操作过程，是一款功能强大又容易掌握的软件。其操作界面如图 6-1 所示。

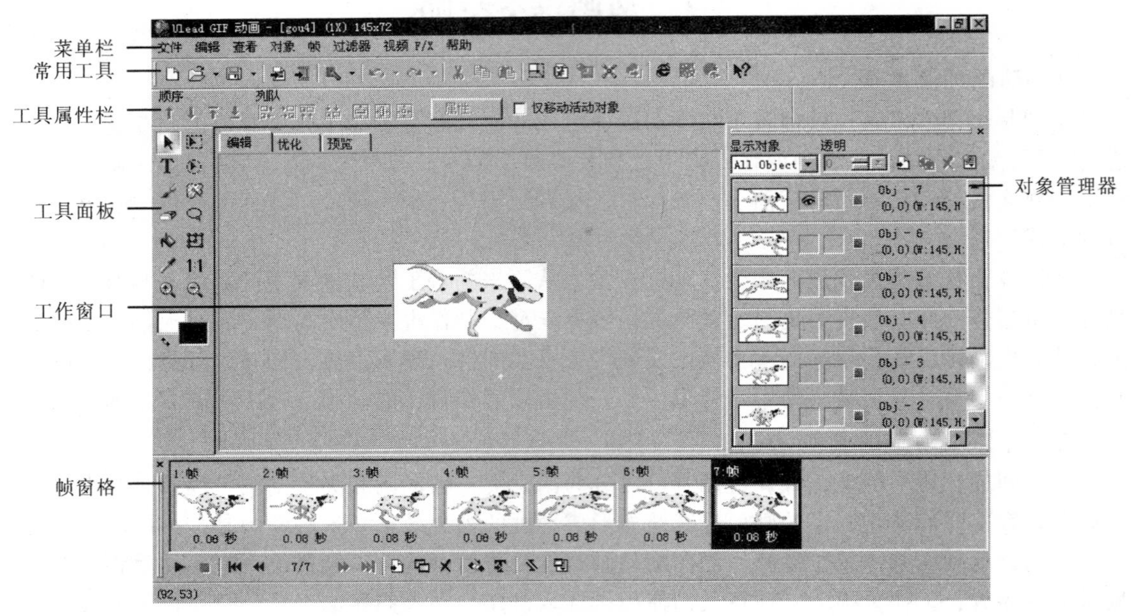

图 6-1　GIF Animator 5 界面

（2）GIF 动画的创作过程

在 Ulead GIF Animator 5 中创作 GIF 动画的方式一般有两种：一种是将多个内容不同但连续的画面作为帧，将其按顺序添加到“帧”面板中，通过设置每帧的显示时间来实现动画；另一种是设置两个或多个关键帧，通过使用场景过渡实现帧和帧之间的过渡动画。在 Ulead GIF Animator 5 中的“视频 F/X”菜单下提供了多种场景过渡的效果，可以使用这些特效在两个帧之间增加动画效果。

2. 制作实例 1——奔跑的马

首先做一个多个连续帧组成的动画，在这之前要准备好了 5 幅马的画面，分别命名为 house1.bmp、…、house5.bmp，如图 6-2 所示。

图 6-2　动画素材

操作步骤如下：

① 打开 GIF Animator 5，单击“新建”按钮，在弹出的对话框中设置画布的宽度为 120 像素，高度为 80 像素，也就是素材图片的大小，背景为白色，单击“确定”按钮。

② 这时在对象管理器中就有了第一个对象，同时在帧窗格中也出现了第一帧，还需要导入其他的帧来组成动画。单击“常用”工具栏中的“添加图像”按钮，在弹出的对话框中选择准备好的 5 幅图片，在对话框最下方选择“插入为新建帧”选项，这个选项可以使新插入的对象分别作为一帧来显示。

③ 在 GIF Animator 5 中还可以插入视频和动画文件，单击“常用”工具栏中的“插入视频文件”按钮，就可以在弹出的对话框中选择视频或动画文件，将文件拆分为帧，添加到 GIF 动画中。在对象管理器中可以看到所导入的文件以对象的形式出现，设置动画时，可以根据不同的帧出现不同的对象来实现动画。单击对象管理器中的图标表示对象是否可见，如图 6-3 所示。

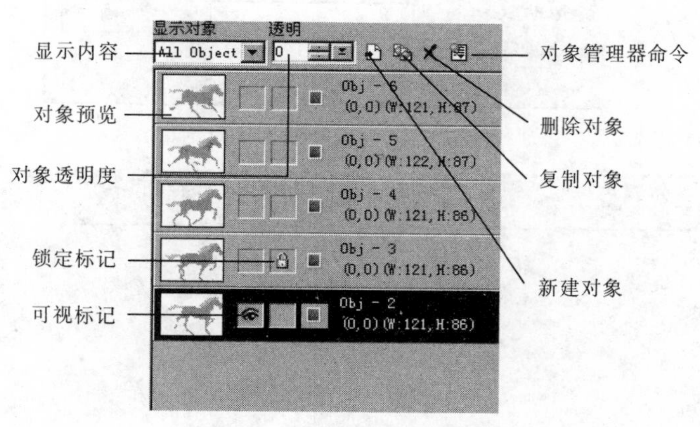

图 6-3　对象管理器

同时对象管理器具有层一样的性质，不透明的层可以覆盖下面的层。在“显示对象”下拉列表中可以选择在当前帧显示所有对象还是显示可见对象。每个对象右边用参数表示对象的名称、大小和图像中的位置。

④ 把 5 幅图片导入动画中，能看到在“帧”面板中出现了 5 帧画面。“帧”面板显示了当前动画中播放的每一帧画面，多个画面帧连续播放就形成了动画，如图 6-4 所示。

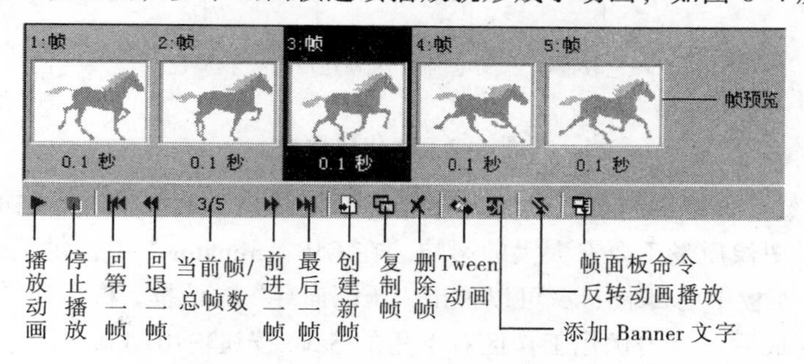

图 6-4　“帧”面板

⑤ 单击“播放动画”按钮，就可以看到中间工作窗口中的画面动了起来，单击“停止播放”按钮，停止动画播放。如果感觉马跑得太快，可以将每帧的长度拉长，双击“帧”面板中的某一帧，弹出“画面帧属性”对话框，如图 6-5 所示。在“延迟”文本框中填写这一帧延长的时间，范围从 1～100，表示 1/100 s 到 1 s，默认为 1/10 s。将每帧改为 1/25 s，这时再播放动画，就能看到明显比刚才慢很多。但如果延迟太长，动画就会显得不连贯。

⑥ 现在选择工作区上方的“预览”选项卡，就可以预览设置的动画。

⑦ 因为 GIF 动画大多在网络上发布，所以要尽量减小动画文档的大小，在输出成为 GIF 动画之前，还要对动画进行优化压缩。选择工作区中的“优化”选项卡，这时工作区变成了两

个部分，左边表示未压缩的动画，右边表示压缩后的动画，如图 6-6 所示。也可以在工具属性栏中设置动画的压缩格式，如图 6-7 所示。

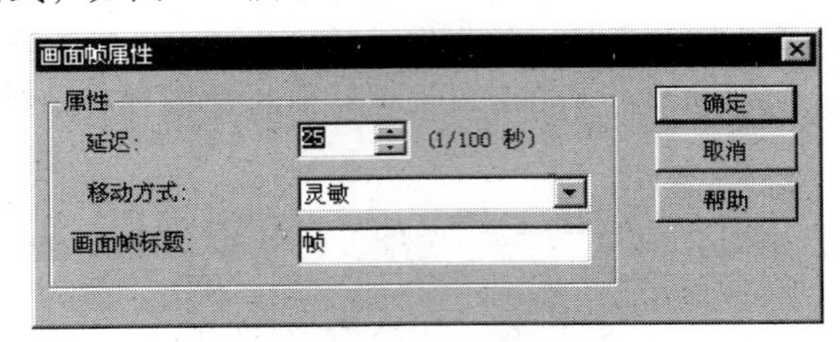

图 6-5 “画面帧属性”对话框

图 6-6 优化工作区

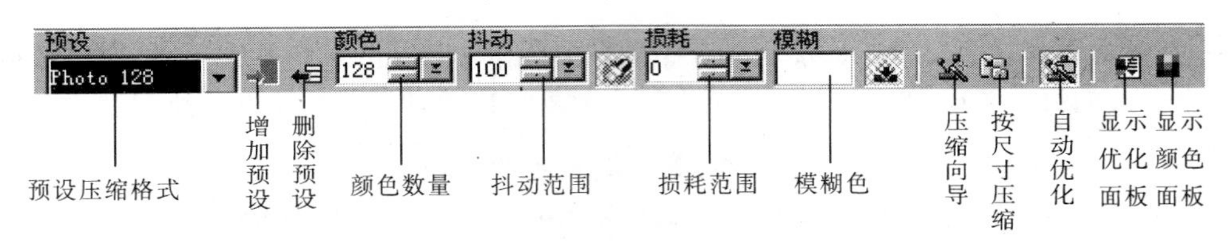

图 6-7 优化属性栏

⑧ 一般颜色数量设置的越少，动画的存储容量就越小。这里设置不同的压缩格式，以求动画比较小，但对图像质量不要有太大的影响。在 GIF Animator 5 中提供了优化向导的功能，单击“优化属性”面板中的图标，可以弹出“压缩向导”对话框，根据向导的指示完成优化，非常简单。优化完成后，单击优化工作区右下角的 Save 按钮输出动画。

3. 制作实例 2——网页的 Banner

通过上面的例子，认识了 GIF Animator 5 的 3 个重要的内容，对象、帧和压缩。这里再使用 F/X 视频过渡效果和 Banner 文字制作一个网页的 Banner。Banner 是网站页面的横幅广告，用来表现商家广告内容的图片，放置在广告商的页面上，是互联网广告中最基本的广告形式，一般是使用 GIF 格式的图像文件，可以使用静态图形，也可用多帧图像拼接为动画图像。

操作步骤如下：

① 首先要准备两幅图片，大小尺寸相同。打开 GIF Animator 5，新建一个文件，宽设为 600，高设为 100，准备的两幅素材图片大小也一样。将两幅素材导入 GIF Animator 5 中，分别设为第一帧和第二帧。

② 选中第一帧，选择“视频 F/X”→“Push”命令，弹出一个对话框，在其中可以设置从

第 1 帧到第 2 帧的过渡效果。在“视频 F/X”菜单下的所有命令都是用来实现相邻两帧之间的过渡效果的，它可以根据设在两帧之间插入帧的数量创造两帧平滑过渡的效果，从形状上的变化如钟表效果、翻页效果，从颜色上的变化如渐变过渡、色相饱和度过渡等，如图 6-8 所示。

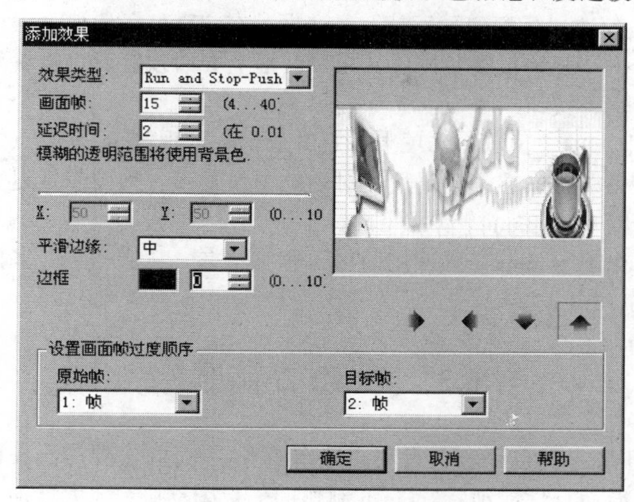

图 6-8 “添加效果”对话框

③ 在“效果类型”下拉列表中可以选择过渡的形状和类型；“画面帧”用来设置在两帧之间插入过渡帧的数量，设置为 15 帧；“延迟时间”表示过渡帧每帧的显示时间长短，对话框右侧是过渡效果的预览画面，在预览画面下的 4 个箭头表示动画发出的方向，设置完成后单击“确定”按钮。原先两帧加上过渡效果的 15 帧，这时在“帧”面板中显示有 17 帧。

④ 再在 Banner 中插入文字，选中第 1 帧，单击“帧”面板上的“添加 Banner 文字”按钮 ，弹出一个对话框，如图 6-9 所示。

图 6-9 “添加文本条”对话框

⑤ 在对话框左下方的“文本”文本框中输入滚动的文字，并设置它的颜色、大小和字体等，选择“效果”选项卡，在进入场景方式中选择“垂直合并”，画面帧数设为 17，取消选择“退出场景”复选框，使文字最后留在场景中。选择“画面帧控制”选项卡，延迟时间设为 10，关键帧延迟设为 50，勾选“分配到画面帧”复选框。在“霓虹”选项卡中可以为文字设置外发光的效果。设定后单击“开始预览”按钮，在对话框上方的预览窗口能看到动画的过程。如果设置无误，单击“确定”按钮。

⑥ 单击工作区上方的“预览”选项卡，观看效果，发现第 1 帧有点短。回到编辑窗口，在“帧”面板中双击第 1 帧，在“帧属性”对话框中设置第一帧图像延迟为 50。再观察效果，是否满意，至此一个简单的 Banner 动画完成。

总体而言，Ulead GIF Animator 5 使用简单，容易掌握，功能齐全。多使用几次，就能制作出很不错的 GIF 动画。

6.3　Flash 动画制作

Flash 是一款用于矢量图创作和矢量动画制作的专业软件，主要应用在网页设计和多媒体制作中，具有强大的功能而且性能独特。Flash 制作的矢量图动画，大大增加了网页和多媒体设计的观赏性，由于它存储容量小，而且具有矢量图的特性，放大而不失真，图像效果清晰、可以同步音效等特点，再加上它超强的交互性，甚至可以用它来制作游戏。很快受到了广大设计人员和计算机爱好者的青睐，渐渐在网络上出现了一批设计出众的人，他们用 Flash 表现了精妙绝伦的设计技巧，给人以叹为观止的艺术享受。

首先认识一下 Flash CS4 的操作界面，如图 6-10 所示。

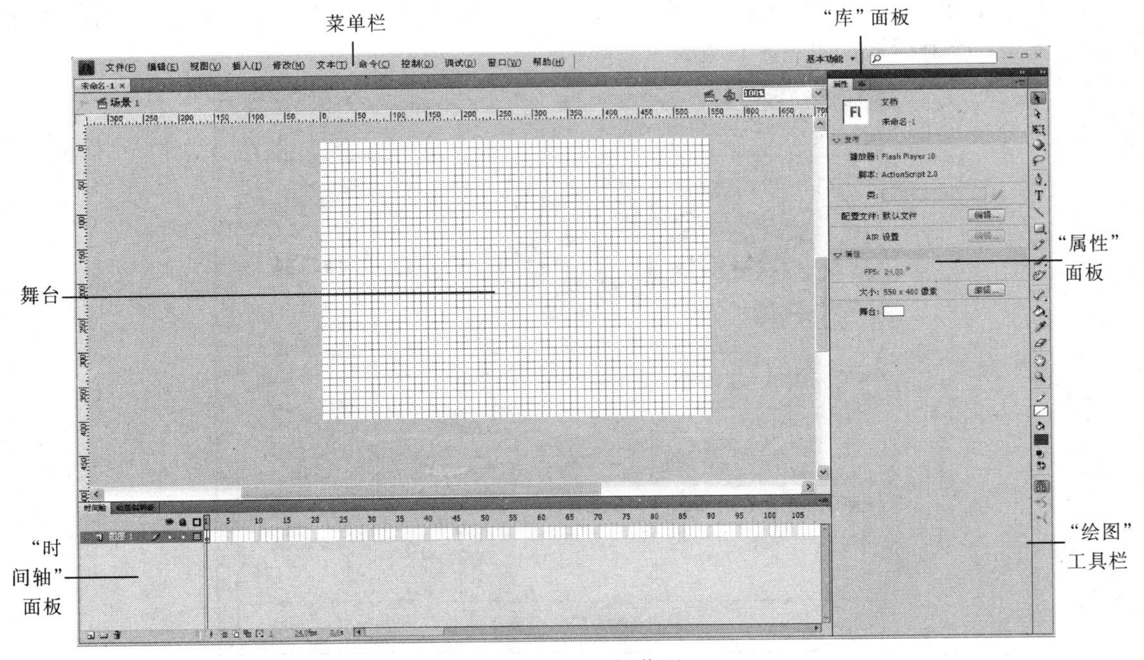

图 6-10　Flash 的操作界面

在 Flash 的操作界面中包括菜单栏、“时间轴”面板、“绘图”工具栏、“库”面板、舞台、

"属性"面板等内容。

1. Flash 动画的要素

① 舞台：是组织动画中各部件的窗口，相当于 Photoshop 中的画布，其大小就是输出动画的大小。

② 场景：Flash 动画中提供了多场景动画的制作功能，也就是说在一个动画中可能涉及多个场景，可以单击"时间轴"面板中的按钮来切换场景。

③ 帧：帧代表动画中的图像，很多的帧顺序排列播放就形成了动画。帧具有时间性，一是它自身的长度，就是显示一帧从头到尾的时间，可以调节帧率来控制一帧的长度。另一个是一帧在帧序列中的位置，不同的位置会产生不同的动画效果。

④ 关键帧：Flash 采用了一种简单的动画制作方案，即采用关键帧处理技术的插值动画，这样在 Flash 中只要设置动画的开始帧和结束帧，中间的帧动画效果就会由计算机自动计算完成，而设定的开始帧和结束帧就称为关键帧。而在动作多变的动画中，有时需要设置两个以上的关键帧来表示动画在特定时间位置的动作。

⑤ 元件：在 Flash 动画中大量的动画效果是依靠一个个小物件、小动画组成的，这些物件在 Flash 中可以进行独立的编辑和进行重复的使用，这些物件和动画称为元件（也有的称为符号），元件分为 3 种，即影片剪辑元件、按钮元件和图形元件。

影片剪辑元件（也有的称为动画片段符号）和图形元件有一些共同点，但影片剪辑元件不受当前场景中帧序列的影响。不过和按钮元件一样要通过"控制"菜单下的"测试影片"和"测试场景"命令才能观看到效果。

图形元件的内容可以是单帧的矢量图、图像、声音或动画，它可以实现移动、缩放等动画效果，同时具有相对独立的编辑区域和播放时间，但在场景中要受到当前场景帧序列的限制。

按钮元件是 Flash 实现交互性的重要组成部分，它的作用就是在交互过程中激发某一事件，按钮元件可以设置四帧动画表示在不同操作下的 4 种状态，分别是弹起、指针经过、按下和点击。

⑥ 层：和 Photoshop 一样，Flash 也有层的应用，其作用也和 Photoshop 差不多，这样就可以分开编辑每层的内容而不必担心会引起误操作。同时为了动画设计的需要，Flash 还添加了遮罩层和运动引导层。

遮罩层决定了与之相连接的被遮罩层的显示情况，遮罩层相当于一个完整的罩子，而里面的动画就像罩子上的洞，可以看到下面被遮罩层的图形，也可以理解为与普通层刚好相反，有动画的地方表示透明，而没有动画的地方表示遮罩。

在设置动画沿路径运动时就可以设置运动引导层，可以在运动引导层中绘制曲线路径，而与之相连接的被引导层中的对象则沿着此曲线路径运动。单击按钮就可以新建一个运动引导层，在层名称前有标志，以示区别。

⑦ 时间轴：又称时间链，是表示整个动画的时间和动画进程之间关系，帧在时间轴中以时间先后顺序排列，也表示了动画发生的顺序。在"时间轴"面板上包含了层、帧和动画等元素，在这里可以设置不同层和在不同时间发生动作的每一帧动画。

2. 创作 Flash 动画

下面来制作一个简单的 Banner 动画。

（1）平滑的变形动画

先要在动画的右边制作一个变形的文字动画，动画的效果是“多媒体”3 个字的拼音平滑的过渡，首先用变形动画来完成 3 个字声母的过渡。

操作步骤如下：

① 打开 Flash，选择“修改”→“影片”命令，在弹出的对话框中设置动画的帧频、大小和背景。为了适合网页上 Banner 动画的需要，设置动画的大小为宽 500 像素、高 100 像素，其他设置不变。为了在动画中定位准确，选择“查看”→“网格”→“显示网格”和“贴近网格”两个命令。

② 单击“绘图”工具栏中的“文字工具”，在舞台中右侧的位置单击，输入一个大写字母。选择右侧“属性”选项卡，设置刚才输入的文字字体为 Tahoma，大小为 90 像素，颜色为浅蓝色，如图 6-11 所示。使用工具栏中的“选择移动工具”移动文字到合适的位置，与网格线对齐。

③ 现在的文字是一个组件，是无法实现变形效果的，必须将它打散成为图形。在 Flash 中，只有图形能实现变形动画，所以在实现变形动画前必须要把动画元素转变为图形，但图形不能实现移动缩放等动画效果。选中文字，选择“修改”→“分解组件”命令，这时可看到刚才文字边上的蓝框消失，变成了如图 6-12 所示的样子。

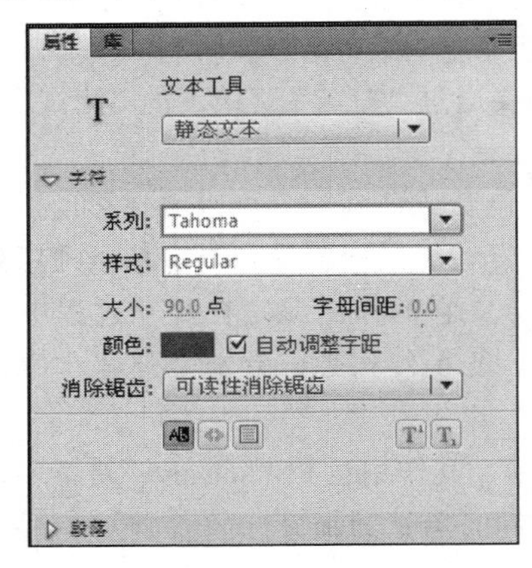

图 6-11 文字位置与设置

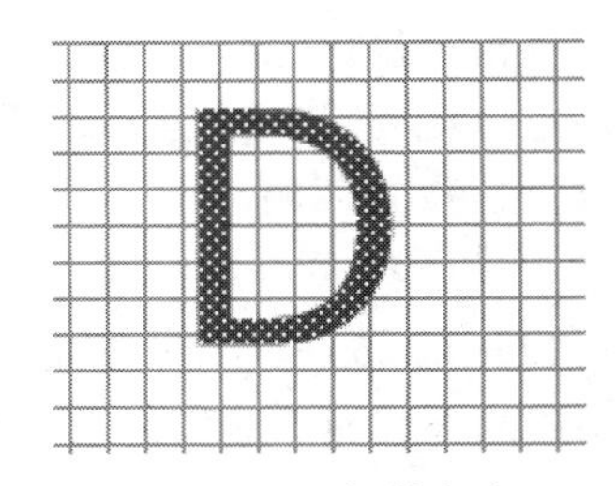

图 6-12 打散文字

④ 在层名称上双击，改变层的名称为“变形字”。可以看到，当新建一个图形后，在“时间轴”面板中第一层建立了第 1 帧。单击时间轴上第 10 帧的空格，选择“插入”→“关键帧”命令，或按【F6】键，在第十帧处插入一个关键帧，这样从 1～10 帧都能显示刚才设置的字符，如图 6-13 所示。

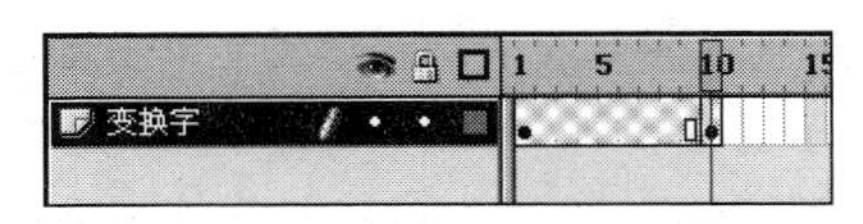

图 6-13 插入关键帧

⑤ 在第 15 帧处单击，再插入一个关键帧，使用“文字工具”在原来文字的位置上书写另一个字母，并将原来的字母删除。将新书写的字母使用同样的方法打散。选定第 10 帧，右击弹出快捷菜单，选择“创建补间形状”命令，如图 6-14 所示。这时可以看到从第 10 帧～第 15

帧之间的帧变成了浅绿色，同时中间有一个箭头，如图 6-15 所示，表示动画从第 10 关键帧动作到第 15 关键帧，前一个字符自然的变形成为第 2 个字符了，按【Enter】键观看效果，如图 6-16 所示。

图 6-14　选“创建补间形状”命令

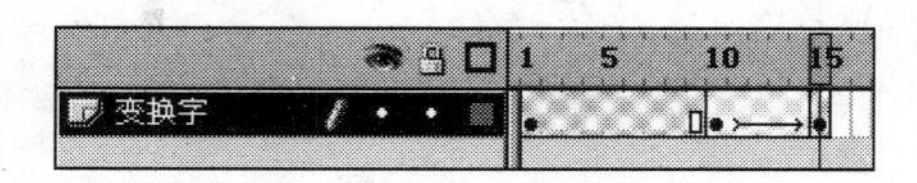

图 6-15　变形动画

图 6-16　从字母 D 变形为字母 M

⑥ 在第 25 帧上插入一个关键帧，将第 2 个字母的显示延长。再根据同样的方法制作第 3 个字母，整个动画设计为 40 帧，在第 40 帧处设置关键帧，完成第 3 个字母的延长显示。如图 6-17 所示为完成 3 个字母的变形动画，然后按【Enter】键预览。

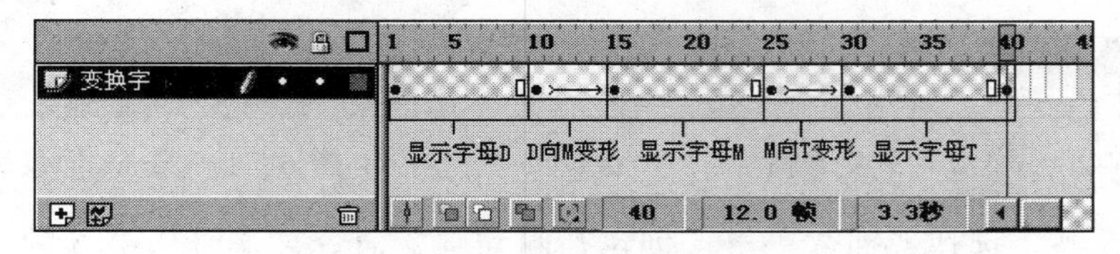

图 6-17　制作渐变动画

⑦ 刚制作了图形的变形动画，下面继续完成文字的其他部分。单击按钮新建一个层，命名为“淡变”，使用“文字工具”输入字母，设置字体为 Tahoma，大小为 90，颜色为绿色，垂直偏移设为下标。使用网格对齐，将小字母移动到大字母的右下方，如图 6-18 所示。

⑧ 为了实现文字的淡变效果，要把文字转换为图形元件。选中字母，选择“插入”→“转换成元件”命令，在弹出的对话框中填写元件名称为 duo，作用设为“图形”。这时看到在小写字母的蓝框中心出现一个圆圈，如图 6-19 所示。

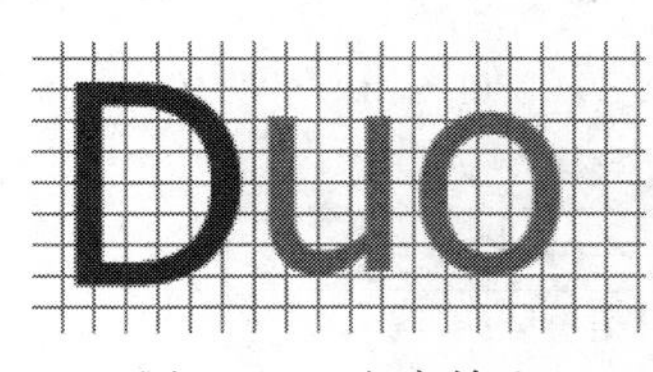

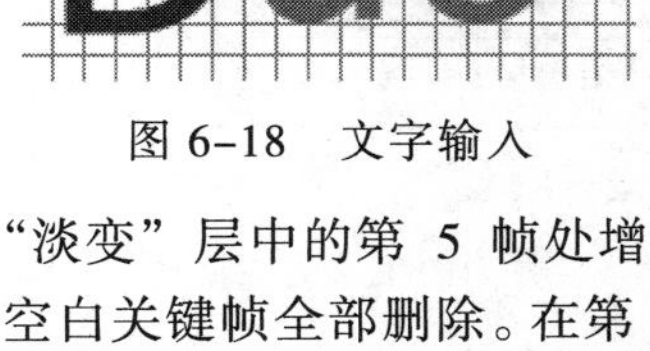

图 6-18　文字输入

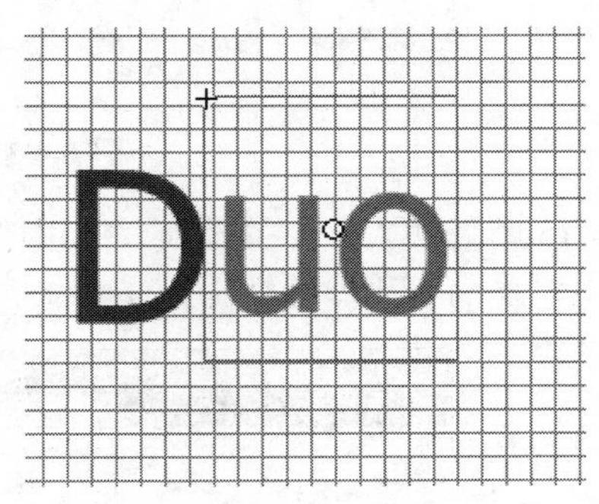

图 6-19　转换成元件

⑨ 在“淡变”层中的第 5 帧处增加一个关键帧，将小字母的显示延长，如果无法增加就把该层中的空白关键帧全部删除。在第 14 帧处再增加一个关键帧，作为淡化的过程，如图 6-20 所示。

⑩ 选中第 14 帧，在“属性”面板中色彩效果组，在样式下拉列表中选择 Alpha 命令，将下面的 Alpha 值设为 14%，图形变成了半透明的颜色，如图 6-21 所示。

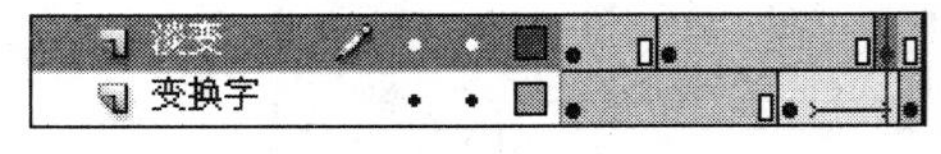

图 6-20　增加一个关键帧

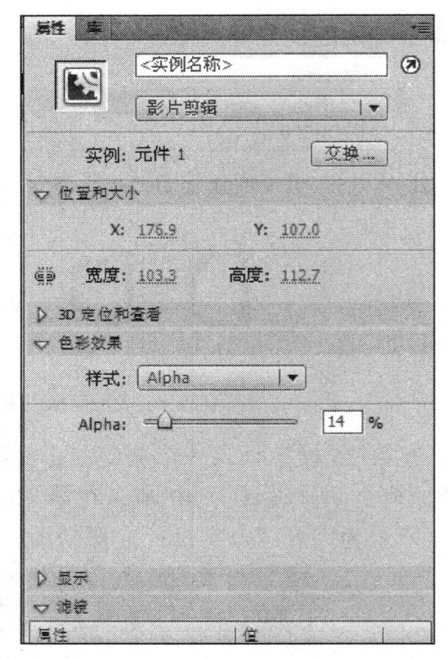

图 6-21　Alpha 值设置

⑪ 选中第 5 帧，选择“插入”→“创建补间动画”命令，这时从第 5 帧～第 14 帧的淡变部分的帧变成了蓝色，并有一个箭头，如图 6-22 所示。按【Enter】键观看效果，如图 6-23 所示。

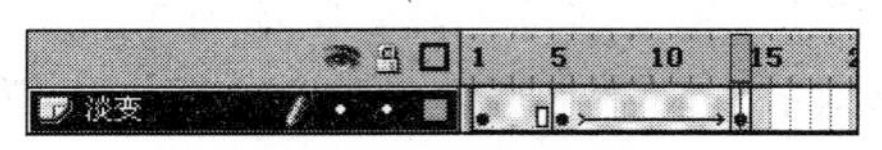

图 6-22　补间动画

uo uo uo uo uo

图 6-23　淡变过程

⑫ 在第 15 帧处插入一个关键帧，使用“文字工具”书写“媒”字的韵母，将前一个字删除，使用上面同样的方法完成动画，并完成“体”字的设置，如图 6-24 所示。

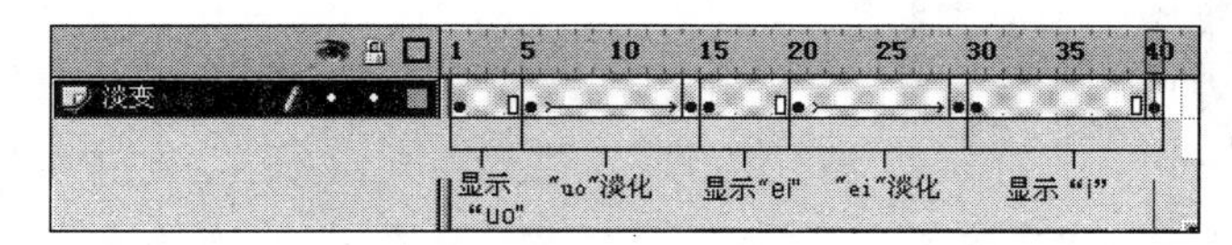

图 6-24　淡变设置效果

（2）灯光照射效果

接下来使用 mask 遮罩层来制作聚光灯效果。灯光从文字的一侧扫向另一侧，在灯光中可以逐个看清楚每个文字。遮罩层是个非常有用的东西，使用遮罩层实现一些区域性的出现和遮挡，可以出现很多特殊的效果。

操作步骤如下：

① 为了实现聚光灯照射的效果，要先把场景变暗，选择“修改”→“文档”命令，打开“文档属性”将背景颜色改为黑色。

② 新建一个层为“文字”，使用“文本工具”书写文字“多媒体应用教程”。将文字颜色设为白色，字体为行楷，大小为 80，将文字放置在合适的位置上。

③ 再新建一个 mask 层，放在文字层上面作为遮罩层，使用“椭圆工具”绘制一个圆形，设置圆形颜色为白色，大小要比文字大一点。按【F8】键，将圆形转变为图形元件，并移动到文字的左边紧贴文字，如图 6-25 所示。

图 6-25　遮罩

④ 在遮罩层上的第 40 帧处插入一个关键帧，将圆形水平移动到文字的右边，贴着文字。选择第 1 帧，右击弹出快捷菜单，选择“创建传统补间”命令， mask 层中第 1 帧～第 40 帧之间的帧变为浅紫色。在 mask 层上右击，在弹出的快捷菜单中选择“遮蔽”命令，这时的图层变成了如图 6-26 的样式，表示 mask 层成为了“文字”层的遮罩层。按【Enter】键观看效果。

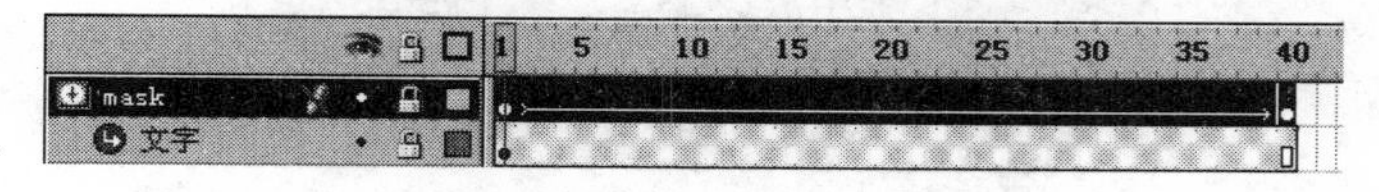

图 6-26　遮罩层

⑤ 为了使效果明显，再新建一个“背影”层在“文字”层下方，在该层中输入与“文字”层同样的内容，颜色设为深灰色，大小为 82，稍比“文字”层大一点，与“文字”层放在同一位置。按【Enter】键观看效果，如图 6-27 所示。

图 6-27　遮罩效果

（3）制作按钮

Flash 与其他动画软件相比有很大的优势，就是因为 Flash 具有强大的交互功能。它提供了很详细的一套编程语言，使用编程语言可以方便快速地实现人机交互，甚至能编写程序创作游戏，这也是吸引大批 Flash 爱好者的主要原因之一。

按钮是 Flash 中比较普遍地实现交互功能的元件，下面来制作两个简单的按钮认识一下它的作用。

操作步骤如下：

① 选择“插入”→“新建元件”命令，在弹出的对话框中填写元件的名称为“播放”，类型设为“按钮”。单击“确定”按钮，这时出现元件编辑界面，在界面中心有一个圆圈表示元件的坐标中心。在 Flash 中给按钮设置了 4 种状态：“弹起”表示没有鼠标动作时的状态，“指针经过”表示鼠标出现在按钮上时的状态，“按下”表示鼠标单击时的状态，“点击”是指按钮作用的范围，每个状态都能设置关键帧动画，不但可以使用静止的图片，还可以添加动画和声音。

② 在按钮的弹起状态区按【F6】键插入一个关键帧。单击窗口右下角的按钮弹出“调色板”浮动面板，选择“描绘”选项卡，在其中设置描绘线的宽度为 4，类型为实线，颜色为白色。选择“填充”选项卡，在下拉列表中选择填充内容为无。使用工具栏中的“椭圆工具”在元件编辑界面中心画一个圆环，使用“方形工具”绘制一个正方形，填充为白色，没有边线。使用“选取工具”在正方形上单击，拖动一边的两个顶点到中间同一位置，绘制成一个三角形，放在圆环的中央，如图 6-28 所示。

图 6-28　按钮

③ 将“弹起状态”区的关键帧复制到“指针经过”和“按下”区，改变“按下”区关键帧中图形的颜色。新建一个层，在“指针经过”区插入一个关键帧，使用“文字工具”书写文字 play，并移动到合适位置，复制此帧到“按下”区，如图 6-29 所示。这样一个按钮就完成了，如图 6-30 所示。

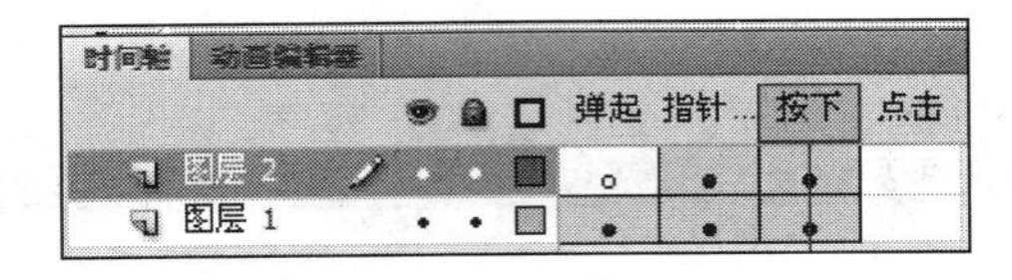

图 6-29 “按钮”面板

一般状态　　鼠标经过　　鼠标按下

图 6-30　按钮在不同鼠标事件中的状态

使用同样的方法创建“停止”按钮。

④ 单击窗口右下角的按钮弹出元件库，可以在其中看到设置过的所有元件。单击“时间轴”窗口上的场景 1回到主场景中，将刚完成的两个按钮拖到场景中适当的位置。右击“播放”按钮，选择弹出快捷菜单中的“动作”命令，打开一个对象的“动作”面板，如图 6-31 所示，Flash 几乎所有的交互功能都是依靠这个面板中的动作命令和参数来完成的。

⑤ 将左边“基本动作”组中的 play 命令拖到右边的方框内，这样就将 play 动作命令附给了“播放”按钮，单击程序第一行 on (release) { }，在底下的参数设置中可以设置不同的鼠标事件，只要选中前面的方框即可。

⑥ 使用同样的方法将 stop 命令赋给“停止”按钮。设置完成后选择“控制”→“测试影片”命令，或按【Ctrl+Enter】组合键预览效果。

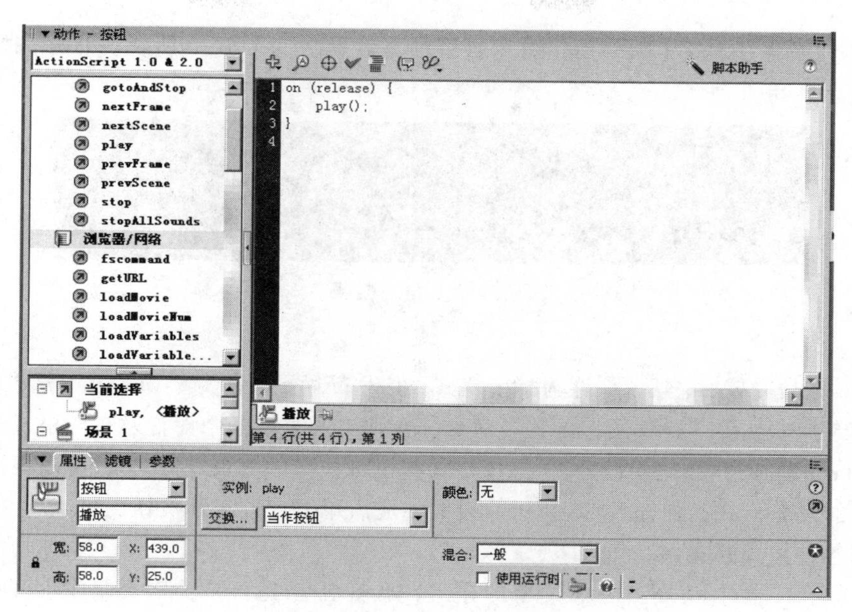

图 6-31　对象“动作”面板

（4）给按钮加声音

现在网络上十分流行 Flash MTV，利用 Flash 配上动听的音乐，即可自制 MTV，下面来简单说明将声音导入到 Flash 中的方法。

操作步骤如下：

① 以“播放”按钮为例，打开元件“库”面板，双击“播放”按钮，使其进入编辑状态。选择“文件”→“导入”命令，选择要插入的音效，单击“确定”按钮。打开元件“库”面板就能看到刚才导入的音效，如图 6-32 所示。选中“鼠标按下”区的一帧，将音效拖动到编辑窗口中，这时看到这一帧上面出现了波形显示，表示这一帧有了声音，如图 6-33 所示。

图 6-32　元件“库”面板

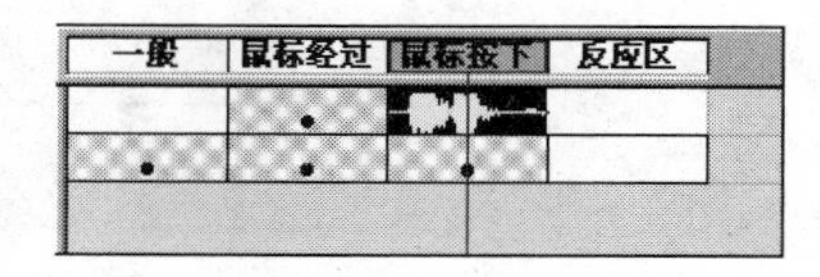

图 6-33　波形显示

② 打开“属性”面板，可以对插入的声音进行编辑，给声音的播放选择一个效果、同步条件和循环次数。如果想取消声音，选择“声音”下拉列表中的“没有”选项，即可去掉声音。

③ 回到主场景中，按【Ctrl+Enter】组合键预览效果，如图 6-34 所示。单击“播放”按钮，即可听到声音。

图 6-34　最后效果

（5）影片输出

当 Flash 作品完成后，默认保存为*.fla 格式，但发布时要保存为*.swf 格式，这里要用到“发布”命令。选择“文件”→“发布设置”命令，在弹出的对话框中设置发布的格式和内容，包括发布成 Flash 动画格式、网页格式、JPG 格式甚至可执行的 EXE 格式等，可以根据自己的需要选择合适的发布格式，如图 6-35 所示。设置完成后单击“发布”按钮，Flash 会按所设的发布格式存储各种格式的文件。

限于篇幅，只能对 Flash 作一个简单的介绍。如今 Flash 已经成为网页制作不可缺少的一部分，认真学习该软件，对网站设计很有帮助。

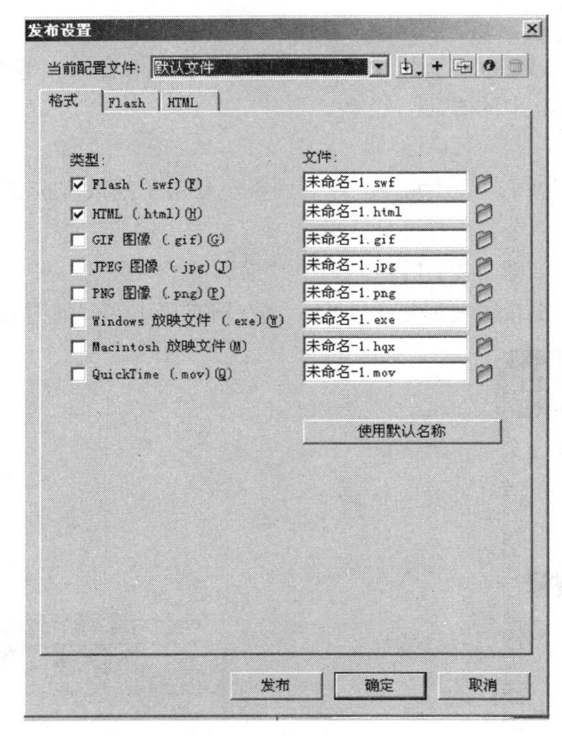

图 6-35　动画发布

6.4　三维动画制作软件 3ds max

日常生活中的事物都占据着空间，可以说都是有体积的，或者说都是立体的。三维动画设计就是为了表现真实的三维立体效果，把动画中的物体无论旋转、移动，都能表现它的空间感觉。三维动画可以说是真正的计算机动画，以前三维动画软件对计算机环境要求相当高，随着计算机硬件技术的发展，现在家用的 PC 就能完成三维动画的制作了，如果在课件开头增加一段精彩的三维动画，一定会为设计增色不少。

常用三维动画软件有法国 TDI、加拿大 Alias、美国 Wavefront（NURBS）、Autodesk 公司的 3ds max、Softimage、Animation　Master、TrueSpace、Lightscape、Lightwave3D 及 Maya 等，下面就简单介绍几种常用的三维动画制作软件。

（1）Softimage 3D

Softimage 3D 是由 Softimage 公司出品的强大的三维动画制作工具，由造型模块、动画模块和绘制模块组成，它的功能完全涵盖了整个动画制作过程，包括有交互的独立的建模和动画制作工具、SDK 和游戏开发工具和具有业界领先水平的 mental ray 生成工具等。Softimage 3D 系统是一个经受了时间考验的、强大的、不断提炼的软件系统，它几乎设计了所有的具有挑战性的角色动画。如《失落的世界》中的恐龙形象、《星际战队》中的未来昆虫形象等都应用了 Softimage 3D 的三维动画技术。

（2）3ds max

3ds max 是一款应用于 PC 平台的元老级三维动画软件，由 Autodesk 公司出品。它具有优良的多线程运算能力，支持多处理器的并行运算，丰富的建模和动画能力，以及出色的材质编辑系统。在中国，3ds max 的使用人数大大超过其他三维软件。3ds max 的成功在很大程度上归功于它的插件。全世界有许多专业技术公司在为它设计各种插件。

3ds max 是 Autodesk 公司推出在微机上使用的三维动画制作软件。1997 年以来，3ds max 推出成熟的 2.0、3.0、4.0 等多个版本，3ds max 与 DOS 系统的 3ds Studio 有很大的不同。

3ds max 2010 是在微机上最畅销的三维动画和建模软件，它具有 1 000 多种特性，为电影、视频制作提供了独特直观的建模和动画功能以及高速的图像生成能力。它具有完善人物设计和模拟动画效果，增加了 MAX Script 编程语言，使三维动画的创建更加得心应手，设计的动画也越来越趋近真实的世界。

（3）Maya

Maya 是目前世界上最为优秀的三维动画的制作软件之一，它是 Alias Wavefront 公司于 1998 年出品的最新三维动画软件。Maya 主要是为了影视应用而研发的，除了影视方面的应用外 Maya 在三维动画制作、影视广告设计、多媒体制作甚至游戏制作领域都有很出色的表现。虽然相对于其他老牌三维制作软件来说，Maya 还是一个新生儿，但 Maya 凭借其强大的功能、友好的用户界面和丰富的视觉效果，一经推出就引起了动画和影视界的广泛关注，成为顶级的三维动画制作软件。

（4）Lightwave 3D

目前，Lightwave 在好莱坞的影响一点不比 Softimage、A1ias 等软件差，具有出色品质的它，价格却是非常低廉，这也是众多公司选用它的原因之一。《泰坦尼克号》中的泰坦尼克号模型，就是用 Lightwave 制作的。

1．三维动画的要素

完成三维动画制作，最主要地工作是创建模型、赋材质、设置灯光相机、设置动画和渲染输出。这些基本代表了三维动画设计工作的中心和重点。

（1）创建模型

首先是创建模型即建模，是使用软件创建其三维动画形象，也是一切动画设计和制作工作的前提和基础。3ds max 提供了多种建模的方法，分别适用于不同类型的模型创建。

多边形建模是比较传统的建模方法，也是目前发展最为完善和广泛的一种方法，在目前主要的三维流行动画软件中基本上都包含了多边形建模的功能。多边形建模方法对于游戏、建筑、角色之作时尤其适用。

多边形建模可以直接使用各种多边形建模工具，如制作点、面、分割或创建新面等。多边形建模是 3ds max 的强项，而且 3ds max 在每个版本升级时都会增加一些多边形建模功能。在 3ds max 2010 版中增加了一系列专门针对多边形建模的石墨建模工具，使 3ds max 得多边形建模方式更加灵活自如，从而完成更为复杂的造型。石墨建模工具如图 6-36 所示。

NURBS 建模是目前应用比较广泛的一种建模方式，它是能够产生平滑连续的曲面，使用数学函数来定义曲线和曲面，最大的优势就是基于控制点来调整表面的曲度，自动计算出光滑的表面精度，在不改变外形的前提下自由控制曲线和曲面的精细程度，适用于建立表面平滑的模型。3ds max 提供了完整的 NURBS 建模工具，可以自由地建立拥有完美曲面的造型样式，使用方法和其他的三维动画软件大同小异。

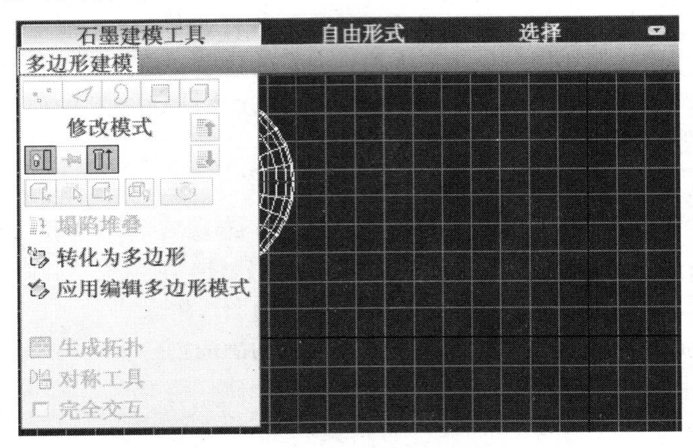

图 6-36　石墨建模工具

面片建模是基于面片拼接而成的建模方式，它的特点在于将模型的制作变成立体线框的搭建，就像糊灯笼一样将面片完整地组合在一起建立一个模型。这种建模方法建造的模型表面光滑，更能表现一些细节的曲面，常用于建造复杂的角色、动物、各种植物等一些生物模型。

3ds max 也提供一些特殊的建模方式，如动力学建模、Hair and Fue 毛发系统建模、Cloth 布料系统建模等，这些建模方法也是不可缺少的辅助建模方法，可以帮助我们来创建一些想要复杂的外形，使用起来也十分便捷。

（2）赋材质

在三维动画制作领域有句行话就是“三分建模，七分材质”，说明了材质的重要性。为动画对象赋予合适的材质是三维动画制作的关键。材质是物体的色彩、光泽和纹理。设置材质是为了表现物体虚拟真实的感觉。影响物体材质的因素有两个方面，一是物体本身的颜色、质地；二是环境因素，包括场景内的灯光、周围的场景等，都对物体有影响。只有二者完美地相互关联和相互影响才能最好地表现三维物体或三维场景的真实性。

3ds max 中的材质是一个比较独立的概念，可以为动画对象模型表面加入色彩、光泽和纹理。所有的材质设置都是在“材质编辑器”面板中进行编辑和设定。单击主工具栏中的按钮，或按【M】键，就会弹出“材质编辑器”面板，如图 6-37 所示。3ds max 为每个用户都考虑得非常周到，根据不同的材质可以仔细地设置它的每项参数，如它的颜色、质地、反光度等。要求设计者必须了解或思考这种材质的特点和它在当前场景中的效果，才能真实地表现物体的质地。

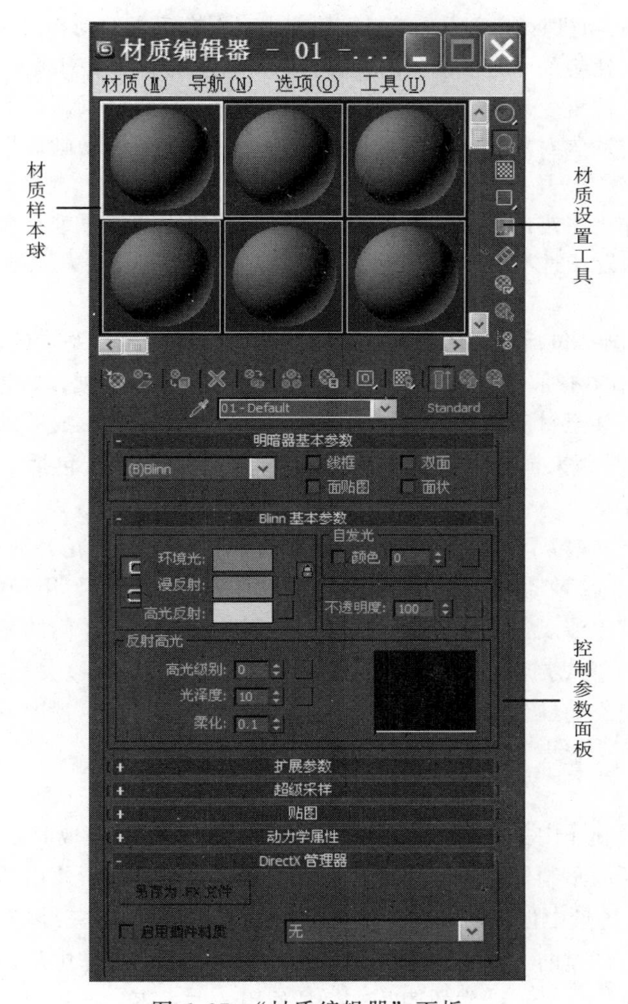

图 6-37 “材质编辑器”面板

（3）设置灯光和相机

灯光的设置在三维动画的场景设计中起着至关重要的作用，尤其在模拟真实的环境时，它不但照亮场景中的物体，同时由于光的特性还要在物体上产生折射和反射，或产生投影，从而会有许多意想不到的效果。将光线巧妙地结合在场景中可体现场景的真实效果。3ds max 提供了标准灯光、光度学灯光这两种主要的灯光，可通过反复使用来实现灯光的设计。总之，材质的设计就是为了使三维物体达到以假乱真，最好的三维作品能给人感觉最真实的作品。

标准灯光是 3ds max 中的传统灯光，属于一种模拟的灯光类型，它能够模仿生活中的各种光源，并且根据光源的发光方式的不同，可以产生各种不同的光照效果，主要包括聚光灯、平行光和天光等。光度学灯光是 3ds max 提供的一种在环境中传播情况的物理模拟，不但可以产生真实的渲染效果，还能够准确地度量场景中灯光分布的情况。在进行光度学灯光设置时，会遇到以下 4 种光度学参量：光通量、照明度、亮度、发光强度。3ds max 主要通过设置灯光的光度学参量值来模拟现实场景中灯光效果。

相机通常是场景中不可缺少的组成单位，最后完成的静态、动态图像都要在相机视图中体现出来。3ds max 中的相机具有超过现实相机的能力，更换镜头的动作可以在瞬间完成。无极变焦更是真实相机不能比拟的。对于景深的设置，直观地使用范围线来表示，无需通过光圈计算。对于相机动画，除了位置变动外，还可以用来表现焦距、视角及景深等动画效果。还可以将自由相机连接到运动的动画对象上，很方便地制作目光追随和环游动画效果。

（4）设置动画

动画是三维创作中更难的部分，如果说在建模时需要立体的思维，在设置材质时需要美术的修养，那么在动画设计时不但要有熟练的技术，还要有导演的能力。3ds max 中制作动画大体可以分为以下几种：

① 基本变形动画：包括对物体的移动、缩放、转动等，是最基本的动画。

② 参数动画：在 3ds max 中，几乎所有的参数都能设置为动画，如物体的变形、摄像机的角度、光线的强弱，甚至材质的颜色都可以通过不同帧的改动而形成动画。

③ 角色动画：是用来模拟生物运动动画的完整的动画设计，包括了骨骼、皮肤、约束、反向动力学等概念。

④ 粒子动画：表现粒子状物体喷射和流动的动画设计，如雪花、雨点、喷泉等。

⑤ 动力学动画：这种动画是直接基于物理算法上的动画设计，用于模拟真实的运动效果，如碰撞、弹簧等，其中涉及很多物理参数，包括各种作用力和物体间的相互作用关系。

在 3ds max 界面的下方提供了一组动画控制按钮，可以轻松地以关键帧的方法来设计动画。当“动画记录”按钮成为红色时，这时的操作都会被记录成动画。视图下方的移动条是动画进度条，进度条移动的位置表示当前的动画帧。

（5）渲染输出

渲染输出是动画制作中关键的一个环节，但不一定是在最后完成时才进行，在制作过程中，需要随时进行以保证动画制作效果。渲染就是依据所指的材质、所使用的灯光以及背景与大气等环境的设置，将在场景中创建的结合体实体显示出来。也就是将三维场景转化为二维的图像，更形象地说，就是为创建的三维场景拍摄照片或者录制动画。创作中从建模开始，就会不断地使用它，一直到材质、环境、动作的调节，只是使用的方式不一定相同。渲染器的好坏直接决定最后渲染图像的品质的好坏。

3ds max 中内置渲染器主要有默认扫描线渲染器、mental ray 渲染器、VUE 渲染器。除过内置渲染器外，还有一些使用非常简单便捷的 GI 渲染器，如 V-Ray、Finalder、Brazil、Maxwell 渲染器，更是促进了 3ds max 软件在建筑可视化领域的进一步发展。

2. 认识 3ds max

打开 3ds max 2010 系统，便进入了它的主界面。由于该系统很庞大，因此只有将显示器的分辨率调至 1 280 × 1 024 时，系统的工具行才能完全显示，否则只能显示部分按钮。

在显示了启动画面后，3ds max 2010 的界面如图 6-38 所示。

3ds max 2010 界面大致可分为如下几个区域，分别是标题栏、菜单栏、主工具栏、Ribbon 界面、视口、“命令”面板、提示行和状态栏、视口控制区域、动画播放控制、动画关键点控制、MAX Script 侦听器等。

（1）标题栏

标题栏位于整个窗口的最上方，显示 3ds max 系统以及当前窗口编辑的文件名。如果启动时未指定打开一个文件，系统将自动新建一个文件，并临时命名 Untitled。在标题栏的最右端还有窗口的“最小化”、“还原/最大化”和“关闭”按钮。3ds max 2010 版对标题栏的内容进行了扩充，新增了应用程序按钮、快速访问工具栏和信息中心。

① 应用程序按钮：包含了以前版本中文件菜单的大部分命令，如打开、保存、重置、导入、导出、资源追踪等，并且对这些命令做了进一步的细分和规划。

② 快速访问工具栏：包括一般 Windows 程序所具备的新建、打开、保存等命令按钮。

③ 信息中心：是 Autodesk 公司为用户提供软件信息服务接口，通过它用户可以迅速获得最新的软件信息和技术支持服务。

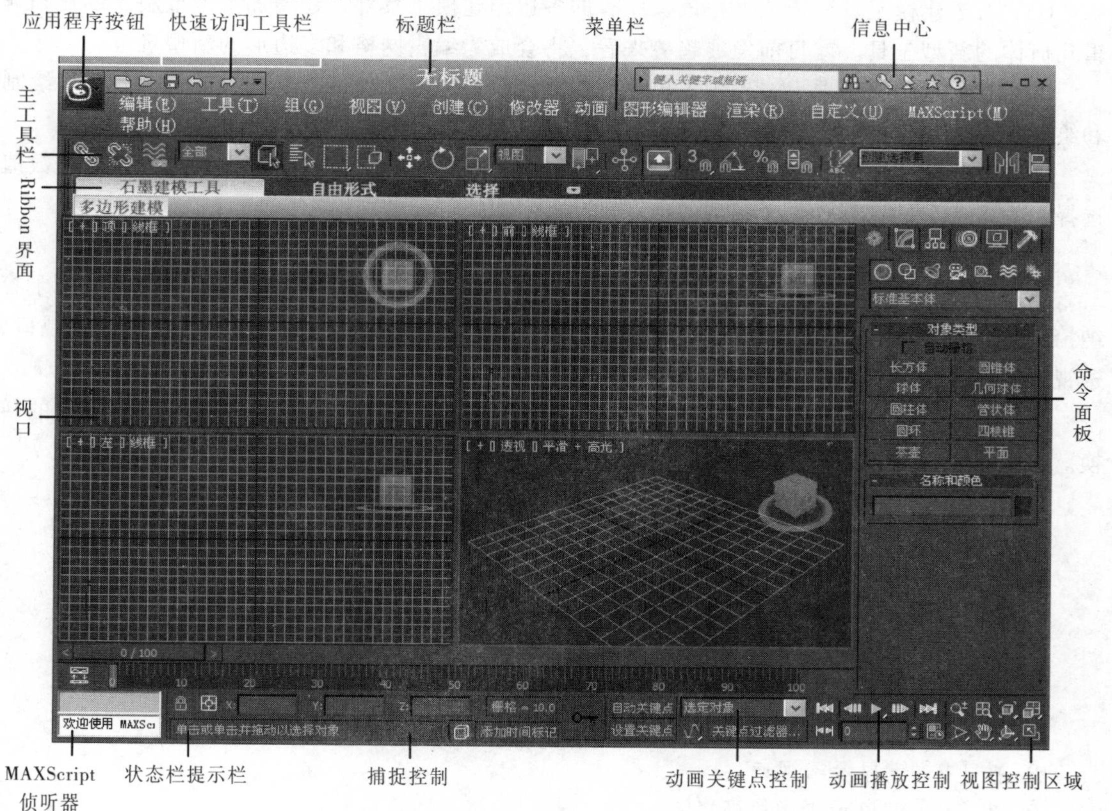

图 6-38 3ds max 2010 界面

（2）菜单栏

菜单栏位于标题栏的下面，包括“编辑”菜单、“工具”菜单、“组”菜单、“视图”菜单、“创建”菜单、“修改器”菜单、“动画”菜单、“图形编辑器”菜单、“渲染”菜单、“自定义”

菜单、“MAX Script”菜单和“帮助”菜单。要执行菜单命令，只需单击其中的菜单文字显示相应的下拉菜单，然后单击下拉菜单中要执行的命令即可。

在下拉菜单中，有的命令项呈现为灰色，表明该命令在当前状态下无操作对象或不具备相应的操作条件，尚不能执行。有的命令项前面带有√表示该命令已被选取。有的命令右边带有一个黑色的三角，表示当鼠标指针指向它时将弹出子菜单。

（3）主工具栏

主工具栏位于菜单栏下面，它包括了常用的各类工具的快捷按钮。通常在 1 280 × 1 024 的显示分辨率下，所有的工具按钮才能完全显示出来。如果达不到该分辨率，可以通过鼠标推动，显示其他部分。许多按钮的右下角有一个三角形标记，表示该按钮为工具按钮组，该按钮组有多个按钮可以选择，只需在该标记上按住鼠标左键就会展开其他工具，选择相应的图标即可。

（4）Ribbon 界面

Ribbon 建模界面是 3ds max 2010 新增加的一套专门针对多边形建模工具的按钮几何，主要包括 3 个选项卡，即“石墨建模工具”、“自由形式”和“选择”选项卡。

①“石墨建模工具”选项卡：该除原有的多边形建模工具外，还增加了大量用于创建和编辑几何体的新型工具。就目前发展趋势来看，将会成为编辑网格和多边形的新型规范。

②“自由形式”选项卡：提供了单独创建和修改多边形几何的工具，主要包括多边形绘制和绘制变形两套工具。

③“选择”选项卡：提供了多套子对象选择方案，例如按法线选择、按对象选择、按数值选择、为多边形的选择提供了极大的便利。

（5）视口

视口占据了主窗口的大部分空间，可以在视口中查看和编辑场景。窗口的剩余区域用于容纳控制功能及显示状态信息。3ds max 系统默认的设置视图为 4 个：顶视口、前视口、左视口、透视口。

可以根据需要选择在某一个视口内进行操作，也可以利用快捷键完成各种视图之间的转换。在选定视口后，在键盘上进行操作即可，如：

① 按【T】键显示顶视口。

② 按【B】键显示底视口。

③ 按【L】键显示左视口。

④ 按【R】键显示右视口。

⑤ 按【F】键显示前视口。

⑥ 按【K】键显示后视口。

⑦ 按【U】键显示用户视口。

⑧ 按【P】键显示透视口。

⑨ 按【C】键显示摄像机视口。

（6）命令面板

屏幕窗口的右侧为命令面板区域，其中包含了大部分的工具及命令，许多工作都是通过它来完成的。可以通过使用在命令面板上方的 6 个标签来切换不同的命令面板，移动鼠标到某一标签停留片刻，就会出现该标签的提示文字显示该命令面板的名称。

命令面板从左至右分别为：

① 创建命令面板：在场景中创建集合体、平面图行、灯光等很多对象。

② 修改命令面板：对所选择的对象进行修改和编辑。

③ 层次命令面板：通过此命令面板能对层级连接的对象进行控制，也可以在这里设置反向动力学的参数。

④ 运动命令面板：使用此控制功能取得变换的关键帧值，如位移、旋转、比例缩放。

⑤ 显示命令面板：使用此控制功能将影响到对象在视图中的显示状态。

⑥ 工具命令面板：此面板涉及了在系统中的一般实用程序和外挂程序。

在命令面板中的多种控制选项都被组织成命令面板，称为卷展栏。只要看到标有＋号或－号的按钮即为卷展栏。在命令面板上，当光标变为手形时，可以单击推动面板，将其全部显示。

（7）状态栏和提示栏

状态栏显示目前所选择的对象数目并可以锁定选择的对象，以防止意外选择其他对象，同时状态栏还提供了坐标的位置及目前视图中网格所使用的距离单位。

提示栏将显示目前选择工具的提示文字。

（8）视图控制区域

视图控制区各图标，如图 6-39 所示，用于控制视窗中所显示图形的大小和形态，当熟练运用这几个图标按钮后，将大大提高我们的工作效率。

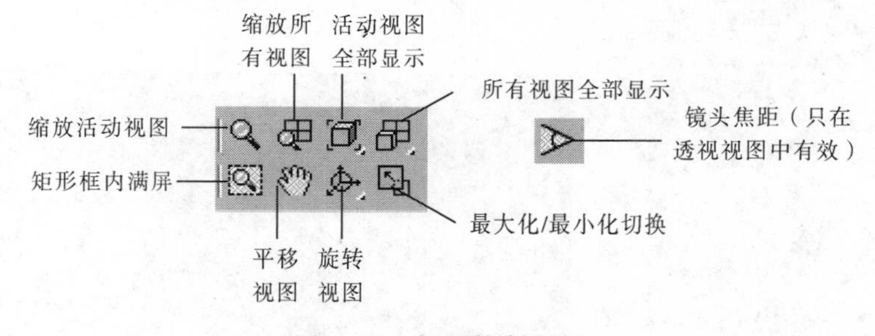

图 6-39　视图控制面板

① 缩放：单击该按钮后，在任意视图中单击鼠标左键上下拖动可以拉近或推远视景。

② 缩放所有视图：用法与“缩放”按钮相同，但是影响的是当前所选中的可视视图。

③ 最大化显示：单击该按钮，当前视图以最大方式显示。

④ 所有视图最大化显示：单击该按钮，当前所有视图以最大方式显示。

⑤ 视野：在透视图或摄像机视图中出现。单击该按钮后，在透视图中，单击鼠标左键上下拖动，透视图中相对视景及视角都发生改变。

⑥ 平移：单击该按钮，在任意视图拖动鼠标可以移动观察窗。

⑦ 环绕：单击该按钮，当前视窗中会出现一个绿圈，可以在圈内、圈外或圈上的 4 个顶点上拖动鼠标来改变不同的视角。

⑧ 最大化视口切换：单击该按钮，当前视图会满屏显示。再次单击则恢复原来的状态。

（9）MAX Script 侦听器

这是 3ds max 3.0 以上版本新增的功能。它用来显示操作时使用的脚本语言宏命令，也可以在此输入宏命令来改变场景。

（10）动画播放控制区域

用于控制动画播放的一些工具按钮，如播放、暂停、下一帧、转至结尾等按钮。

（11）动画关键点控制区域

主要是为对象设置动画，包含自动关键点、设置关键点、关键点过滤器等操作。

3．三维动画制作实例

在收看中央电视台新闻联播时，在开头都有一段新闻联播的片头。“新闻联播”4个字发出万丈光芒，从场景外划入，在字的背后好像有很多流星向前冲，下面就试着做这样类似的片头。

（1）创建文字和光线

操作步骤如下：

① 首先创造要出现的文字。在“创建”面板中可以创建三维场景中的所有的物体，是建模过程中的第一步。单击按钮进入创建二维对象面板，单击下面的 文本 按钮，在面板最上方的名称和颜色卷展栏中填写当前创建物体的名称为“文字”。要养成在创建物体时给物体取名字的习惯，可以方便的管理多个模型，在创建大的场景时尤为重要。当鼠标移动到面板上时变成手形，按住鼠标拖动面板向上，在底部的“文本”文本框中输入“多媒体应用教程”7个字，选择字体为“黑体”，如图6-40所示。

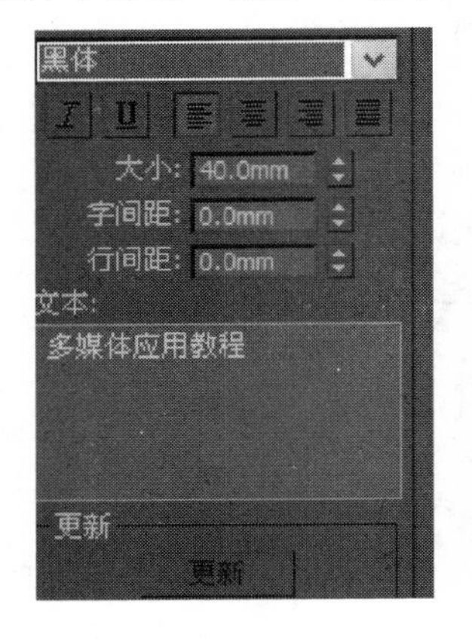

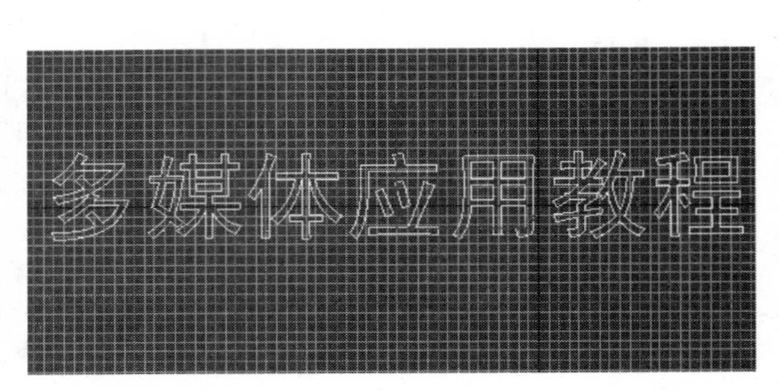

图6-40 创建文字

② 这时鼠标在视图中变成了十字形，在前视图上单击，此时在视图内创建一个二维文字线架，单击视图控制区中的按钮，可以看到三维场景中的全部物体，选择“修改”面板，在“修改器”下拉列表中选择“倒角”选项，对二维线框进行倒角拉伸，拖动面板，在面板最下方的参数卷展栏中设置参数。如果透视图出现了破洞，则勾选卷展栏上的“避免线相交”复选框，在下面的数值框设定交叉的数值大小，这时文字二维线架拉伸成为有倒角的立体模型，参数设置如图6-41所示。

③ 如果在命令面板中找不到“倒角”按钮，则单击“修改”面板下方的按钮，选择“配置修改器集”选项，弹出如图6-42所示的对话框，在旁边的清单中列出了所有的修改命令，在其中找到“倒角”选项双击使其进入“修改”面板。

④ 按住【Shift】键使用“移动工具”在文字上单击，或选中物体，选择“编辑”→“克隆”命令，这时弹出一个对话框，在对话框下面的“名称”文本框中输入新复制对象的名称为“光线”。

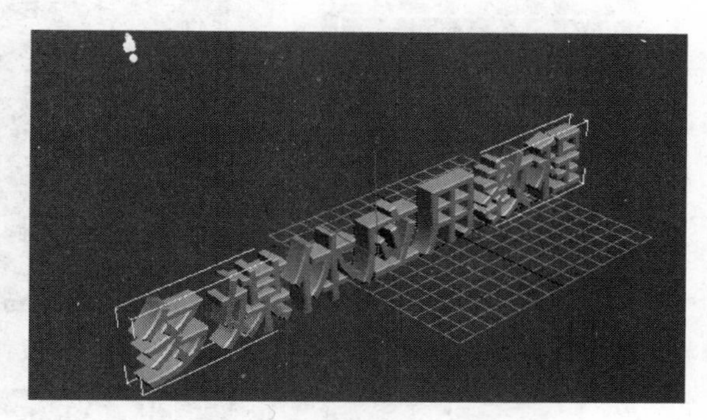

图 6-41　文字参数

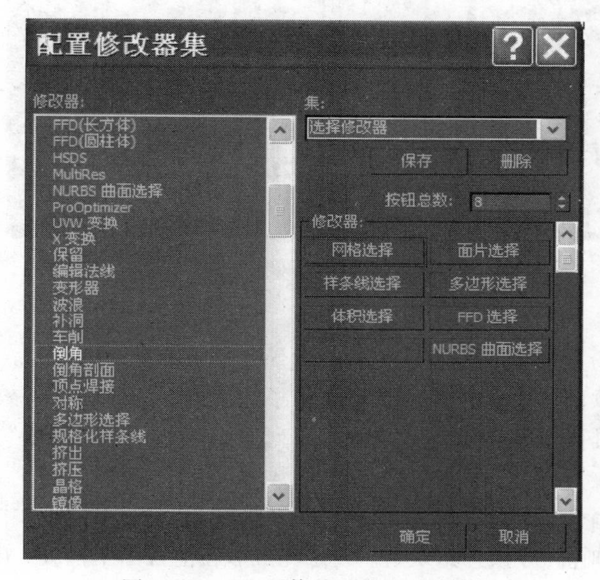

图 6-42　“配置修改器集”对话框

⑤ 选择物体“光线”，进入“修改”面板，可以看到“修改器”下拉列表下面的区域，称为修改堆栈，其中记录对当前物体执行过的每一次修改操作，可以通过修改其中的某一次操作来改变编辑效果。选中其中的“倒角”选项，单击按钮删除编辑操作，此时文字又变成了二维线架，单击“挤出”按钮拉伸二维线架，参数设置为数量=20，分段=1，取消选择封口始端和封口末端两个选项。将光线移动到文字的前面与文字重合，如图 6-43 所示。

（2）创建摄像机

设定了动画的主体后，可以设置一个摄像机，使场景固定在一个镜头内，这样做可以使用摄像机来控制视图，而省掉很多调整场景角度的麻烦。选择创建面板，单击“创建摄像机”按钮，再单击 目标 按钮，在顶视图中拖放，移动摄像机目标至文字的中心，而摄像机镜头正对着文字，摄像机中蓝色的方框表示在摄像机的视野之内。在透视图上单击，按【C】键，透视视图转变成摄像机视图。选择“修改”面板，在摄像机参数中设置景深，将数值减小，数值越小显示的范围越大，但变形就越严重，选择适当的视野并在其他视图中调整摄像机位置，使场景中的全部内容出现在摄像机视野中，如图 6-44 所示。

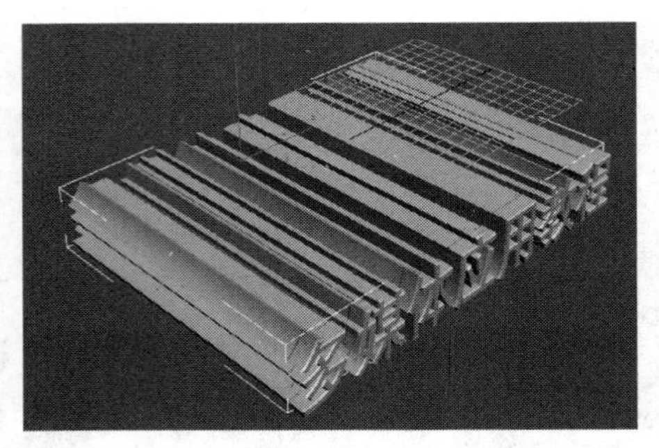

图 6-43　修改堆栈和重做拉伸

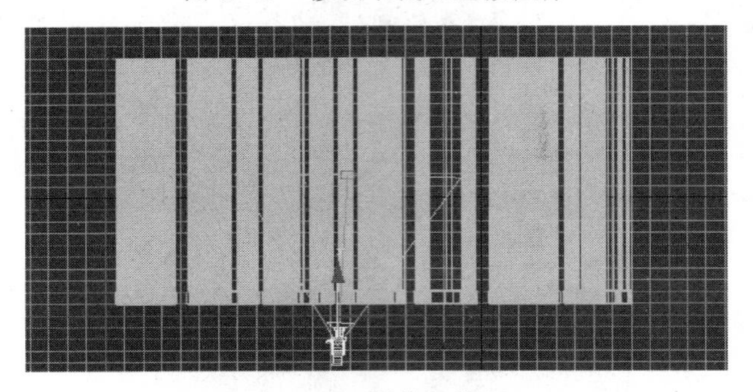

图 6-44　摄像机设置

（3）背景流星

使用粒子系统为场景增加一个流星激射的场景，粒子系统是 3ds max 中很有特色的一个系统，它可以表现很多像雨滴、雪花或子弹等像粒子的物体流动或喷射的效果。在“创建”面板下单击“创建基本三维体”按钮，在其下的下拉列表中选择“粒子系统”选项，单击“粒子阵列”按钮，设置其参数为视口计数=100，渲染计数=100，雪花大小=15，速度=20，变化=0。这时设置的粒子是从动画开始发射，现在设定它从动画开始就已经在发射中了，改变其计时设置中开始=30，表示从动画前 30 帧开始发射。设定完成后在前视图中拖放，出现一个方形，表示发射的宽度范围，将粒子物体移动到文字的正背后。移动下面的动画进度条，观看粒子发射的方向是否向前，如果不对可以使用“旋转”命令旋转粒子物体，使粒子向前发射，如图 6-45 所示。

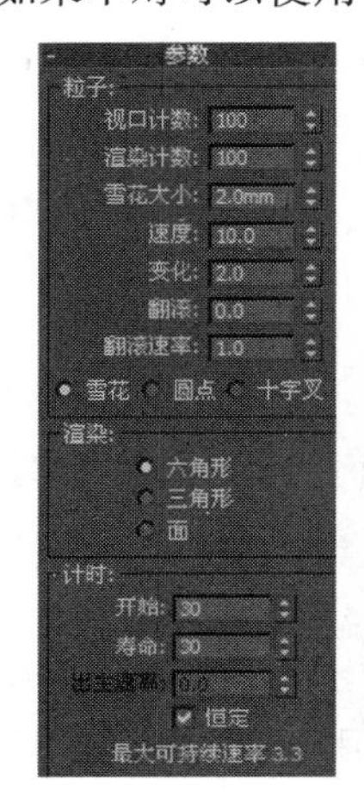

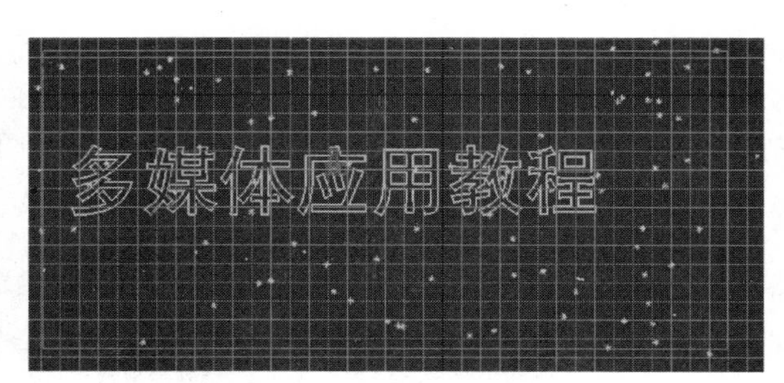

图 6-45　粒子系统

（4）给物体添加材质

① 首先给文字添加一个泛银的效果，选中物体“文字”，单击按钮，在弹出的对话框中选择第一个样本球，在其参数面板中设置漫发射基本色为 50%灰色，拖动面板，单击“贴图”按钮，打开“贴图设置”卷展栏。在“贴图设置”卷展栏中可表现材质不同方面的特性，如反射、透明度、凹凸程度等。为了表现金属的反射效果，给文字增加一个反射贴图，单击反射后面的按钮，弹出一个对话框，如图 6-46 所示。这个对话框显示材质和贴图的类型，包括一些设置完成的材质，如木头、水、大理石材质等。在对话框右侧列表中选择位图，单击“确定”按钮，回到材质编辑器。在材质编辑器中的位图旁边有一个长条的空白按钮，单击该按钮，在弹出的对话框中选择一幅图片，如图 6-47 所示，这幅图片就成为这个材质的反射贴图。选中文字，单击“材质”面板上的按钮，材质即赋给了文字物体。

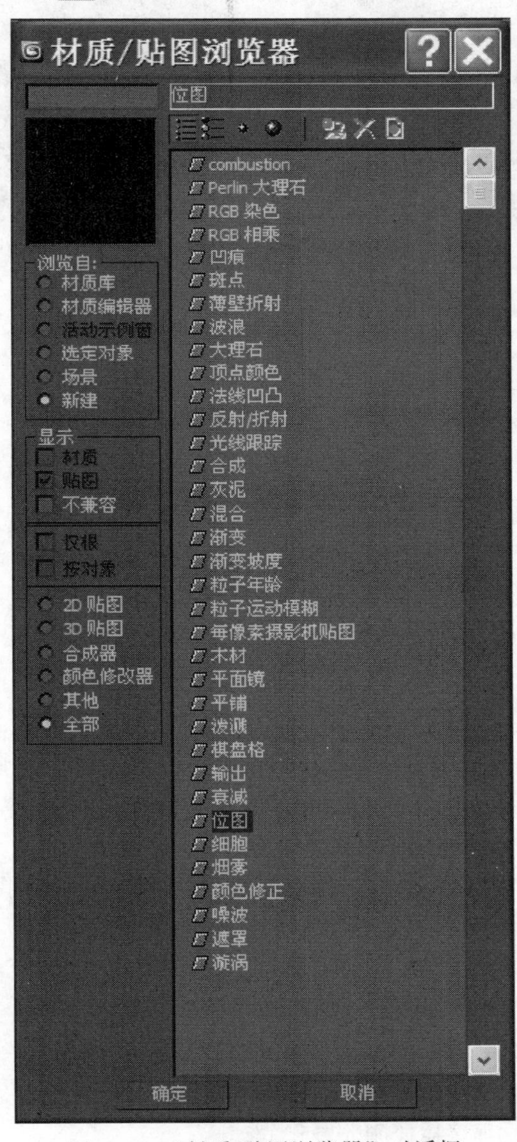

图 6-46 “材质/贴图浏览器”对话框

② 给物体“光线”添加材质，选择第二个样本球，设置其颜色为白色，单击下面的“扩展参数”按钮，打开“扩展参数”卷展栏，在“扩展参数”卷展栏中设置其衰减为外，数量为100；在“贴图”卷展栏中设置不透明贴图，单击不透明度旁边的按钮，在弹出的对话框中选择渐变贴图，在不透明设置中，白色表示不透明，黑色表示完全透明，所以选择渐变为黑白渐变，如图 6-48 所示。将设置好的材质赋给物体。

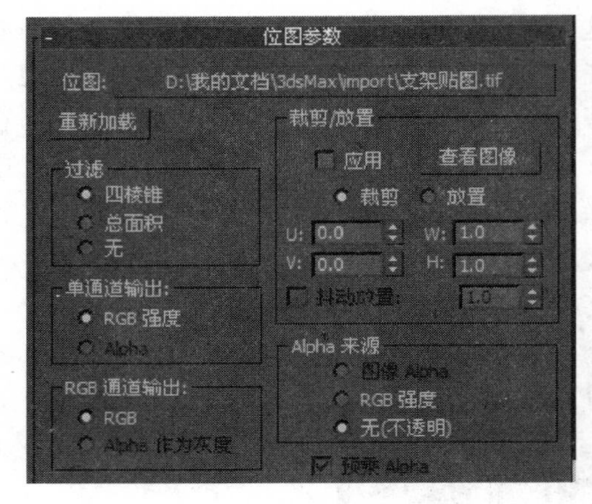

图 6-47　选择图片

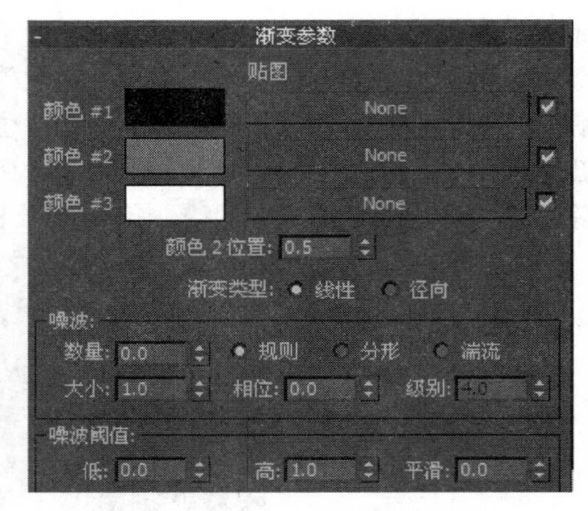

图 6-48　设置渐变贴图

③ 选择第三个样本球，将颜色设为白色并赋予粒子系统。

（5）设置动画

在设计中，文字放射着光芒从画面外飞入场景中，放射的光芒变短，最后文字落在图像的中央，同时出版社的标志淡入。最后画面定格在文字和标志上。

操作步骤如下：

① 首先把文字和光线移动到摄像机视图外，使其能够从外面划入镜头中。拖动动画进度条到最左边的第 1 帧，在进度条上显示 0/100。在前视图中将文字和光线同时移动向上至镜头外并旋转一定角度，这样使字能够略微旋转地进入画面，如图 6-49 所示。

② 单击动画记录按钮 自动关键点，使其成为红色，拖动动画进度条到第 50 帧，将文字和光线移回到场景中央，使光线放射的方向向前，选择物体光线，进入“修改”面板，在“挤出参数”卷展栏下将数量参数调整为 201，这样在第 50 帧时，拉伸参数设置了一个关键帧。将动画进度条拖动到第 70 帧，将数量参数设为 0，则光线变短直到消失。动画设置完成后再单击动画记录按钮 自动关键点，停止记录。单击动画控制栏中的“播放”按钮 ，观察刚才所设置的动画效果。

③ 动画设置完成了，单击“播放”按钮播放动画，观察动画效果。

④ 现在要输出设置的动画，单击 按钮，在弹出的“渲染设置”面板中的“时间输出”选项区域中选取活动时间段选项，表示渲染范围是从 0～100 帧。在“输出大小”选项区域中设置输出动画的图像大小。在“渲染输出”选项区域中单击 文件... 按钮，在弹出的对话框中设置输出动画的名称和格式。在最下方的“查看”下拉列表中选择渲染的视图为摄像机视图 Camera01。设置完成后单击“渲染”按钮，开始渲染。参数设置如图 6-50 所示。

渲染完成后，使用播放程序播放刚才制作的动画。

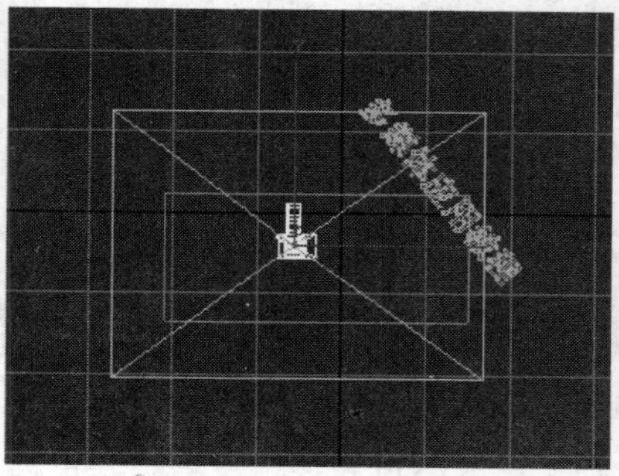

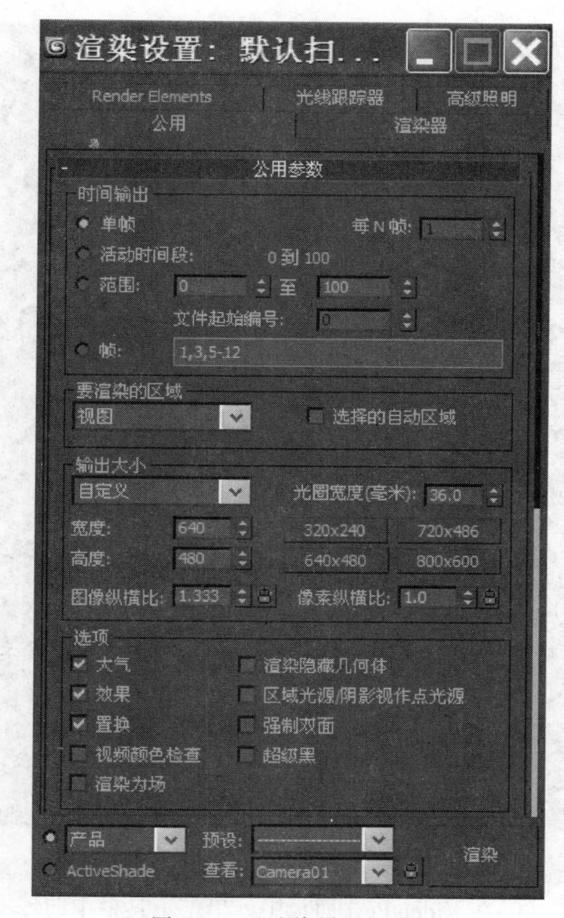

图 6-49　初始效果

图 6-50　“渲染设置”面板

（6）合成渲染

在“新闻联播”的开头动画中，背后的流星发出淡淡的光辉，使用合成渲染中的滤镜来实现这种效果。

操作步骤如下：

① 首先选择粒子物体，右击，在弹出的快捷菜单中选择“属性”命令，在弹出的对话框中设置参数，如图 6-51 所示。选择“渲染”→Video Post 命令，弹出一个面板，这就是“合成渲染设置”面板，合成渲染是表示后期合成时用到的一些动画方式，其中可以添加很多漂亮的光线和动画效果。单击按钮，加入一个场景事件，在视图栏中的下拉列表中选择 Camera01，在下方的“对象属性”参数中设置 VP 开始时间=0，VP 结束时间=100，表示从 0～100 帧都使用合成渲染。

② 单击按钮，在“添加图像过滤事件”栏中的下拉列表中选择“镜头效果光晕”滤镜，单击 设置... 按钮，弹出如图 6-52 所示的对话框。单击“预览”按钮，可以预览设置的效果，在“属性”选项卡下设置对象 ID 为 1，表示将效果赋给 ID 号为 1 的物体，就是设置的粒子物体。选择“首选项”选项卡，在“效果”栏中设置大小=3。单击“确定”按钮，即可预览设置的效果。单击图标，再单击弹出对话框中的“渲染”按钮，即可观看效果。

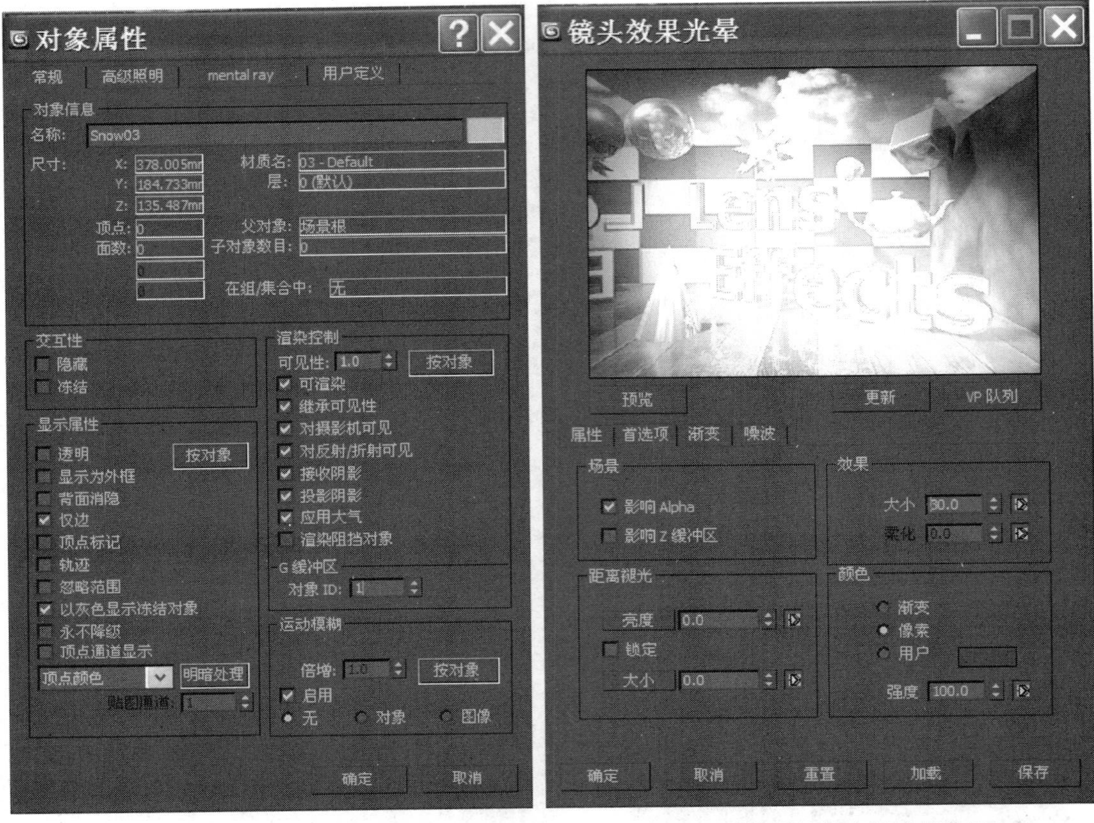

图 6-51　物体属性对话框　　　　图 6-52　镜头效果光晕滤镜设置

③ 在 Video Post 面板中，单击工具栏中的按钮，加入一个输出文件，将渲染结果输出。单击 文件... 按钮，在弹出的对话框中设定输出文件的名称和格式。设置完成后的 Video Post 面板如图 6-53 所示。单击按钮，再单击弹出对话框中的 Render 按钮，输出动画，如图 6-54 所示。

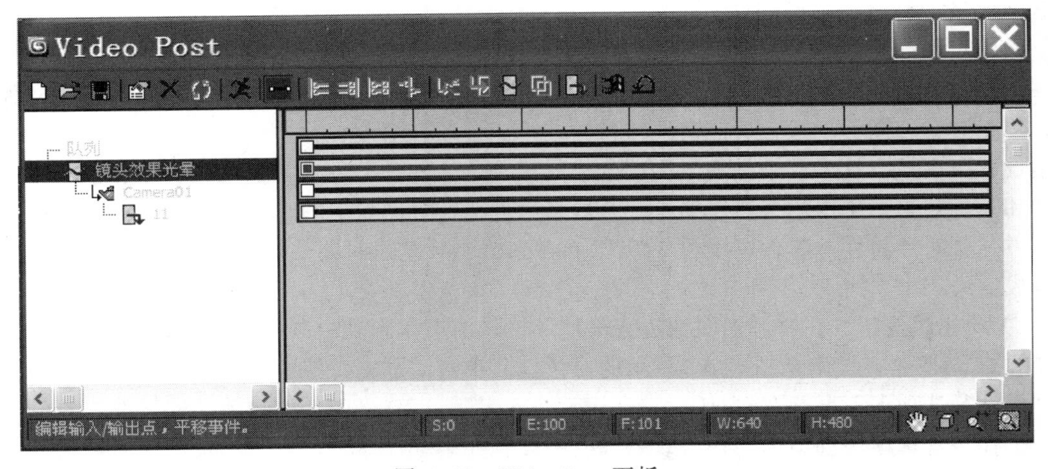

图 6-53　Video Post 面板

图 6-54　最后效果

3ds max 是一款比较难掌握的软件，只要花时间和精力认真学习，就一定能够掌握。

3ds max 具有建模和修改模型、赋予材质、运动控制、设置灯光和摄像机、插值生成动画以及后期制作等功能。满足 3ds max 的配置，除具有一般多媒体计算机要求的声卡、音箱外，对计算机配置要求较高。

小　　结

本章介绍了动画的基本概念、动画技术基础、二维计算机动画和三维计算机动画。详细地介绍了 GIF Animator 5、Flash 动画、3ds max 2010 的用户界面，以及在用户界面中经常使用的命令面板、工具栏、视图导航控制按钮和动画控制按钮。掌握利用动画软件制作二维计算机动画和三维计算机动画。

思考与练习

一、判断题

1．Flash 的“直线工具”可以绘制多边形。（　　）

2．Flash 的“变形工具”对任何对象都适合。（　　）

3．Flash 的“钢笔工具”可以绘制封闭图形和不封闭曲线。（　　）

4．Flash 舞台上的对象可以直接转化为元件。（　　）

5．Flash 中创建的元件类型只有 3 类。（　　）

6．Flash 中不能编辑声音元件。（　　）

7．Flash 中可以创建字体元件。（　　）

8．Flash 在导入位图后，不能自动产生元件。（　　）

9. Flash 自带了内容丰富的共享资料库。 （ ）
10. Flash 实例打散后就失去了和元件的联系。 （ ）
11. Flash 编辑实例的属性不影响元件。 （ ）
12. Flash 逐帧动画就是在连续的关键帧中放入不同的图像。 （ ）
13. Flash 动画的关键帧越多越好。 （ ）
14. Flash 动画移动只能够从左到右。 （ ）
15. Flash 补间动画分为运动渐变和形状渐变。 （ ）
16. Flash 引导层可以在被引导层的上方或下方。 （ ）
17. Flash 在通常模式下，可在脚本编辑区中直接输入脚本语句。 （ ）
18. Flash 可将脚本添加到按钮、电影剪辑和帧上，实现动画电影的交互。 （ ）
19. Flash 按钮上添加动作，便能实现像鼠标单击按钮这样的交互。 （ ）
20. Flash 当添加一个动作到电影剪辑上时，必须将动作嵌入到 On 操作中。 （ ）

二、选择题

1. Flash 视图调整工具有（ ）工具。
   A. “放大镜” B. “路径选取”
   C. “手形” D. “橡皮擦”
2. Flash 可以用于填充的对象有（ ）。
   A. 群组的位图 B. 打散的位图
   C. 单色填充 D. 渐变色填充
3. Flash “吸管工具”可以选取（ ）。
   A. 轮廓线属性 B. 填充属性
   C. 群组对象属性 D. 打散的位图
4. 3ds max 界面使用颜色暗示的方法来提醒你当前所在的工作模式。例如，当自动设置关键帧按钮被按下，它变成（ ）。
   A. 蓝色 B. 黄色 C. 绿色 D. 红色
5. 当鼠标指针移到当前视图变换框的一个轴上时，轴将变为（ ）色表示被选择。此时一切变换操作仅限制在此轴上。
   A. 蓝色 B. 黄色 C. 绿色 D. 红色
6. 以下对帧速率叙述错误的是（ ）。
   A. FPS 是指 1 帧播放所使用的时间
   B. 3ds max 中可以自定义帧速率
   C. 电影的帧速率为 24FPS
   D. 中国所使用的电视制式为 PAL 制
7. 如果在制作中需调用其他 3ds max 文件中的对象，需要使用的命令是（ ），可以从它们的父体对象集成修改变化，但修改参考复制对象时不影响父体对象。
   A. 合并 Merge B. 打开 Open
   C. 文件连接管理器 file Link Manager D. 导入 Import

8. Bend（弯曲）修改器可以沿着（　　）轴弯曲对象。

A. X轴　　B. Y轴　　C. Z轴　　D. 任何

9. 当选择一个子物体时，在修改器堆栈里的被选子物体和Selection（选择）卷展栏中相关的图标将变成（　　）色。

A. 蓝色　　B. 黄色　　C. 黑色　　D. 红色

10. 以下组合全部属于（扩展基本体）的是（　　）。

A. 环形结、水滴网格、管状体

B. 棱柱、管状体、球棱柱

C. 四棱柱、圆锥体、布尔

D. 球棱柱、切角长方体、环形结

11. 下列（　　）二维型转换时只产生一个NURBS曲线。

A. 圆　　B. 矩形　　C. 多边形　　D. 文本二维型

12. 下列（　　）属于复合对象建模类型。

A. 布尔对象　　B. 创建二维型　　C. 多边形　　D. 门

三、简答题

1. 什么是传统动画？什么是计算机动画？二者之间有什么区别？
2. 简述计算机三维动画制作的基本流程。
3. 实时动画和逐帧动画有什么区别？
4. 常用的三维动画软件有哪些？
5. Flash中视图的导航控制按钮有哪些？如何合理使用各个按钮？
6. Flash中动画控制按钮有哪些？如何设置动画时间长短？
7. Flash中用户是否可以定制用户界面？
8. Flash中主工具栏中各个按钮的主要作用是什么？
9. Flash中如何在不同视图之间切换，如何使视图最大最小化，如何推拉一个视图？
10. 简述复制的三种方式。
11. 简述“冷材质”和“热材质”。
12. 简述reactor（动力学）概念？
13. 简述光能传递渲染流程。
14. 简述约束器的概念。

四、操作题

1. Flash中用直线工具绘制各种多边形，如五角星、房屋等，并进行填充。
2. Flash中用钢笔工具绘制多种有弧线的图形，如绘制杯子、眼镜等图形。
3. Flash中结合绘图工具和颜色面板绘制柱体、球体等。
4. Flash中把舞台上的对象转化为符号。
5. Flash中创建“停止”按钮符号。
6. Flash中创建小球弹跳的电影剪辑符号。

7．Flash 中运用小球弹跳的电影剪辑符号的实例制作小球边弹跳，边向前移动的动画。

8．Flash 中制作小球沿波状引导线前进的动画。

9．Flash 中制作文字移动动画。

10．Flash 中制作两种文字的形状渐变。

11．Flash 中编写一个动作脚本，将它添加到一个帧上。

12．在 3ds max 中创建抱枕。

13．在 3ds max 中创建香蕉。

14．在 3ds max 中创建酒杯。

第7章 视频的编辑与制作

总体要求：

- 掌握模拟视频和数字视频的基本概念和标准
- 了解影响视频质量的技术指标
- 掌握数字视频的采集和编辑过程
- 掌握数字视频压缩标准
- 熟悉常用的视频文件格式
- 掌握视频编辑软件 Adobe Premiere 的使用方法

核心技能点：

- 数字视频的压缩标准的应用能力
- 视频编辑软件 Premiere 的使用能力

扩展技能点：

- 数字编辑基本技巧的应用能力
- 光盘存储技术的应用能力

相关知识点：

- 模拟视频的基础知识
- 各种数字视频格式之间的转换

学习重点：

- 数字视频的压缩标准
- 视频编辑软件 Premiere 的使用

传统的模拟视频采用电子学的方法来传送和显示活动景物或静止图像，也就是通过在电磁信号上建立变化来支持图像和声音信息的传播与显示，传统的家用电视机和录像机显示的都是模拟视频。而数字视频技术则具有许多优越性，数字化的视频信号可以直接记录在磁盘、硬盘、光盘或其他大容量的存储设备上，使得视频的编辑制作及传输更为简单。数字摄像机的普及让人们可以直接拍摄数字视频。

家用数字视频设备能够生成很好的视频作品，且成本只有模拟设备的几分之一。数字摄像机可以直接将视频内容输出到计算机，减少了模拟到数字的转换过程，多媒体计算机加上各种视频编辑软件为普通用户提供了数字视频编辑和制作的能力。越来越多的人将婚礼录像、家庭录像等个人资料经过编辑加工、配乐后制成 VCD 永久保存。在多媒体作品中，视频能以连续、生动、形象的活动图像表现真实场景、各种内容和主题，有很强的表现力，具有形象性、再现性、高效性等多种特性，同时也具有高度的娱乐性。

7.1 视频基础

1．视频概念

（1）视频的概念

人们在日常生活中看到的电影、电视、DVD、VCD 等都属于视频的范畴。简单地说，视频是活动的图像，由一幅幅静止的图像组成。在电视中把每一幅图像称为一帧，在电影中把每一幅图像称为一格。

因为视频是活动的，当以一定的速率将一幅幅画面投射到屏幕上时，由于人眼的视觉暂留效应，视觉上就会产生动态画面的感觉。这就是电影和电视的由来。对于人眼来说，若每秒播放 24 格（电影的播放速率）、25 帧（PAL 制电视的播放速率）或 30 帧（NTSC 制电视的播放速率），就会产生平滑和连续的画面效果。

（2）视频的分类

从信号的记录形式来看，一般有模拟视频信号和数字视频信号两种。

模拟视频信号指的是通过电子扫描的方式把每一幅图像转变为电信号，这种信号是连续的。传统的摄像机、录像机、电视机等视频设备所涉及的视频信号都是模拟视频信号。

数字视频信号就是以数字方式记录的视频信号，这种信号是不连续的。它把图像中的每一个点（称为像素）都用二进制数字组成的编码来表示，可对图像中的任何地方进行修改。数字视频的获得有 3 种方式：一是将模拟视频信号数字化后得到的；二是由数字摄录设备直接拍摄；三是由计算机软件直接生成。将原来的模拟视频经过采样量化变为计算机能处理的数字信号的过程称为视频信号的数字化。

2．电视制式

（1）电视制式

常见的电视制式有 3 种：NTSC 制式、PAL 制式和 SECAM 制式。

① NTSC 制式：是由美国国家电视标准委员会指定的彩色电视广播标准，由于采用正交平衡调幅的技术调制电视信号，故又称正交平衡调幅制。美国、加拿大、日本、韩国等均采用这种制式。

② PAL 制式：是前联邦德国制定的彩色电视广播标准，它采用逐行倒相正交平衡调幅的技术调制电视信号。德国、英国、新加坡、中国等国家采用这种制式。

③ SECAM 制式：是法国制定的一种新的彩色电视制式。它是顺序传送彩色信号与存储恢复彩色信号。法国、东欧和中东等国家采用这种制式。

（2）标清与高清

由于图像质量和信道传输所占的带宽不同，使得数字电视信号分为 HDTV（高清晰度电视）、SDTV（标准清晰度电视）和 LDTV（普通清晰度电视）。

标清是物理分辨率在 720 p（p 代表逐行扫描）以下的一种视频格式，其中 720 是指分辨率 1 280×720，所以 720 p 是指视频的垂直分辨率为 720 线逐行扫描。具体来说，是指分辨率在 400 线左右的 VCD、DVD、电视节目等“标清”视频格式。

高清即“高分辨率”，物理分辨率达到 720 p 以上则称为高清。目前高清电视有 3 种格式：

1 080 i（i 代表隔行扫描）、720 p、1 080 p。从视觉效果来看，高清电视图像质量可达到或接近 35 mm 宽银幕电影的水平，它要求视频内容和显示设备水平分辨率达到 1 000 线以上，分辨率最高可达 1 920×1 080。从画质来看，由于高清的分辨率基本上相当于传统模拟电视的 4 倍，画面清晰度、色彩还原度都要远胜过传统电视。从音频效果看，高清电视节目将支持杜比 5.1 声道环绕声，而高清影片节目将支持杜比 5.1 True HD 规格。

3．视频基本参数

（1）帧和帧速率

帧是构成动画的最小单位，在动画中的一幅静态图像被称为一帧。帧速率是指每秒钟能播放或录制多少格的画面，它的单位是帧/秒（f/s）。越高的帧速率可以得到越流畅、越逼真的动画。

（2）场频和行频

场频：定义每秒扫多少场。电视画面一般采用隔行扫描的方式把一帧画面分成奇、偶两场。所以 NTSC 制式的场频为 59.94，PAL 和 SECAM 制式的场频为 50。

行频：定义每秒扫多少行。它在数值上等于帧频乘以每帧的行数。每帧 525 行的 NTSC 制式的行频为 15 734，而 625 行的 PAL 和 SECAM 制式行频为 15 625。

（3）分辨率

分辨率从广义上讲它决定了一个图像的细致程度。视频信号的分辨率由构成画面的水平行数来度量，水平行数越多，可以分解的细腻程度就越高，图像的质量就越高。常见的分辨率有 352×288，640×480，1 024×768，1 280×720，1 980×1 080 等。

（4）隔行扫描和逐行扫描

如果扫描一帧画面时按照行的顺序是从上到下逐行扫描，即按照 1、2、3、…、525 的顺序扫描，就称为逐行扫描。

如果扫描一帧画面时第一遍只扫描奇数行，即 1、3、5、…、525 行，第二遍只扫描偶数行，即 2、4、6、…、524 行，这种扫描方式就称为隔行扫描。并把只扫描奇数行的画面称为奇数场，只扫描偶数行的画面称为偶数场。

7.2　视频的采集和编辑

7.2.1　视频采集

传统的摄像机、家用数码摄像机和专业级数码摄像机，目前大部分都使用录像带记录视频信号，即都以模拟信号形式存储视频信号。这些信号在非线性编辑设备或 PC 上进行编辑时，都需要先将模拟信号转换为数字信号，这就涉及模拟视频信号的采样与量化。

1．模拟视频的采样与量化

模拟视频的数字化不像声音、图像那样简单，它在采样与量化中存在很多技术问题。首先模拟视频信号采用复合 YUV 的方式记录，而计算机则将视频分解为像素点以 RGB 形式记录；其次电视机采用隔行扫描方式，而显示器目前基本都采用逐行扫描。因此，模拟视频的数字化就显得非常复杂。模拟视频信号采样时先把复合视频信号中的 Y 和 C 分离，得到 YUV 分量，然后用模/数转换器分别对 3 个分量进行数字化，最后再转换成对应的 RGB 形式进行存储。

2．采样与量化中的主要指标

① 采样频率：为保证信号的同步，采样频率必须是电视信号行频的倍数。国家无线电咨询委员会（CCIR）建议亮度抽样频率为三大制式行频公倍数（2.25 MHz）的6倍，即电视图像采样频率为f_s=13.5 MHz。

② 分辨率：CCIR601规定，对于所有的电视制式，建议亮度信号取720个采样点，两个色度信号各取360个采样点，这样就统一了数字分量编码标准，使3种不同的制式便于转换和统一。计算机显示数字视频时，通常采用 640×480（NTSC）、768×576（PAL、SECAM）的分辨率参数。

③ 数字视频的采样格式：电视信号中亮度信号的带宽是色度信号带宽的两倍，因此对色差分量的采样率低于对亮度分量的采样率。一般用Y∶U∶V来表示Y、R-Y、B-Y这3种分量的采样比例。按照这3种分量的比例将数字视频的采样格式分为4∶1∶1、4∶2∶2和4∶4∶4这3种。

3．数字视频的数据量

数字视频的数据量与采样格式、采样的频率以及量化位数有关。假如按4∶2∶2的采样格式，每个采样点都按8 bit数字化，按13.5 MHz的采样频率采集数据，则数字视频的数据量为：

$$(13.5(\text{MHz})\times 8(\text{bit})+2\times 6.75(\text{MHz})\times 8(\text{bit}))/8= 27\ \text{Mbit/s}$$

如果把采样格式变为4∶4∶4，则其数据量为：

$$(13.5(\text{MHz})\times 8(\text{bit})+2\times 13.5(\text{MHz})\times 8(\text{bit}))/8= 40.5\ \text{Mbit/s}$$

这样获得的视频数据量将十分的庞大，按每秒27 MB算，一段10 s的数字视频要占用270 MB的存储空间。一张VCD的最大存储容量才700 MB，更何况光驱的数据传输率也无法达到每秒27 MB。因此，这种直接量化后未经压缩的视频数据无法实时回放和存储，必须经过压缩技术进行处理。

4．数字视频的采集

（1）通过采集卡把模拟视频信号转换成数字视频信号

对于配备了视频采集卡和模拟播放设备的计算机，可以通过专门的视频采集软件或视频编辑软件将模拟视频转换为数字视频存储在计算机上。

（2）通过数字摄像机、数字摄像头等直接获取自然影像

就是使用数字摄像机、数字摄像头将获得信号直接存储在CF卡、SD卡、记忆棒等数字化的存储设备上。

（3）采集屏幕变化存储为视频文件

使用能够抓取屏幕动态变化的软件将屏幕变化存储为视频文件。

（4）通过网络下载

网络是数字化信号的载体，凡是存储在网络上的视频信号均为数字信号，包括电影、电视节目等。可以直接下载或采用流媒体的文件以流式下载。

（5）从VCD、DVD或从多媒体光盘中复制

采用软件从VCD、DVD或从多媒体光盘中截取部分或复制全部视频信号，这样获得的也是纯数字视频信号。

（6）自己制作数字视频

很多图片处理软件、二维动画软件、三维动画软件都可以生成多种格式的数字视频，如Flash、GIF、3ds max等。视频处理软件如Premiere、AfterEffect等软件还可以将图片等静态素

材制作成数字视频文件。

7.2.2　视频编辑软件

随着 DV 的普及，视频制作、视频编辑已经进入千家万户。为了满足越来越多使用者的需求，市面上也出现了各种各样的数码视频编辑软件。这里介绍两种简单的家庭用编辑软件。

1. Ulead Video Studio Pro X4（会声会影）

会声会影友立公司出品的软件是完全针对家庭娱乐、个人纪录片制作开发的编辑视频软件。会声会影是一个功能强大的“视频编辑” 软件，具有图像抓取和编修功能。会声会影创新的影片制作向导模式，只要 3 个步骤就可快速做出 DV 影片，即使是入门新手也可以在短时间内体验影片剪辑的乐趣；同时操作简单、功能强大的会声会影编辑模式，从捕获、剪接、转场、特效、覆叠、字幕、配乐，到刻录，让用户全方位剪辑出好莱坞级的家庭电影。另外绘声绘影的输出方式也多种多样，它可输出传统的多媒体电影文件，例如 AVI、FLC 动画、MPEG 电影文件，也可将制作完成的视频嵌入贺卡，生成一个可执行的 EXE 文件，还可以将视频通过电子邮件发送出去或者自动将它作为网页发布。如果具备相关的视频捕获卡还可将 MPEG 电影文件转录到家用录像带上，会声会影 Ulead Video Studio Pro X4 操作界面如图 7-1 所示。

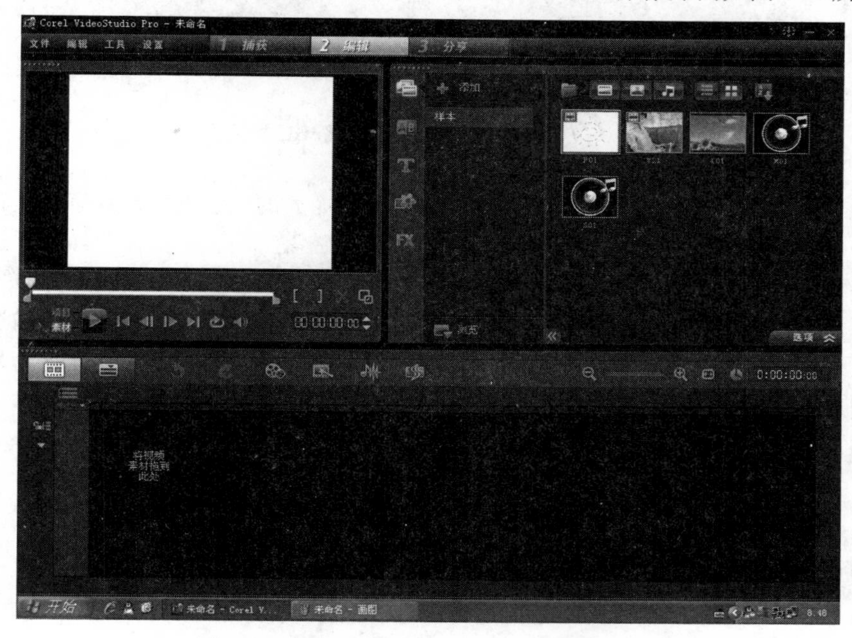

图 7-1　Ulead Video Studio Pro X4 操作界面

2. Video Editor

Video Editor（视频编辑）是 Media Studio Pro 中的视频编辑应用程序。Media Studio Pro 是一款包括视频编辑、影片特效、二维动画制作等功能整合性完备的视频编辑软件。它的 Video Editor 视频编辑概念与较为专业的视频编辑软件 Premiere 相差不大，主要的不同在于 Media Studio Pro 包括 CG Infinity 与 Video Paint 在动画制作与特效绘图方面的程序。CG Infinity 是一套基于矢量的二维平面动画制作软件，绘制物件与编辑的能力极强。Video Paint 的使用流程和一般二维软件非常类似，它的特效滤镜和百宝箱功能非常强大。Video Editor 操作界面如图 7-2 所示。

图 7-2　Video Editor 操作界面

7.3　视频压缩标准

经过采样、量化转换成的数字视频，其容量十分常庞大的。这庞大的数字视频在存储、传输和播出时产生了一系列问题。首先存储时需要大量的磁盘空间，在前面曾经计算过，1 秒大约需要 27 MB 存储空间，这还不包括数字音频的存储空间。显然，就目前的存储技术，还找不到合适的存储设备来存储如此巨额容量的音视频数据。其次，目前传输介质的传输速度远远低于 27 Mbit/s，因此数字视频几乎无法进行传输，其接收端画面质量也得不到保证。最后，视频的实时播出更是一个难题。因此，数字视频必须进行压缩。

7.3.1　数字视频的压缩基础

1. 信息冗余

数字视频的数据量虽然非常巨大，但是其数据量和携带的信息量并非正比关系。它中间存在大量多余数据，例如相邻帧之间大量的重复信息。在记录视频信号时可以减少这些重复信息，只保留最重要的、最本质的信息，这样既减少了数据量又保证了画面质量，也就达到了压缩的目的。信息冗余类型有以下几种。

① 空间冗余：这是由相邻像素之间的相关性造成的。同一幅图像中，很多相邻像素点完全一样或十分接近。

② 时间冗余：这是由数字视频中不同帧之间的相关性造成的。相邻帧图像之间有较大的相关性。

③ 视觉冗余：人类视觉由于受生理特性的限制，一般只能分辨 26 级灰度，而数字视频所采用的灰度等级大于 26 级。

④ 听觉冗余：数字视频记录的信息中除了视频本身，还有各种不同频率的音频。但人耳对频率的敏感性是有限的，不能察觉到的频率变化的记录是无意义的。

⑤ 结构冗余：数字化图像中物体表面纹理等结构也存在数据冗余，故称结构冗余。

2. 视频序列的 SMPTE 标准

压缩基本上是这样一个过程：一个图像序列中前后帧图像之间存在一定的相关性，这种相关性使得图像中存在大量的冗余信息。利用图像之间的相关性来减少图像或图像组的内容信息，只保留少量非相关信息进行传输，接收机就利用这些非相关信息按照一定的解码算法，在保证一定图像质量的前提下尽可能重现原始图像。

数据压缩的实现就是对数据进行重新编码，用一种接近信息本质的描述来代替原有的描述。通常用时间码来识别和记录视频数据流中的每一帧，从一段视频的起始帧到终止帧，其间的每一帧都有一个唯一的时间码地址。动画和电视工程师协会（Society of Motion Picture and Television Engineers，SMPTE）使用的时间码标准的格式是小时:分钟:秒:帧，这就是视频序列的 SMPTE 标准。一段长度为 00:01:30:15 的视频片段，按照每秒 30 帧的速率播放，其播放时间为 1 分钟 30.5 秒。在实际使用中，由于帧率不同，对应的 SMPTE 标准也各不相同。

7.3.2 数字视频压缩概念

（1）视频压缩比

一般指压缩后的数据量与压缩前的数据量之比。压缩的目的是在保证图像质量的同时，还要减少视频数据量。至于进行多大程度的压缩，则取决于视频的用途。例如 DV 视频的压缩比一般为 1：5，而网络视频的压缩比则能达到 1：50，甚至更高。

（2）有损和无损压缩

无损（Lossy）压缩是指视频信号压缩前和解压缩后的数据完全一致。多数的无损压缩都采用 RLE 行程编码算法。有损（Lossless）压缩是指视频信号压缩前的数据和解压缩后的数据不一致。在压缩的过程中要丢失一些冗余信息，而且信息不可恢复。几乎所有高压缩的算法都采用有损压缩。无损压缩的压缩比通常很小，对于数字视频并不适用。有损压缩由于重现图像与原始图像之间的差别很细微，人的眼睛无法分辨，同时压缩比得到大大提高，因此有损压缩在视频处理中得到了广泛应用。

（3）帧内压缩和帧间压缩

帧内（Intraframe）压缩又称空间压缩（Spatial Compression）。压缩图像时，仅考虑帧内冗余而不考虑帧间冗余，一般为有损压缩。由于其压缩在帧内进行，所以压缩后仍可以以帧为单位进行编辑。帧间（Interframe）压缩又称时间压缩（Temporal Compression），是基于视频的连续帧间具有相关性或者说信息变化很小的特性进行的压缩，即只考虑帧间冗余信息，一般是无损压缩，压缩比较小。

（4）对称和不对称编码

对称性（Symmetric）压缩编码是指压缩和解压缩占用相同的计算处理能力和时间，其适合实时压缩和传送视频数据，如实时视频会议。不对称（Asymmetric）压缩编码一般是先把视频压缩处理好，然后再播放。其压缩和解压缩的速度可以不同。一般而言，压缩的时间远大于回放的时间，如一段 3 分钟的视频压缩需要十多分钟，而回放只需 3 分钟。这类压缩编码多用在电子出版和其他多媒体中。

（5）丢帧和不丢帧格式

NTSC 制理论上的帧频是 30，而实际使用的是 29.97，故时间码与实际播放时间之间有 0.1% 的误差。为解决这个误差问题，在播放时每分钟要丢 2 帧（不显示 2 帧），这样可以保证时间码与实际播放时间的一致。有时，我们也会忽略时间码与实际播放帧之间的误差，这就是不丢帧格式。

7.3.3 数字视频压缩标准

1. H.261、H.263 和 H.264

（1）H.261 压缩标准

H.261 是 1984 年国际电报电话咨询委员会提出的适用于会议电视和可视电话要求的标准。它采用 P×64 kbit/s 声像业务的图像编解码，是最早的一个码率压缩标准。所用的网络为综合业务数字网络（ISDN），因为图像和语音必须密切配合，所以图像的编码算法必须是实时处理的，并且要求最小的延时。

（2）H.263 压缩标准

H.263 视频编码标准是专为中高质量运动图像压缩所设计的低码率图像压缩标准，它是基于运动补偿的 DPCM 混合编码，在运动搜索的基础上进行运动补偿，然后运用 DCT 变换和“之”字形扫描游程编码，从而得到输出码流。H.263 建立在 H.261 的基础上，将运动矢量的搜索增加为半像素点搜索。H.263 的编码速度快，其设计编码延时不超过 150 ms；压缩比高，对于动态图像，压缩比可以高达 100 倍以上；码率低，它可以以低于 28.8 kbit/s 的码率对单帧或者活动视频进行压缩解压缩。因此它十分适用于需要双向编解码并传输的场合和网络条件不是很好的场合。H.263 目前是在可视电话中应用最广泛的视频压缩标准。在 H.263 之后还有 H.263+、H.263++和 H.263+++压缩标准。

（3）H.264 压缩标准

H.264 是 ITU-T（国际电信联盟电信标准化部门）的 VCEG（视频编码专家组）和 ISO/IEC（国际标准化组织/国际电子技术委员会）的 MPEG（活动图像编码专家组）的 JVT（联合视频组）开发的一个新的数字视频编码标准，它既是 ITU-T 的 H.264，又是 ISO/IEC 的 MPEG-4 的第 10 部分。H.264 和以前的标准一样，也是 DPCM 加变换编码的混合编码模式。但它采用“回归基本”的简洁设计，不用众多的选项，获得比 H.263++好得多的压缩性能；加强了对各种信道的适应能力，有利于对误码和丢包的处理；应用目标范围较宽，以满足不同速率、不同解析度以及不同传输（存储）场合的需求。H.264 的码流结构网络适应性强，增加了差错恢复能力，能够很好地适应 IP 和无线网络的应用。

2. JPEG 压缩标准

JPEG（Joint Photo-graphic Experts Group，联合图像专家组）是数字图像压缩的国际标准。它从 1986 年正式开始制定，是国际标准化组织 ISO、国际电报电话咨询委员会 CCITT、国际电工委员会 IEC 合作的结果，所以它是 ISO 的标准，同时也是 CCITT 推荐的标准。JPEG 包含两种基本压缩方法，一种是以 DCT（离散余弦变换）为基础的压缩方法，另一种是无损压缩（又称为预测压缩方法）。由于 JPEG 没有利用时间方向上的冗余，因此 JPEG 在帧内编码方式上提供了多种多样的方法和选择。

（1）JPEG 压缩标准

JPEG 是用于静态图像压缩的标准。JPEG 可按大约 20：1 的比率压缩图像，而不会导致引人注意的质量损失，用它重建后的图像能够较好地表现原始图像，对人眼来说它们几乎没有多大区别，是目前首选的静态图像压缩方法。JPEG 还有一个优点是压缩和解压是对称的。这意味着压缩和解压可以使用相同的硬件或软件，而且压缩和解压缩大致相同。而其他大多数视频压缩方案做不到这一点，因为它们是不对称的。

（2）M.JPEG 压缩标准

M.JPEG（Motion JPEG）用于空间连续变化的静止图像，包括灰度等级和颜色两方面的连续变化。它使用 JPEG 算法，通过实时帧内编码过程单独地压缩每一帧，其压缩比不大，在后期编辑过程中可以随机存取压缩视频的任意帧，而与其他帧不相关。这对精确到帧的编辑是比较理想的。M.JPEG 所处理的数据量非常庞大，它的重放再现必须由专门的硬件（视频卡）来处理，通过软解压来实现目前仍是不可能的。现在，用于电视非线性编辑处理的视频卡，采用的基本都是 M.JPEG 压缩方式。

3．MPEG 压缩标准

MPEG（Moving Picture Expert Group，活动图像专家组）是运动图像和声音的数字编码标准。目前，MPEG 在计算机和民用电视领域获得广泛使用。MPEG 压缩算法的核心是处理帧间冗余，以大幅度地压缩数据，它依赖于两项基本技术：一是基于 16×16 块的运动补偿技术；二是前面讲过的 JPEG 帧内压缩技术。它是标准化组织（ISO）和国际电工委员会（IEC）制定的。实际上 MPEG 是一个标准系列，有 MPEG–1、MPEG–2、MPEG–4、MPEG–7、MPEG–21。

（1）MPEG–l 压缩标准

MPEG–l 压缩标准是一个为工业设计的开放统一标准，它可以处理各种类型的活动图像，可以处理帧内冗余和帧间冗余，也适用于不同带宽的设备。MPEG–l 提供每秒 25 帧 352×288 分辨率的图像格式，并采用逐行扫描方式，它对于压缩水平为 360 个像素、垂直为 288 个像素、帧速为 24～30 的运动图像效果较好。为了获得高压缩比，MPEG–1 采用了运动补偿、二维 DCT 变换、对色差信号进行亚取样、对数据块的直流分量进行预测等一系列技术，因此其压缩比可高达 1：200。虽然其图像质量仅相当于 VHS 视频的质量，还不能满足广播级的要求，但已广泛应用于 VCD 等家庭视像产品中。除此之外，它也被用于视频点播（VOD）、教育网络、记录媒体或是 Internet 上音频传输。

（2）MPEG–2 压缩标准

MPEG–2（Generic Coding of Moving Picture Associated Audio Information，活动图像及有关声音信息的通用编码）是由 MPEG 开发的第二个标准，是使图像能恢复到广播级质量的编码方法，MPEG–2 标准特别适用于广播级数字电视的编码和传送。它是针对数字电视和高清晰度电视在各种应用下的压缩方案和系统层的详细规定，并兼顾了与 ATM 信元的适配问题。MPEG–2 中的图像类型分 4 种：I 帧（内码帧），采用帧内编码，是完整的独立编码帧，必须存储或传输；P 帧（预测帧），参照前一帧做运动补偿编码；B 帧（双向预测帧），参照前一帧或后一帧做双向运动补偿编码；D 帧（直流帧），只含直流分量，是为快放功能设计的。它的典型产品是高清晰视频光盘 DVD、高清晰数字电视 HDTV 等，目前发展十分迅速，成为这一领域的主流趋势。

（3）MPEG–4 压缩标准

MPEG–4 是由活动图像专家组定义全球多媒体标准。MPEG–4 标准主要应用于视频电话

（Video Phone）、视频电子邮件（Video Email）和电子新闻（Electronic news）等，其传输速率要求较低，在 4 800～6 400 bit/s 之间，分辨率为 176×144，可以利用很窄的带宽通过帧重建技术压缩和传输数据，从而能以最少的数据获得最佳的图像质量。MPEG-4 的目标是建立一个通用有效的编码方法，对音视频对象应用音视频数据格式进行编码。MPEG-4 标准支持 3 类新功能：基于内容的交互性、高压缩率和灵活多样的存取模式。

① 基于内容的交互性：MPEG-4 是第一个具有交互性的动态图像标准。MPEG-4 中则首次采用了对象（Object）的概念，即视频对象（VO）、音频对象（AO）。它将一幅图像按内容分块，将感兴趣的物体从场景中截取出来进行编码处理。

② 高压缩率：MPEG-4 基于内容交互的首要任务就是将视频图像分割成不同对象或者把运动对象从背景中分离出来，然后针对不同对象采用相应的编码方法，以实现高效压缩。

③ 灵活多样的存取：MPGE-4 给图像中的各个对象分配优先级，比较重要的对象用较高的空间或时间分辨率表示，同时它允许采用各种有线网和各种存储媒体。

与 MPEG-1 和 MPEG-2 相比，MPEG-4 的特点是其更适于交互 AV 服务以及远程监控。MPEG-4 将在数字电视、动态图像、互联网、实时多媒体监控、移动多媒体通信、Internet/intranet 上的视频流与可视游戏、DVD 上的交互多媒体应用等方面大显身手。该规范于 2000 年正式成为一项国际标准。

（4）MPEG-7 压缩标准

MPEG-7 标准是多媒体内容描述接口（Multimedia Content Description Interface），它制定了一套描述符标准，规定用于描述各种不同类型多媒体信息的描述符、描述方案以及他们之间的关系的标准，以便表示不同层次上的用户对信息的需求，从而更快、更有效的检索信息。例如视觉信息较低的抽象层描述包括颜色、视觉对象、纹理、形状、空间关系、运动及变形等，最高层将给出语义信息；低层特征能以完全自动的方式提取，而高层特征需要更多人的交互作用。

MPEG-7 的功能将和其他 MPEG 标准互为补充，MPEG-1、MPEG-2、MPEG-4 是内容本身的表示，而它则是有关内容的信息。MPEG-7 标准化的范围包括：一系列的描述子（描述子是特征的表示法，一个描述子就是定义特征的语法和语义学）；一系列的描述结构（详细说明成员之间的结构和语义）；一种详细说明描述结构的语言、描述定义语言（DDL）；一种或多种编码描述方法。

MPEG-7 标准可以支持非常广泛的应用，包括音视数据库的存储和检索、互联网上的个性化新闻服务、智能多媒体、教育领域的应用（如数字多媒体图书馆等）、远程购物、监视（交通控制、地面交通等）、多媒体目录服务（如，黄页、旅游信息、地理信息系统等）、家庭娱乐（个人的多媒体收集管理系统等）等。

（5）MPEG-21 压缩标准

MPEG-21 正式名称为多媒体框架（Multimedia Framework），是一个刚开始制定的国际标准。它的口号是将标准集成起来支持和谐的技术以管理多媒体商务。目前，基于互联网的物品交易正在转化为电子化的数字内容分发和交易，在新的商业市场中，要将媒体内容相结合的不同的知识产权区分开来越来越困难。所以需要一种综合性的解决方案，以一种协调的方式管理和发送不同的内容形式，并且要对多媒体服务的用户完全透明。为了支持这种新的商务，需要一个多媒体的框架，这个框架需要一个由其结构就可理解的共享的模式，以保证发送电子内容的系统可以相互操作，并保证简化交易。

总体来说，MPEG 优于其他压缩/解压缩方案。首先，由于在一开始它就是作为一个国际化的标准来研究制定的，所以 MPEG 具有很好的兼容性；其次，MPEG 能够比其他算法提供更好的压缩比，最高可达 1∶200；最重要的是 MPEG 在提供高压缩比的同时对图像损失很小。

7.3.4　数字视频回放

要看到经过压缩的视频信号，首先要对其进行解码，然后把解压缩后的大量数字视频数据送往显示缓存进行屏幕显示。因此，影响回放效果的因素主要包括解码的速率和显示的速率。解码根据采用方式的不同可分为软件解码和硬件解码两种，下面以 MPEG 格式为例介绍这两种解码方式。

1．MPEG 软件解码

软件解码即采用软件算法的方式读取 MPEG 压缩数据，对其进行解压缩并把解压缩后的大量数字视频数据送往显示缓存进行屏幕显示。所以 MPEG 解压缩软件又称 MPEG 播放软件。采用软件解码的优点是它无需额外硬件的支持，在 MPC 上就可以播放 MPEG 数字视频，使用方便；其缺点是解码的速度和解码后的视频质量完全取决于 MPC 的处理能力。如果 MPC 的处理速度和显示速度不够快，采用软件解码播放 MPEG 数据时可能出现帧率不够、图像和伴音不同步或者图像的“马赛克”现象。

2．MPEG 硬件解码

MPEG 硬件解码是采用专用于 MPEG 数据解压和回放的硬件设备（解压卡）读取压缩数据。解压卡的核心是一块解压芯片。采用硬件解压的优点是其解压和回放的速率不受 MPC 主机速率的影响，达到全屏实时回放，播放 VCD 时其稳定性和色彩效果也较好。但其缺点是需额外的硬件设备，并且其安装调试也较麻烦。因此，硬件解压卡一般用于处理速度不够高的 MPC 中。一般过程是先把解压卡插入 MPC 主机的扩展槽中，再把端口与 MPC 相应的端口相连，设置好系统参数，利用解压卡自带的播放软件即可进行回放。

7.4　视频文件的格式

1．AVI 格式

AVI 的英文全称是 Audio Video Interleaved，即音视频交错格式。所谓“音视频交错”，就是可以将视频和音频交织在一起进行同步播放。这种视频格式的优点是图像质量好，可以跨多个平台使用，但是其缺点是体积过于庞大，而且压缩标准不统一，因此经常会遇到高版本 Windows 媒体播放器播放不了采用早期编码编辑的 AVI 格式视频，而低版本 Windows 媒体播放器又播放不了采用最新编码编辑的 AVI 格式视频。Windows 自带的媒体播放机、豪杰超级解霸等软件一般都支持 AVI 文件的播放。

2．DV-AVI 格式

DV-AVI 的英文全称是 Digital Video Format，是由索尼、松下、JVC 等多家厂商联合提出的一种家用数字视频格式。目前非常流行的数码摄像机就是使用这种格式记录视频数据的。它可以通过计算机的 IEEE 1394 端口传输视频数据到计算机，也可以将计算机中编辑好的视频数据回录到数码摄像机的磁带上。这种视频格式的文件扩展名一般也是 AVI，习惯上称为 DV-AVI。

3. MPEG 格式

MPEG 的英文全称是 Moving Picture Expert Group，即运动图像专家组格式，VCD、SVCD、DVD 就是这种格式。MPEG 文件格式是运动图像压缩算法的国际标准，它采用了有损压缩方法从而减少运动图像中的冗余信息。Windows Media Player、豪杰超级解霸等软件可以对 MPEG 类型文件进行播放，DVD 格式一般使用 DVD 专用播放工具进行播放。

4. MOV 格式

MOV 文件原是 Quick Time for Windows 的专用文件格式，它使用有损压缩方法。一般认为 MOV 文件的图像质量较 AVI 格式的要好。它具有较高的压缩比率和较完美的视频清晰度等特点，但是其最大的特点还是跨平台性，即不仅能支持 MacOS，同样也能支持 Windows 系列。一般必须使用 Quick Time 软件进行播放。

5. WMV 格式

WMV 的英文全称是 Windows Media Video，也是微软推出的一种采用独立编码方式并且可以直接在网上实时观看视频节目的文件压缩格式。WMV 格式的主要优点包括本地或网络回放、可伸缩的媒体类型、多语言支持、环境独立性、丰富的流间关系以及扩展性等。一般要使用 Windows Media Player 8.0 以上的版本才能播放。

6. RM 格式

Networks 公司制定的音视频压缩规范称为 Real Media，用户可以使用 RealPlayer 或 RealOne Player 对符合 Real Media 技术规范的网络音/视频资源进行实况转播，并且 Real Media 还可以根据不同的网络传输速率制定出不同的压缩比率，从而实现在低速率的网络上进行影像数据实时传送和播放。这种格式的另一个特点是用户使用 RealPlayer 或 RealOne Player 播放器可以在不下载音频/视频内容的条件下实现在线播放。RealPlayer、RealOne Player、Real Jukebox 软件一般都支持 RM 系列格式的播放。

7. RMVB 格式

RMVB 格式这是由 RM 视频格式升级的新视频格式，它的先进之处在于 RMVB 视频格式打破了原先 RM 格式那种平均压缩采样的方式，在保证平均压缩比的基础上合理利用比特率资源，在静止和动作场面少的画面场景采用较低的编码速率，以留出更多的带宽空间在出现快速运动的画面场景时被利用。这样在保证了静止画面质量的前提下，大幅地提高了运动图像的画面质量，从而图像质量和文件大小之间就达到了微妙的平衡。

8. MKV 格式

Matroska 是一种新的多媒体封装格式，这个封装格式可把多种不同编码的视频及 16 条或以上不同格式的音频和语言不同的字幕封装到一个 Matroska Media 档内。它也是其中一种开放源代码的多媒体封装格式。Matroska 同时还可以提供非常好的交互功能，而且比 MPEG 的方便强大。

9. OGG 格式

Ogg Media 是一个完全开放性的多媒体系统计划，OGM（Ogg Media File）是其容器格式。OGM 可以支持多视频、音频、字幕（文本字幕）等多种轨道。

10. MOD 格式

MOD 格式是 JVC 生产的硬盘摄录机所采用的存储格式名称。

7.5 Adobe Premiere 视频制作

Premiere Pro CS4 是 Adobe 公司推出的非线性编辑软件，由于 Premiere 兼顾广大视频用户的需求，而且具有低成本、易学易用的特点，受到了广大影视爱好者的好评，被广泛应用于电影、电视、多媒体、网络视频、动画设计等领域的后期制作中。

用户可以利用 Premiere 软件随心所欲地对各种视频图像和动画进行编辑，添加音频，创建网页上播放的动画并对视频格式进行转换等。Premiere Pro CS4 中提供多达 99 条的视频和音频轨道，以帧为精度编辑视频和音频并使其同步。

和其他 Adobe 软件安装方法相同，安装完成后，安装程序建立“开始→程序→Adobe→Premiere Pro CS4”快捷方式，找到这个快捷方式并单击，即启动 Adobe Premiere Pro CS4，弹出如图 7-3 所示的启动界面。

图 7-3 Premiere Pro CS4 的启动界面

7.5.1 Premiere 的界面组成及窗口

打开 Premiere Pro CS4 之后，就会出现“新建项目”及“新建序列”对话框，如图 7-4 和图 7-5 所示。在“新建序列”对话框中，每种预设方案都包括文件的视频尺寸、播放速度、音频模式等，如需改变已有的设置选项，可选择“常规”选项卡进行设置。

从“新建序列”对话框中选择 DV-PAL 标准 48kHz 选项，单击 OK 按钮，屏幕上会弹出如图 7-6 所示的窗口。Premiere Pro CS4 的工作界面主要包括标题栏、菜单栏和各种常用面板。各种常用窗口可以根据需要调整位置、大小甚至关闭。

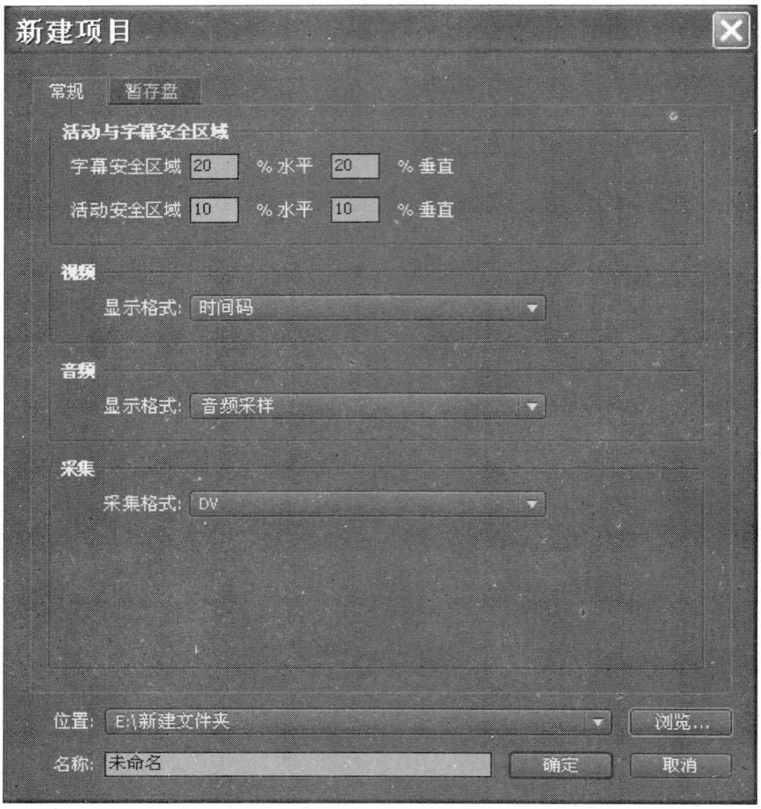

新建项目

常规 暂存盘

活动与字幕安全区域

字幕安全区域 20 % 水平 20 % 垂直

活动安全区域 10 % 水平 10 % 垂直

视频

显示格式：时间码

音频

显示格式：音频采样

采集

采集格式：DV

位置：E:\新建文件夹 浏览...

名称：未命名 确定 取消

图 7-4 “新建项目”对话框

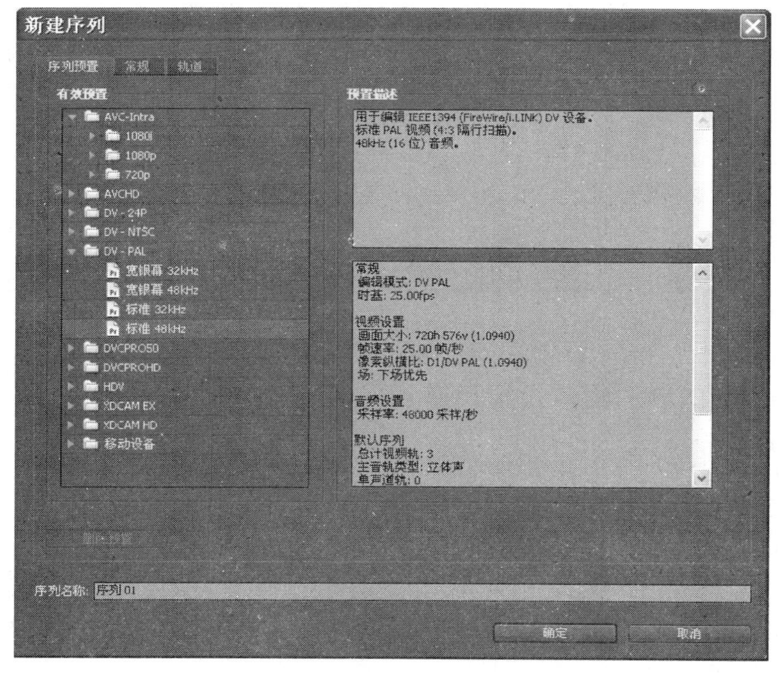

图 7-5 “新建序列”对话框

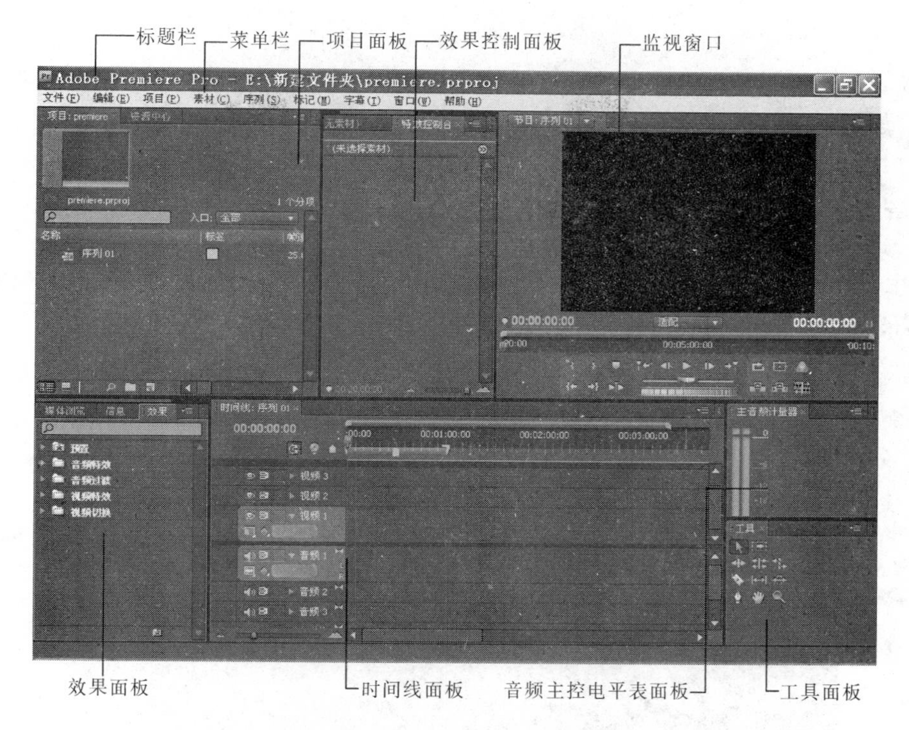

图 7-6　Premiere Pro CS4 界面

1. 标题栏

左边显示了当前使用软件的名称，右边是 3 个对窗口进行操作的按钮。

2. 菜单栏

Premiere Pro CS4 中共 9 个菜单，几乎包括了 Premiere Pro CS4 的全部功能。

① 文件菜单：主要对节目文件进行操作。除了常见的打开、保存等文件操作外，还包括以下内容：

- 新建：新建项目、序列和字幕等。
- 采集：打开采集窗口，用于采集视频或音频。
- Adobe 动态链接：新建或导入 Adobe After Affects 合成，此功能必须是系统中已安装了 Adobe Production Premium CS4 才能使用。
- 导入：导入视频、音频、图像、动画等素材文件。
- 导出：输出 VCD、DVD、电影、声音等各种类型片段。
- 获取信息自：用来获取文件的属性或者选择的内容的属性。

② 编辑：主要对选中的视频片段进行常规操作。包括常见的复制、剪切、粘贴、清除、定位以及参数设定等。

③ 项目：主要用于管理项目和设置项目中素材的各项参数，包括项目设置、自动匹配到序列、导入批量列表、移除未使用素材等。

④ 素材：主要用于编辑过程中素材的管理。

⑤ 序列：主要用于控制“时间线”面板中的一些基本操作。

⑥ 标记：主要用于设置素材和“时间线”面板上的标记。

⑦ 字幕：主要用来进行对各种字幕文件的创建、编辑等。

⑧ 窗口：主要用来设置 Premiere 的窗口设置。如显示预演窗口、显示信息窗口、转换窗口、设置操作界面模式等。

⑨ 帮助：提供目录、索引、在线支持、升级、在线注册等服务。

3. 各种常用面板

（1）“项目”面板

主要用来存储“时间线”面板中编辑合成的原始素材。“项目”面板分为上、下两部分，下半部分显示的是原始素材，上半部分显示的是下半部分选中的素材的一些信息。包括缩略图、名称、分辨率、持续时间、帧率和音频和采样频率等属性，如图 7-7 所示。

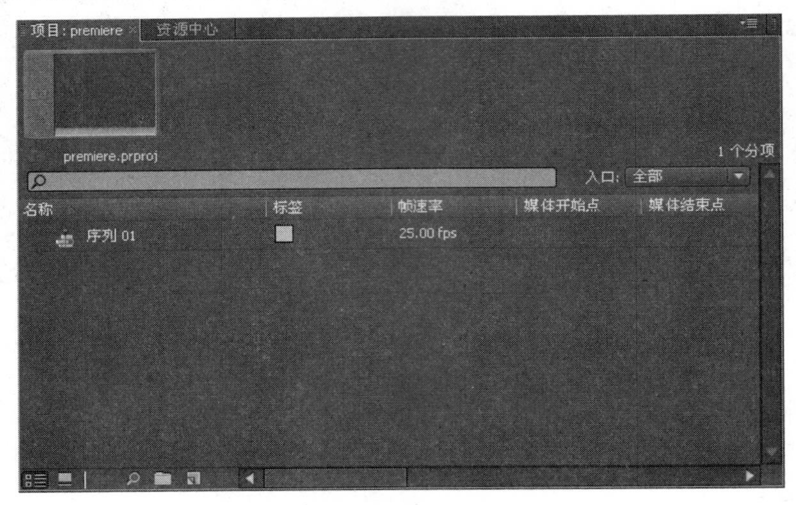

图 7-7 “项目”面板

（2）“时间线”面板

该面板是用于组接“项目”面板中的各种片段，它是按时间线排列片段，制作影视节目的编辑窗口。包括编辑工具栏、设置工具栏、编辑工作区域，如图 7-8 所示。

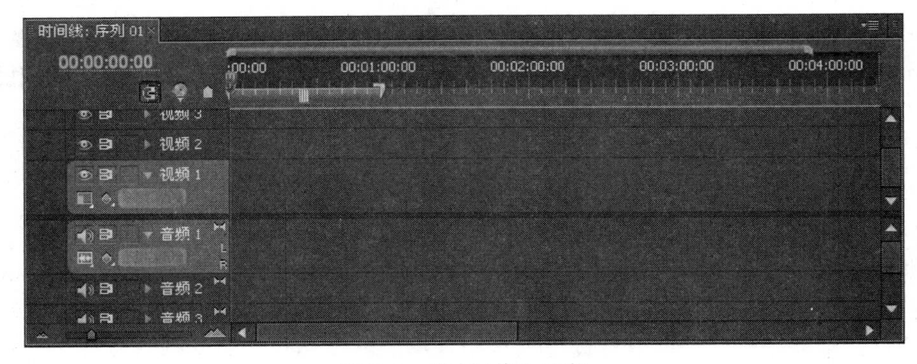

图 7-8 “时间线”面板

（3）“监视器”面板

该面板用来显示或播放图像、视频和音频的地方，也可以对当前的素材进行剪辑。左边为源素材窗口，可以方便快捷地浏览素材的基本情况，并进行简单编辑。右边为监视器窗口，主要用于用户编辑素材和预演时间轴中经过编辑的素材。用户可以根据需要选择双监视器窗口或者单监视器窗口，如图 7-9 所示。

图 7-9 “监视器”面板

（4）字幕编辑器

字幕是视频中不可或缺的一部分，Premiere Pro CS4 中的字幕制作在其自带的字幕编辑器中进行。如图 7-10 所示，在“字幕”面板中不仅可以创建文字，还可以创建图形、设置字幕属性。在该面板中共包括了字幕属性、字幕工具、字幕动作、字幕样式和字幕工作区 5 个区域。

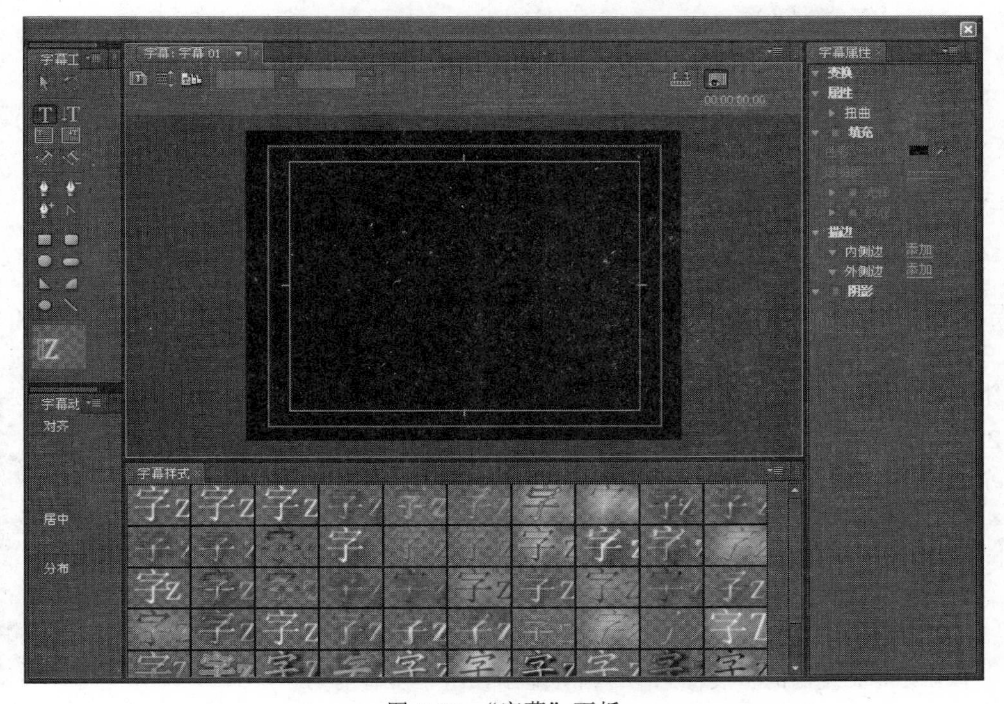

图 7-10 “字幕”面板

7.5.2 Premiere 视频编辑功能

1．视频文件的输入

Premiere 能将视频、图片、声音等素材整合在一起，这些素材文件如何导入是首先要解决的问题。导入视频、图片等多媒体素材的方法很多，下面仅介绍几种导入素材的方法。

（1）单个文件导入

① 选择“文件”→“导入”命令，弹出“导入”对话框，如图 7-11 所示。然后选择需要的素材，单击“打开”按钮。

② 右击“项目”面板的空白处，在弹出的快捷菜单中选择需要的素材后，单击“打开”按钮即可。

图 7-11 “导入”对话框

（2）大批文件导入

导入大批文件只是在选择素材时使用【Shift】键或【Ctrl】键配合即可，使用【Shift】键可以一次选择若干相邻文件，使用【Ctrl】键可以一次选择若干不相邻的文件。

2．切换效果

Premiere Pro CS4 中分别提供了音频和视频切换效果，如果需要对素材添加切换特效，可以在“效果”面板中进行。在默认的工作区中“效果”面板通常位于程序界面的左下角。如果“效果”面板未打开，可选择“窗口”→“效果”命令，即弹出“效果”面板，如图 7-12 所示。在“效果”面板中可看到详细分类的文件夹。单击文件夹左侧的扩展标志▶，则会显示该组中所有的切换效果。下面来详细介绍切换效果的添加方法。

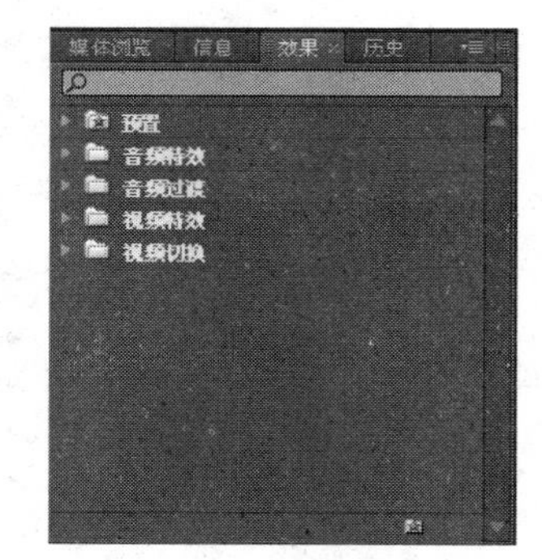

图 7-12 “效果”面板

在“效果”面板中单击视频切换效果的折叠按钮，再单击某个切换类型的折叠按钮，并选择某个切换效果，将其拖至视频 1 轨道中两段视频素材的交界处，些时，该转场效果即被添加到素材之间，在素材中会出现转场标记，如图 7-13 所示。

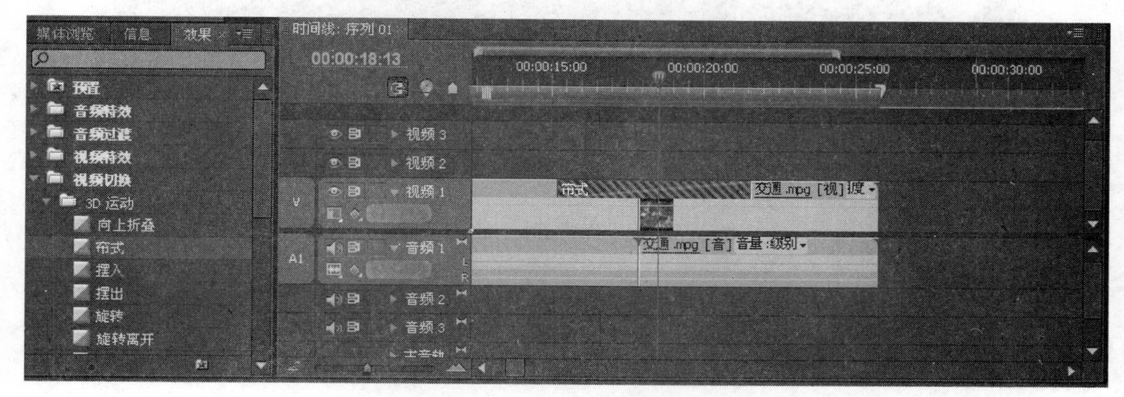

图 7-13　加入切换效果

添加了切换效果后，用户可以在“特效控制台”面板中对切换效果进行设置，如图 7-14 所示。

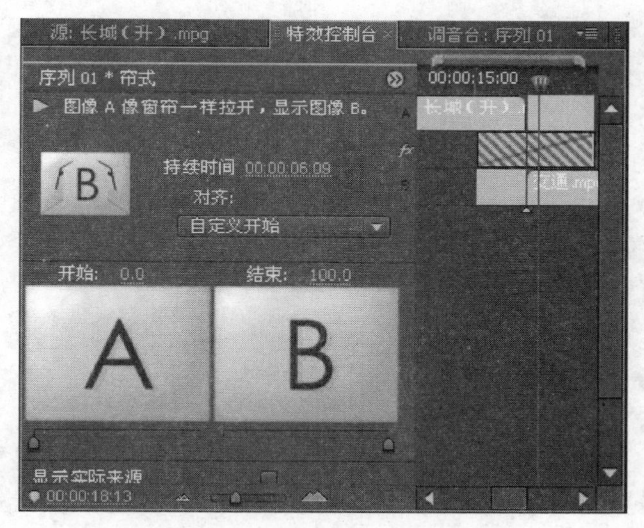

图 7-14　“特效控制台”面板

① 持续时间：用于设置转场播放的持续时间。

② 开始（左侧视频）：用来设置过渡效果的开始状态。

③ 结束（右侧视频）：用来设置过渡效果的结束状态。

④ 显示实际来源：禁用该复选框，在播放转场时转场将以默认效果播放。启用该复选框，在播放转场时转场将显示源素材。

⑤ 反转：启用该复选框，转场效果将反转播放。

如果要删除切换效果，则右击要删除的切换然后选择“清除”命令即可，如图 7-15 所示。

完成设置后按【Enter】键，将生成预览电影。如果希望快速显示效果，可拖动播放线，这时节目区监示器窗口将出现包含切换效果的画面，如图 7-16 所示。

图 7-15　删除切换效果

图 7-16　通过拖放播放线快速预览电影

3. 视频特效

Premiere Pro CS4 中也提供了 120 多种视频特效，按类别分别放在 17 个子文件夹中，方便用户按类别寻找到所需运用的视频特效。单击某个分类前的▷按钮，展开该分类，可以看到同属于该分类的所有视频特效，如图 7-17 所示。视频特效的使用方法如下：首先在视频轨道上添加一段视频素材，然后在视频效果中选择需要添加的特效，拖动至视频片段上即可。添加完视频特效后，用户可以在节目监视器窗口中查看视频的效果变化。大部分视频特效添加完成后，需要在“特效控制台”面板中对视频特效参数进行进一步设置，如图 7-18 所示。

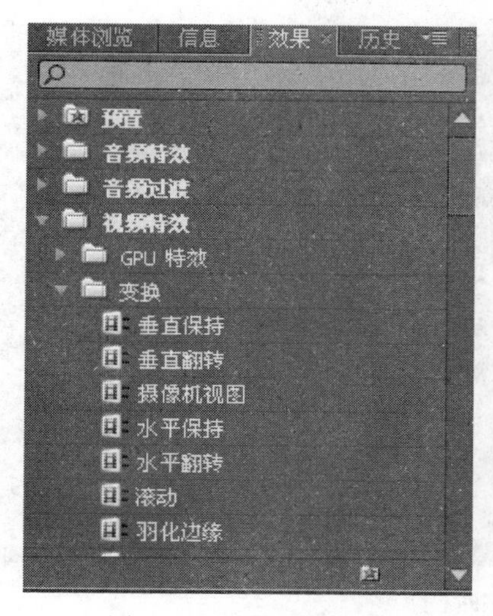

图 7-17 “效果”面板

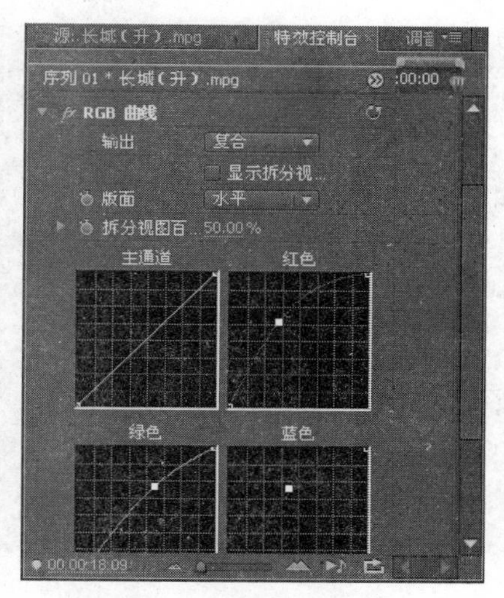

图 7-18 “特效控制台”面板

下面以镜头光晕为例来说明视频特效的使用。操作步骤如下：

① 向视频轨道中添加一段视频片段。

② 在视频特效文件夹中找到镜头光晕特效，将之拖到时间轴的视频素材上，这时在“特效控制台”面板中增加一个“镜头光晕”选项，单击文件夹左侧的扩展标志▶，则会显示如图 7-19 所示的参数，其含义如下：

- 光晕中心：用于设置光晕所产生的位置。（亮度）的数字框和三角形滑块用来设定点光源的光线强度。
- 光晕亮度：用于设置光晕亮度，值越大光晕越亮。
- 镜头类型：用于选择镜头的类型。
- 与原始素材混合：用于设置光晕和场景和混合程度。

③ 参数设置如图 7-19 所示。

图 7-19 “特效控制台”面板

④ 增加关键帧使光晕效果由无到有的变化，效果如图 7-20 和图 7-21 所示。

图 7-20 关键帧效果图 1

图 7-21 关键帧效果图 2

4. 音频特效

Premiere Pro CS4 中提供的音频特效有 5.1 声道、立体声、单声道 3 种，且被集中在“效果”面板中。这 3 类音频特效中不同的音频特效将应用在不同类型的音频声道中。因此，在为音频素材添加特效时，要使用相对应的音频特效。

下面以立体声多功能延迟为例来说明音频特效的使用。操作步骤如下：

① 向音频轨道中添加一段音频片段。

② 在音频特效文件夹中找到立体声多功能延迟特效，将之拖动到时间轴的音频素材上，这时在“特效控制台”面板中增加一个多功能延迟选项，单击文件夹左侧的扩展标志▷，则会显示如图 7-22 所示的参数，其含义如下：

- 延迟：4 个延迟选项用于设置原始音频素材的延时时间，最大的延时为 2 秒。
- 回授：用于设定延迟信号返回后所占的百分比。
- 电平：用于控制每一个回声的音量。

③ 参数设置完成后，即可播放浏览，如图 7-23 所示。

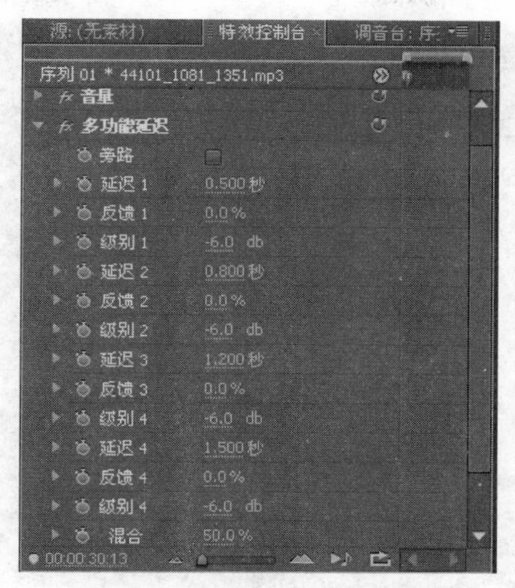

图 7-22　多重延迟音频特效面板

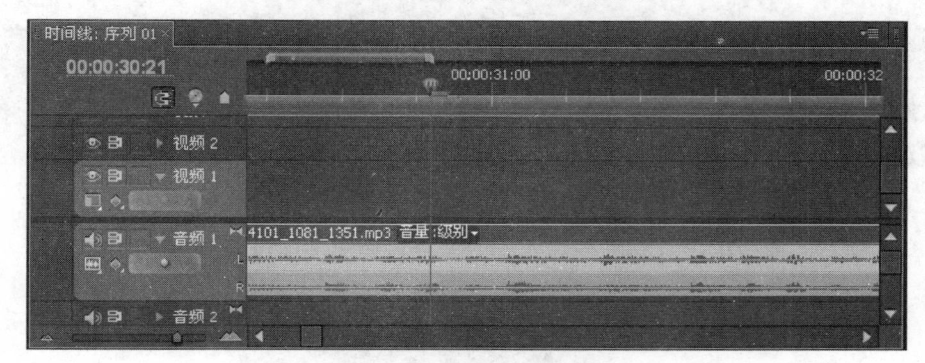

图 7-23　音频特效播放

5. 字幕效果

字幕作为影视作品中重要的组成部分，无论在片头还是在片尾中都能较直观地传达给观众一些信息，起到解释说明作品的作用。此处，利用字幕效果可以丰富画面色彩，为面面增添活力。Premiere Pro CS4 中，字幕是在一个单独的字幕窗口中创建完成的。

（1）新建字幕

Premiere Pro CS4 中，新建一个字幕文件有以下几种方式：

① 选择“文件”→“新建”→“字幕”命令。

② 选择“字幕”→“新建字幕”→“默认静态字幕”命令。

③ 在项目窗口中空白处右击，在弹出的快捷菜单中选择“新建分类”→“字幕”命令。

④ 在项目窗口单击“新建分类”按钮，在弹出的快捷菜单中选择“字幕”命令。

⑤ 使用【Ctrl+T】组合键。

下面以第一种创建字幕的方式为例讲解具体操作步骤：

① 选择“文件”→“新建”→“字幕”命令，弹出“新建字幕”对话框，可以对新建字幕命名，其他使用默认参数。命名完成后，单击“确定”按钮，弹出字幕编辑器窗口。

② 输入文字，在“字幕属性”面板中设置文字效果，如图 7-24 所示。

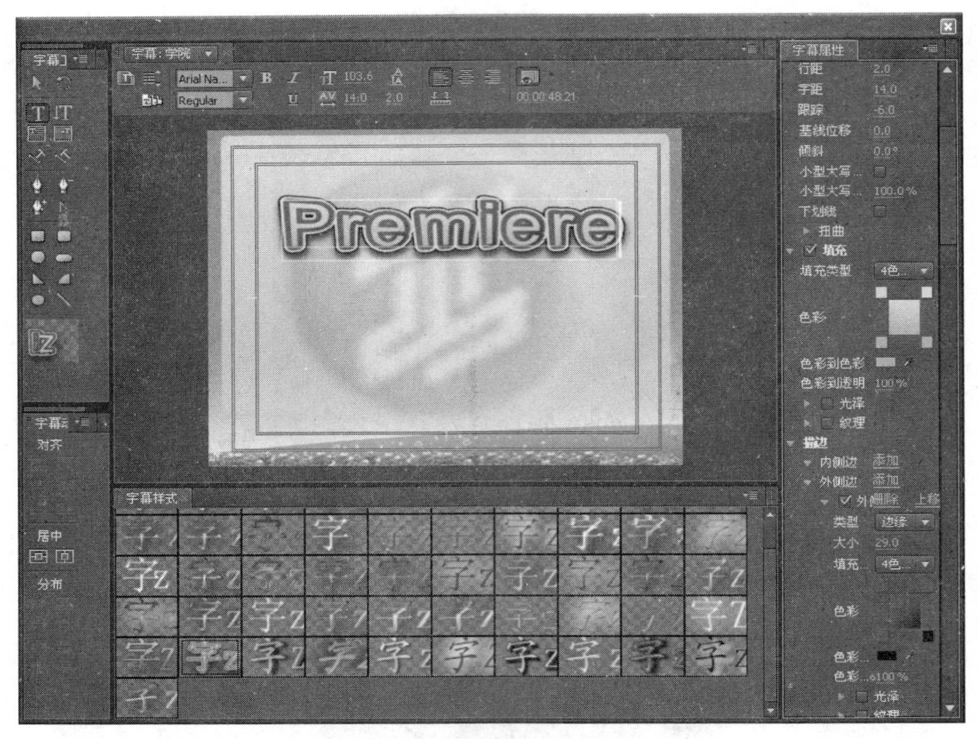

图 7-24　设置文字效果图

③ 在“项目”面板中可看到刚编辑完成的字幕，如图 7-25 所示。

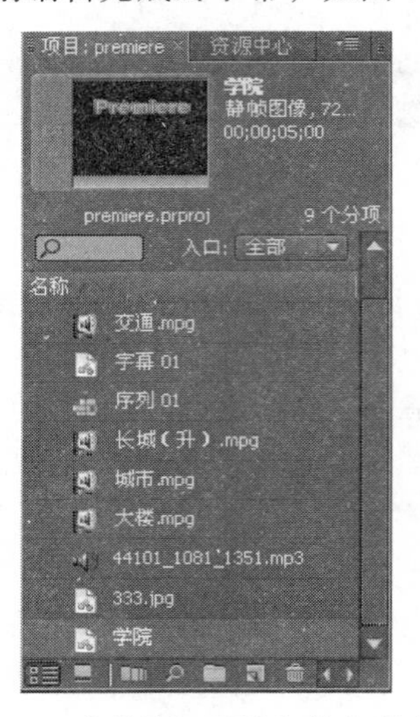

图 7-25　“项目”面板中的字幕文件

④ 将字幕文件拖到视频 2 轨道，可以在节目窗口看到应用的效果，如图 7-26 所示。

（2）制作活动字幕

在 Premiere Pro CS4 中，用户除了可以通过字幕编辑器建立静止字幕外，还可以建立活动的字幕，分为上下活动的滚动字幕和左右活动的游动字幕两种。下面以建立滚动字幕为例讲解具体操作步骤：

图 7-26　字幕文件应用效果

① 选择“字幕”→“新建字幕”→“默认滚动字幕”命令，弹出“新建字幕”对话框，可以对新建字幕命名。命名完成后，单击“确定”按钮，弹出字幕编辑器窗口。

② 输入文字，并简单设置文字效果，如图 7-27 所示。

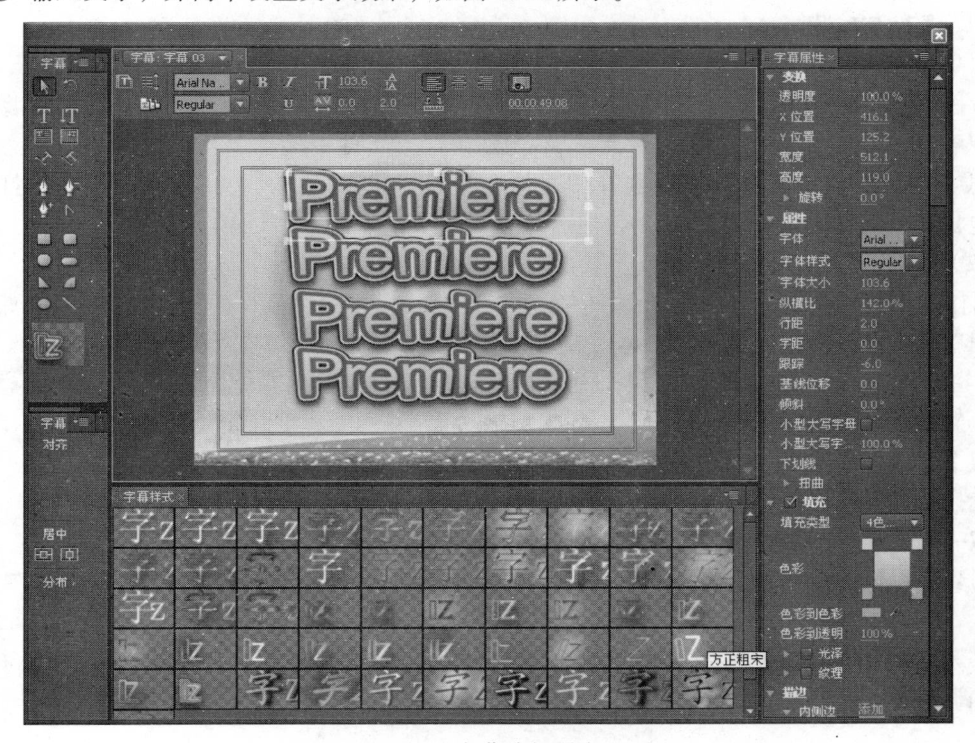

图 7-27　字幕编辑器窗口

③ 单击字幕编辑器上方的按钮，弹出“滚动/游动选项”对话框，如图 7-28 所示，在“时间”选项区域中设置字幕滚动的属性。

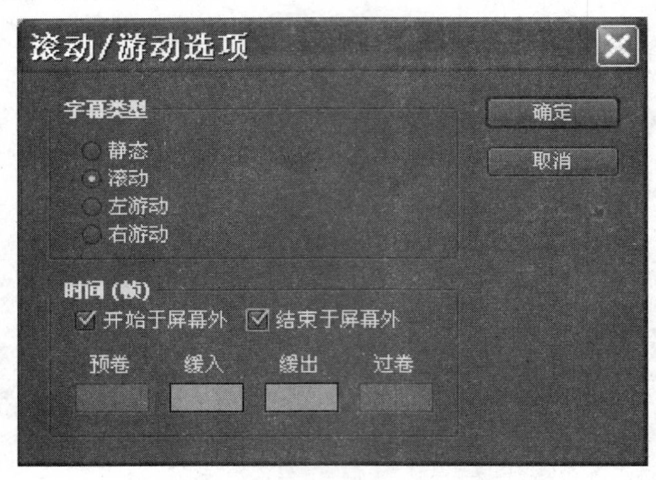

图 7-28　滚动/游动选项窗口

④ 设置完成，单击“确定”按钮，关闭字幕编辑器窗口，可以在“项目”面板中看到刚编辑完成的字幕。

⑤ 将字幕文件拖到视频 2 轨道，可以在“节目”面板看到制作好的滚动字幕效果。

如果要建立游动字幕，只需将上述第①步中的“默认滚动字幕”改为“默认游动字幕”命令，然后在弹出的“滚动/游动选项”对话框中设置字幕游动的属性即可。

6. 保存与输出

（1）保存

片段制作完成以后，为了便于以后修改，应选择“文件”→“保存”命令，即可将制作结果保存为一个项目文件（扩展名为.prproj），在这个文件中保存了当前电影编辑状态的全部信息，以后在需调用时，只要选择“文件”→“打开”命令，找到相应文件即可打开并编辑电影。

（2）输出

制作完成的片段通过使用输出命令，如图 7-29 所示，即可将制作的影片生成文件，然后在其他程序当中导入使用，或是在媒体播放工具中播放使用。用户可以在“时间线”面板中设置入点和出点范围，然后以导出方式将该范围内的编辑内容输出为文件。下面我们以输出 MPEG 格式影片为例讲解：

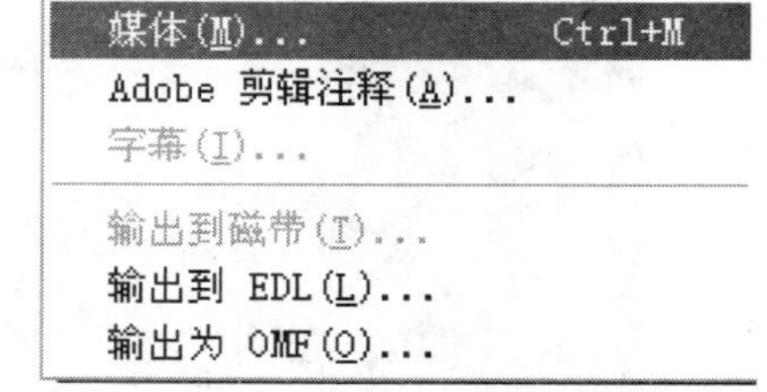

图 7-29　输出菜单

选择“文件”→“导出”→“媒体”命令，弹出如图 7-30 所示的“导出设置”对话框。在“格式”下拉列表中可以选择 MPEG2 格式，“预置”下拉列表中选择“PAL DV 高品质”，在下面的视频选项中选择 PAL 单选按钮，单击“确定”按钮，屏幕上弹出电影输出的进度显示框。当电影输出完成后，将自动在监视窗口中打开并播放已输出的电影。

图 7-30　“导出设置”对话框

7.6　VCD 和 DVD 的制作

对于编辑后的视频，一般都须转存至录像带或光盘长期存放。由于光盘成本低，画面质量高，大部分视频编辑爱好者都将视频转存至光盘。目前，常见的刻录软件有很多，例如 Easy CD Pro95、Easy CD Creator、Nero、Ulead DVD MovieFactory 3 Suite 等。下面以 Ulead DVD MovieFactory 3 Suite 为例简单介绍一下如何将视频文件刻录为 VCD、DVD 光盘。

VCD 的刻录过程如下：

① 打开 Ulead DVD MovieFactory 3 Suite，弹出如图 7-31 所示的界面。

图 7-31　DVD MovieFactory 3 Suite 界面

② 选择“创建视频光盘”超链接，弹出“创建视频光盘”对话框，图 7-32 所示。

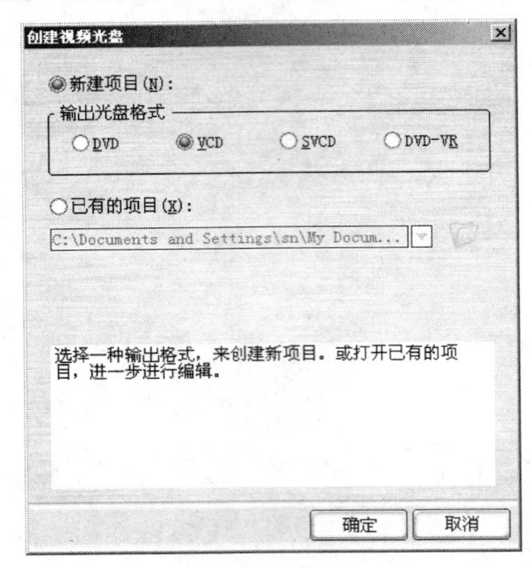

图 7-32 “创建视频光盘”对话框

③ 选择“输出光盘格式”选项区域中的 VCD 单选按钮，单击“确定”按钮，弹出如图 7-33 所示的“添加/编辑媒体”窗口。

图 7-33 “添加/编辑媒体”窗口

④ 单击添加媒体中的第二个图标，弹出“打开视频文件”对话框，如图 7-34 所示。

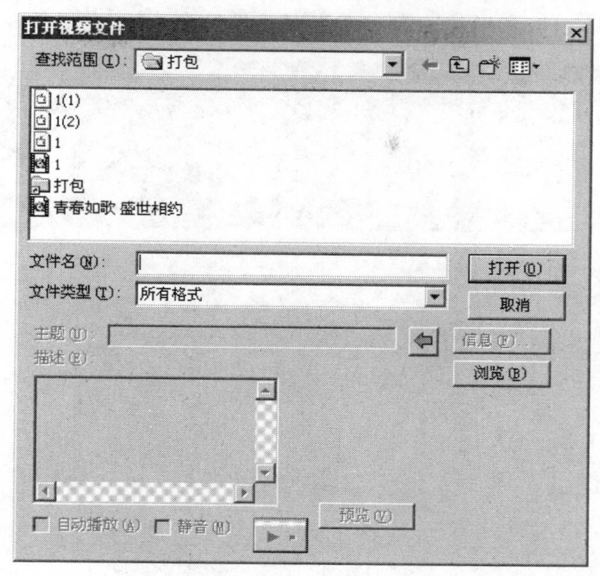

图 7-34　“打开视频文件”对话框

⑤ 选择需要转存至光盘的视频文件，单击“打开”按钮，此时“添加/编辑媒体”窗口的结果如图 7-35 所示。

图 7-35　“添加/编辑媒体”窗口

⑥ 单击“下一步”按钮，选择主题。再次单击“下一步”按钮，弹出“完成”窗口，如图 7-36 所示，单击“输出”超链接即可完成视频文件转存。

图 7-36 “完成”窗口

刻录 DVD 的步骤与 VCD 完全相同，只需要在第三步输出光盘格式中选择 DVD 单选按钮即可。

小　　结

本章主要介绍了多媒体视频数据的编辑与制作，通过本章的学习要求掌握模拟视频和数字视频的基本概念和标准，了解影响视频质量的技术指标，掌握数字视频的采集和编辑过程，掌握数字视频压缩标准，熟悉常用的视频文件格式，掌握视频编辑软件 Adobe Premiere Pro CS4 的使用方法。

思考与练习

一、选择题

1. Premiere Pro CS4 是非常优秀的视频编辑软件，它是（　　）公司推出的产品。
   A. 微软　　B. IBM　　C. Adobe　　D. Macromedia
2. 在（　　）面板中，可以直接导入素材文件和创建的项目文件，并且可以预览素材。

A．“信息” B．“历史” C．“效果” D．“项目”

3．在 Premiere Pro CS4 项目文件的扩展名为（ ）。

A．.prproj B．.Premiere C．. premiere Pro D．.Pro

4．Premiere 每次能同时打开（ ）个工程。

A．无数 B．3 C．2 D．1

5．在 Premiere 中能够导入的素材可以是（ ）。

A．视频文件 B．音频文件 C．图像文件 D．以上素材均可

6．当执行了错误的剪辑操作，想改正过来，应该使用（ ）。

A．“效果”面板 B．“历史”面板 C．“视频”面板 D．“信息”面板

7．在 Premiere 时间线上选中某一素材片段 A，然后按【Del】键，会发生（ ）。

A．时间线上的 A 片段和工程窗口里的 A 片段同时删除

B．时间线上的 A 片段被删除，工程窗口里的 A 片段没有删除

C．时间线上的 A 片段和 A 片段的所在实际文件同时删除

D．时间线上的 A 片段和 A 片段的所在实际文件都没被删除

8．时间标尺时基为 30，标尺上的“0:00:00:20”表示第 20 帧，那么“0:00:02:20”表示第（ ）帧。

A．22 B．220 C．80 D．140

9．通过按（ ）组合键，可对素材进行复制和粘贴操作。

A．Ctrl+C 和 Ctrl+X B．Ctrl+X 和 Ctrl+V

C．Ctrl+C 和 Ctrl+V D．Ctrl+D 和 Ctrl+X

10．下面说法中错误的是（ ）。

A．当图片超出黑色的可视范围后，就不能看到了，只可见控制外框的存在

B．用户定制并对路径作出修改，实际上就是对关键的控制

C．图片运动速度的改变实际上就是图片速度的改变，或者说是图片延时的改变

D．“时间线”面板中的关键点和路径结点不是对应的

11．通过调整片段的播放速度，可以实现加快、放慢和倒放等特殊效果。播放速度 100%表示正常速率，50%表示（ ）。

A．加快一倍 B．放慢一倍 C．加快两倍 D．放慢两倍

12．关于 Premiere Pro CS4 提供的字幕编辑器，以下说法正确的是（ ）。

A．编辑完字幕后，选择“文件”→“保存”命令，可以存储为 PRTL、DOC、JPG 等格式

B．只能编辑文字，不能画图

C．可以调整文字大小、字号、样式等

D．使用 Premiere 提供的字幕编辑器编辑的字幕，不能作为独立文件存在，而是包含在 PPJ 工程文件里

二、简答题

1．在 Premiere CS4 中如何把素材导入“工程”窗口？

2．在 Premiere CS4 中简述监视器 3 种显示方式的使用场合。

3．在 Premiere CS4 中如何实现慢动作播放影片？

4．在 Premiere CS4 中简述添加滤镜的操作步骤。

5. 在 Premiere CS4 中怎样添加字幕？

三、操作题

1. 在 Premiere CS4 中导入一个 MPEG 文件，想办法把音频部分删除，只留下视频部分，并输出成 AVI 文件。
2. 在 Premiere CS4 中精确地把一段素材剪成两半，两边的时间长度正好相等，误差不超过一帧。
3. 在 Premiere CS4 中利用虚拟片段，把一段素材重复播放 3 次。
4. 在 Premiere CS4 中使用特技制作画中画。
5. 在 Premiere CS4 中通过附加轨道实现视频画面渐隐。
6. 在 Premiere CS4 中实现音频的淡入/淡出。
7. 有两段素材，一段是草原上奔跑的骏马（基本上是绿色背景）；一段是海边沙滩的美丽风光，在 Premiere CS4 中请设法让骏马奔跑在海边沙滩上。
8. 在 Premiere CS4 中制作电影片头的滚动字幕。
9. 制作一个完整的数字视频，视频素材可以自己搜集。要求制作出的视频要有解说声音，有背景音乐；在视频的开始处有标题，视频当中有转场特效、画中画效果以及相应的字幕，要在视频中应用不少于两种的滤镜效果；在视频的末尾有运动的字幕，运动方式不限。制作完成后视频长度不超过 5 分钟。

第 8 章 多媒体应用系统的设计与开发

总体要求：

- 掌握多媒体应用系统的工程化设计方法及设计原理
- 掌握多媒体产品的设计过程与设计原则
- 掌握常用多媒体产品创作工具

核心技能点：

- 具有多媒体应用系统的工程化设计的能力
- 具有多媒体产品的设计开发的能力

扩展技能点：

- 具有常见媒体产品创作工具的使用能力

相关知识点：

- 常用多媒体产品创作工具

学习重点：

- 掌握多媒体应用系统的工程化设计方法
- 掌握多媒体产品的设计过程与设计原则

多媒体产品制作需要用到大量的多媒体素材，充分合理地使用素材是制作的关键，多媒体素材的采集、制作和处理过程就要用到软件工程方法和多媒体创作工具。多媒体创作工具用来集成、处理和统一管理文本、图像、声音、动画和视频文件，能在同一屏幕画面内融合各种多媒体要素，使内容生动、活泼，具有真正的人机交互方式。使多媒体作品具有利用多种类型媒体，刺激视觉、听觉等感觉器官表现信息的强大能力，成为当今信息社会人们交流信息的重要手段，越来越受到人们的青睐。

8.1 多媒体应用工程化设计

8.1.1 多媒体软件工程概述

多媒体技术在计算机领域的引入，使得计算机不仅可以处理文字，还可以处理图像、声音、动画、视频等信息，增强了信息处理的种类和能力。再加上用户界面变得友好，极大地增强了系统的功能，扩展了应用市场。与其他应用系统相比，多媒体应用系统具有更加友好的用户界面、涉及的技术领域广、技术层次高、开发技术标准化、多媒体技术的集成化和工具化等特点。这些特点使得多媒体应用软件的设计已经不再是以程序设计为主，而是以创作为主。

从程序设计角度看，多媒体应用设计仍属计算机应用软件设计范畴，因此可借鉴软件工程开发方法进行。而软件工程是一种以系统的方法来开发、操作、维护及报废计算机软件的过程。软件从设计到完成都可以用一种生命周期模型来描述，常见的软件开发模型有瀑布法（Waterfall Method）和螺旋法（Spiral Method）两种。

8.1.2 多媒体软件模型

1. 瀑布法

瀑布法是传统的软件生命周期模型中最典型的一种。该模型规定了各项软件工程活动，包括制订开发计划、进行需求分析和说明、软件设计、程序编码、测试及运行维护。它们是自上而下，相互衔接的固定次序，如同瀑布流水，逐级下落，故此得名，如图 8-1 所示。

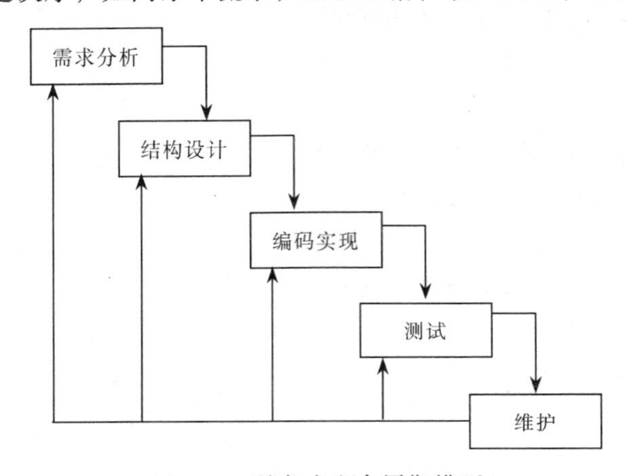

图 8-1 瀑布式生命周期模型

然而软件开发的实践表明，上述各项活动之间并非完全是自上而下为流程线型，每项开发活动均应具有以下特征：

① 从上一项活动接受本项活动的工作对象，作为输入。

② 利用这一输入实施本项活动应完成的内容。

③ 给出本项活动的工作成果，作为输出传给下一项活动。

④ 对本项活动实施的工作进行评审，若其工作得到确认，则继续进行下一项活动，否则返回前项，甚至更前项的活动进行返工。

瀑布模型为软件开发和软件维护提供了一种有效的管理模式，根据这一模式制订开发计划、进行成本预算、组织开发力量，以项目的阶段评审和文档控制为手段有效地对整个开发过程进行指导，从而保证了软件产品及时交付，并达到预期的质量要求。瀑布模型多年来之所以广为流行，是因为它采用结构化设计方法，便于控制开发的复杂性和便于验证程序的正确性。

与此同时，瀑布模型在大量的软件开发实践中也逐渐暴露出它的严重缺点。其中最为突出的缺点是该模型缺乏灵活性，特别是无法解决软件需求本身不明确或不准确的问题。这些问题的存在对软件开发会带来严重影响，最终可能导致开发出的软件并不是用户真正需要的软件，并且这一点在开发过程完成后才有所察觉。面对这些情况，无疑需要进行返工或是不得不在维护中纠正需求的偏差。但无论上述哪一种情况都必须付出高额的代价，并将为软件开发带来不必要的损失。另一方面，随着软件开发项目规模的日益庞大，由于瀑布模型不够灵活等缺点引发的上述问题显得更为严重。

2. 螺旋法

鉴于瀑布式生命周期的缺点，科学家布恩（Boehm）提出了称为螺旋式生命周期的模型概念，如图 8-2 所示。整个计划始于图中饼形的中心，然后绕着中心作 360° 的旋转，每旋转一圈便是一个原型版本，也是其外围各圈的一个过渡性版本。对整个系统而言它是开发过程中的一个步骤。

螺旋式模型中，从第一步开发到第五步，便是一个版本，从第六步可构成一个循环，起初的循环内容较简单，功能也较少，每循环一次，功能增强一些，核心仍是初始计划。这种不断的循环，可以大大节省开发与维护的时间，降低开发成本，因为每一次新的循环都是对前几次循环的累加、完善与维护基础上进行的，整个生命周期便是一个不断革新的原型。

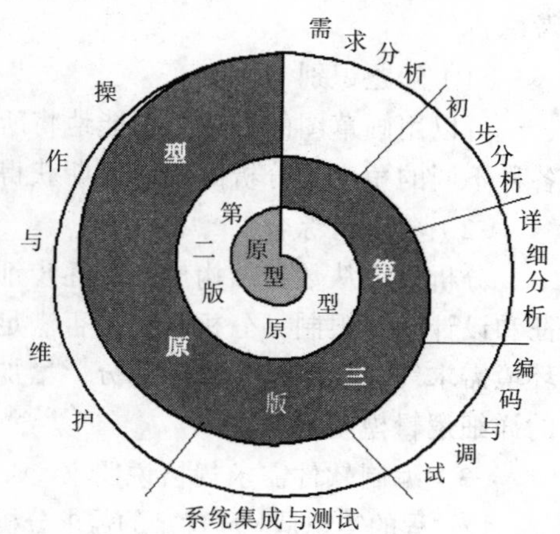

图 8-2　螺旋式生命周期模型

在螺旋法模型当中，允许设计者很快地根据用户的需求描出最早的软件版本，然后让用户使用一段时间，并评估其正确性与可用性后给予反馈。因此用户便融入整个开发组内，形成该软件开发的一部分。这种描述可以在很短的时间内完成，形成一个原型，这个原型可以在下一个版本出现时将其抛弃。虽然这个原型在功能上近似于最后版本，但缺乏细节，没有错误恢复能力。如果对原型进行进一步的某些细部的开发和修正，便形成下一个版本。如此反复地开发与修正，最后的版本也就是成品了。其实最后版本也可能成为原型，因为若再有功能加强或适应性需求等因素加入时，它仍可能产生下一个版本。

如果软件开发人员对所开发项目的需求已有了较好的理解和较大的把握，则无需开发原型，可采用普通的瀑布模型。这在螺旋型中可认为是单圈螺线。与此相反，如果对所开发项目的需求理解较差，则需要不止一个原型的帮助，那就需要经历多圈螺线。在这种情况下，外圈的开发包含了更多的活动，也可能某些开发采用了不同的模型。

螺旋模型适合于大型软件的开发，应该说是最为实际的方法，它吸收了软件工程“进化”的概念，使得开发人员和客户对每个进化层出现的风险有所了解，继而做出应有的反应。

8.2　多媒体产品设计原则

按照软件工程的思想，多媒体应用系统的设计应遵循“需求分析→设计→编码→测试→运行→维护”的过程。一般的，如果项目不是太大，上述整个过程只要由用户和一个系统分析员以及少量的几个程序员即可完成。实际上，多媒体产品的创作，更类似于电影或电视的创作过程，甚至许多具体的术语（如脚本、编号、剪接、发行等）都可直接从中借鉴过来使用。

总体来看，多媒体创作的一般步骤为概念、设计、准备素材、编码与集成、测试与维护和发行等。

1．选题报告和计划书

一个多媒体应用系统总是从某种想法或需要开始。开始之前，首先必须定出它的范围和内容，让该应用系统的方案设计大致定形，然后再制订出一个计划。

需求的来源往往出于一种需要，需求分析是创作一种新软件产品的第一阶段，也是软件产品生命周期的一个重要阶段。该阶段的任务就是对整个系统的需求进行评估，确定用户对应用系统的具体要求和设计目标。为使一种想法或构思得到充分的实现，可进一步从以下几个方面考虑：

（1）问题识别

可以用画草图的方式尽可能地将所有相关的信息表示出来，或者用详细列出构思的方式从各种不同的角度来分析问题，以期获得各种不同的结论。

（2）分析与综合

分析员需从数据结构出发，逐步细化所有的软件功能找出系统各元素之间的联系、接口特征和设计上的限制，分析它们是否满足功能要求，是否合理。依据功能需求、性能需求、运行环境需求等，剔除其不合理部分，增加其需求部分，最终综合成系统解决方案，给出目标系统的详细逻辑模型。

（3）编制软件需求规格说明书

该过程的实现是对已确定的需求分析进行清晰准确的描述，文档通常有数据描述、功能描述、性质描述、质量保证及加工说明等。该文档既是软件系统逻辑模型的描述，也是下一步进行设计的依据，应具有准确性和一致性，并且尽量采用标准图形、表格、符号，使设计者一目了然。同时，为了明确表达用户对输入、输出的要求，还需要制订数据要求说明书及编写初步的用户手册，着重反映准备开发软件的用户界面和用户使用的具体要求。

（4）需求分析评审

评审的目的在于确认各种可能的方案是否能真正使问题得到解决。因此，必须将之与原来用户的需求相互对照并且列出其中应有的功能来，请真正的用户来判断这些方法的正确性。要对所有的方案进行筛选，舍弃不正确的方案，从众多的分析方案中找出一个可行性高而最有价值（创意新颖）的方案。

2．应用系统结构设计

当通过需求分析确定了设计方案后，就要决定如何构造应用系统结构。需要强调的是多媒体应用系统设计后，必须将交互的概念融于项目的设计中。在确定系统整体结构设计模型之后，还要确定组织结构是线性、层次、网状链接，还是复合型，然后着手脚本设计，绘制导向图，并通过脚本与导向图的很好结合确定如下内容：

① 目录主题：即项目的入口点，一旦目录主题选定，即同时设定了其他主题内容，所以应以整个项目为一体，形成一致而有远见的设计。

② 层次结构和浏览顺序：许多时候，信息所表示的是前一屏幕的后续部分而不是其他层的信息内容，故此需建立其浏览顺序，使用户更好地理解内容。

③ 交叉跳转：通常要把相关主题连接起来，可采用主题词或图标作为跳转区，并指定要转向的主题。但交叉跳转功能需慎重使用，大量跳转使用户能随意浏览信息，但会使查找过于复杂，而且要花费许多时间对跳转进行检测以保证跳转的正确性。

3．建立详细设计的标准和细则

在开发应用系统之前必须制订高质量的设计标准，以确保多媒体设计具有一致的内部设计风格。这些标准主要有：

（1）主题设计标准

当把表现的内容分为多个相互独立的主题或屏幕时，应当使声音、内容和信息保持一致的形式。例如，决定是要用户在一个主题中用移动屏幕的方法来阅读信息，还是限制每个主题的信息量，使其在标准窗口中显示。

（2）字体使用标准

利用 Windows 提供的字形、字体大小和字体颜色来选择文本字体，使项目易读和美观。

（3）声音使用标准

声音的运用要注意内容易懂、音量不可过大或过小，并与其他声音采样在质量上保持一致。

（4）图像和动画标准

选用图像，要在设计标准中说明它的用途。同时要说明图像如何显示及其位置是否需要边框、颜色数、尺寸大小及其他因素。若采用动画则一定要突出动画效果。

在开发应用系统之前指定高质量的设计标准，需要花费一定的时间。但按照精心制订的标准工作，不仅会使项目的外观更好，也使它易于使用和推广。

4．素材的准备

准备多媒体素材是一项十分重要的基础工作。在一般的多媒体系统中，文字的准备工作比较简单，所占的内存量也很少，即使是 100 万的汉字，也不过占 2 MB 的空间，因此在一个多媒体系统中，基本可以不考虑文字所占用的存储空间。但另外几种媒体信息，例如声音、动画和图像等占用的存储空间就比较大，准备工作也较复杂。对图像来说，扫描处理过程十分关键，不仅要进行剪裁处理，而且还要在这个过程中修饰图像、拼接合并，以便能得到更好的效果。对于声音来说，音乐的选择，配音的录制也要事先做好，必要时也可以通过合适的编辑或特殊处理，如回声、放大、混声等。其他的媒体准备也十分类似，如动画的制作、动态视频的导入等。最后，这些媒体都必须转换为系统开发环境下要求的存储和表示形式。

5．编码与集成

在完全确定产品的内容、功能、设计标准和用户使用需求后，要选择适宜的创作工具和方法进行制作，目前的多媒体应用系统开发工具可分为两大类：基于语言的编程开发平台和基于集成制作的创作工具。

在生成应用系统时，如果采用程序编码设计，首先要选择功能强、可灵活进行多媒体应用设计的编程语言和编程环境，如 VB、VC++和 Java 等，这需要经过编程学习和训练之后才能胜任。有经验的编程人员可较好地完成设计要求，精确地达到设计目标。而训练有素的程序员则能熟练地采用工程化设计方法，缩短开发周期。

由于进行多媒体应用系统制作时要很好地解决多媒体压缩、集成、交互及同步等问题，编程设计不仅复杂，而且工作量大，使无编程经验的人望而却步，因此多媒体创作工具应运而生。各种创作工具虽然功能和操作方法不同，但都有操作多媒体信息进行全屏幕动态综合处理的能力。根据现有的多媒体硬件环境和应用系统设计要求选择适宜的创作工具，可高效、方便地进行多媒体编辑集成和系统生成工作。

具体的多媒体应用系统制作任务可分为两个方面：一是素材制作，二是集成制作。素材制作是各种媒体文件的制作。由于多媒体创作不仅媒体形式多，而且数据量大，制作的工具和方法也较多，因此素材的采集与制作需多人分工合作，如美工人员设计动画、程序设计人员实现制作、摄像人员拍摄视频影像、专业人员配音等。但无论文本录入、图像扫描、声音和视频信号采集处理，均要经过多道工序才可能进行集成制作。

集成制作是应用系统最后生成的过程。许多多媒体/超媒体创作工具，实际上是对已加工好的素材进行最后的处理与合成，即是集成制作工具，设计者面对所选用的创作工具或开发环境应有充分的了解和熟练的操作，才能高效地完成多媒体/超媒体应用系统的制作。

集成制作应尽量采用“原型”和逐渐使之“丰满”起来的手法，即在创意的同时或在创意基本完成之时，就先采用少量最典型的素材对少量的交互性进行“模拟版”制作。因为多媒体产品的制作受到多种因素的影响，大规模的正式开工必须是在“模拟版”获得确认之后方可进行，而在“模拟版”的制作过程中，实际上也已经同时解决了将来可能会碰到的各种各样的问题，所以“模拟版”制作是一种非常好的方法。

需要说明的是，在多媒体创作中，素材准备占用大部分工作量，而集成制作工作量仅占整个工作量的 1/3 左右。在素材编辑量大的情况下，由于集成创作工具提供了高效方便的平台，使集成工作量只占整个工作量的 1/10 左右。目前绝大部分创作工具软件都是基于 Windows 环境下的，其中许多创作工具还为多媒体应用程序提供了创作模式，这些不同的模式影响到用其开发的多媒体应用程序的特征。

6．系统的测试与应用

无论是用编程环境，还是用创作工具，当完成一个多媒体系统设计后，一定要进行系统测试。系统测试的工作是烦琐的，测试的目的是发现程序中的错误。测试工作实际从系统设计一开始就可进行，每个模块都要经过单元测试和功能测试。模块连接后要进行总体功能测试。开发周期的每个阶段，每个模块都应经过测试，不断改进。

对可执行的版本测试、修改后，形成一个可用的版本，便可投入试用，在应用中再不断地清除错误，强化软件的可用性、可靠性及功能。经过一段时间的试用、完善后，可进行商品化包装，以便上市发行。

软件发行后，测试还应继续进行。这些测试应包括可靠性、可维护性、可修改性、效率及可用性等。其中可靠性是指程序所执行的和所预期的结果一样，而且前一次执行与后一次执行的结果相同；可维护性是指如果其中某一部分有错误发生时，可以容易地将之更改过来；可修改性是指系统可以适应新的环境，随时增减改变其中的功能；效率高则是程序执行时不会占用过多的资源或时间；可用性是指一项产品可以满足用户想要完成的全部工作。

经过上述应用测试后，再进行用户满意度分析，进而详细整理并除去影响用户满意的因素，完成开发过程。

7. 软件系统的维护

软件交付使用后，由于在开发期对需求分析的不彻底，或测试与纠错的不彻底，仍存在一些潜藏的错误，某些功能需要进一步的完善和扩充，所以要进行维护、修改工作，从而延长系统的生命周期。

软件维护的内容有纠错性维护（发现和改正潜藏的软件错误）、适应性维护（在硬件和软件的支撑环境改善的情况下，交付使用的软件系统也要做相应的修改，以适应新的系统环境）、完善性维护（用户在使用系统中提出了一些新的功能与性能要求而做的完善工作）、预防性维护（为了适应未来的软、硬件环境的变化，主动地增加预防性的新版本功能）。

8.3 人机界面的设计

人机界面是用户与计算机系统的接口，它是联系用户和计算机硬件、软件的一个综合环境。界面是计算机系统中跟人打交道的部分，与人和计算机的关系非常密切。在人类通过感觉器官收集到的各种信息中，视觉获取的信息量占绝大部分。因此，在多媒体系统设计过程中，要充分考虑到人的视觉特征，本节将介绍人机界面的一般原理和若干技巧。

8.3.1 人机界面设计原则

1. 用户原则

人机界面设计首先要确立用户类型。划分类型可以从不同的角度，视实际情况而定。确定类型后要针对其特点预测他们对不同界面的反应。这就要从多方面设计分析。

2. 信息量最少原则

人机界面设计要尽量减少用户记忆负担，采用有助于记忆的设计方案。

3. 帮助和提示原则

要对用户的操作命令做出反应，帮助用户处理问题。系统要设计有恢复出错现场的能力，在系统内部处理工作要有提示，尽量把主动权让给用户。

4. 媒体最佳组合原则

多媒体界面的成功并不在于仅向用户提供丰富的媒体，而应在相关理论指导下，注意处理好各种媒体间的关系。

8.3.2 脚本设计原则

信息反馈和屏幕显示是界面设计中两个密切相关的问题，反馈信息是目标，而屏幕显示是获取反馈信息的手段。根据用户心理学和认知科学，界面的设计应遵循以下几项原则：

1. 面向用户的原则

反馈信息的目的是为了使用户获取运行结果信息，或者是获取系统当前状态，以及指导用户应如何进一步操作计算机系统，帮助用户尽快适应和熟悉系统的环境。所以，反馈信息应能被用户正确阅读、理解和使用，尽量使用用户所熟悉的术语来解释程序，此外系统内部在处理工作时要有提示信息，尽量把主动权让给用户。反馈信息的屏幕输出应面向用户、指导用户，以满足用户使用需求为目标。

2. 简洁性原则

界面的信息内容应该准确、简洁，并能给出强调的信息显示。具体地说，准确就是要求表达意思明确，不使用意义含混、有二义性的词汇或句子；简洁就是使用用户习惯的词汇并用尽可能少的文字表达必需的信息；必要时可以使用意义明确的缩写形式，需要强调的信息可以在显示中使用黑体字、加下画线、加大亮度、闪烁、反白及不同颜色来引起用户的注意。尽量使用肯定句，不用否定句；使用主动语态，不用被动语态；以及使用礼貌用语等。

3. 一致性原则

一致性原则是指从任务、信息的表达、界面的控制操作等方面尽量与用户理解熟悉的模式保持一致。如显示相同类型信息时，在系统运行的不同阶段保持一致的相似方式显示，包括显示风格、布局、位置、所用颜色等。一个界面与用户预想的表现、操作方式越一致，就越容易学习、记忆和使用。一致性不仅能减少人的学习负担，还可以通过提供熟悉的模式来增强认识能力，界面设计者的责任就是使界面尽可能地与实际目标的模式一致，若原来没有模型，就应给出一个新系统的清晰结构，并尽可能使用户容易适应。

4. 适当性原则

屏幕显示和布局应美观、清楚、合理，应改善反馈信息的可阅读性、可理解性，并使用户能快速查找到有用信息。

① 显示的逻辑顺序应合理。即应该使显示的信息有顺序，并在逻辑上和用户习惯或用户思维方式相一致。

② 显示内容应恰当、不应过多、显示过快或使屏幕过分拥挤。如内容显示不下，可采用上下滚动技术。

③ 提供必要的空白。空行及空格会使结构合理，阅读和寻找方便，并使用户的注意力集中在有用的信息上。

④ 一般使用小写或混合大小写形式显示文本，避免用纯大写方式，因为小写方式的文本容易阅读。

5. 顺序性原则

合理安排信息在屏幕上显示的顺序，一般有以下因素需考虑：

① 按照使用顺序显示信息（先使用的先显示）。

② 按照习惯用法顺序。

③ 按照信息重要性顺序（重要的信息在前面显示）。

④ 按照信息的使用频度（最常用的在前面显示）。

⑤ 按照信息的一般性和专用性（一般性信息先显示）。

⑥ 按字母顺序或时间顺序显示。

6. 结构性原则

界面设计应是结构化的，以减少复杂度。结构化应与用户知识结构相兼容，对信息组织的要求是用一种简单的方法把相关信息提供给用户，不要使用户的记忆负担过重。

7. 合理选择文本和图形

对系统运行结果输出的信息，如果是要对其值作详细分析或获取准确数据，那么应该使用字符、数字式显示；如果要了解数据总特征或变化趋势，那么使用图形方式更有效。

8. 使用多窗口

图形和多窗口显示可以充分利用微机系统的软、硬件资源，并在交互输出中大大改善人机界面的输出显示能力。

9. 使用彩色

合理使用彩色显示可以美化人机界面外观，改善人的视觉印象，同时加快有用信息的寻找速度，并减少错误。

8.3.3 创意设计原则

界面的结构设计包括界面对话设计、数据输入界面设计、屏幕设计和控制界面设计等。

1. 界面对话设计

人机对话是以任务顺序为基础的，一般应遵循以下原则：

① 反馈。随时将系统内部正在做什么的信息告知用户，尤其是当响应时间十分长的情况下。

② 状态。告诉用户正处在系统的什么位置，避免用户发出了语法正确的命令却是在错误的环境下进行工作。

③ 脱离。允许用户中止一种操作，并且能脱离该选择，避免用户死锁在不需要的选择中。

④ 默认值。只要能预知答案，尽可能设置默认值，节省用户时间。

⑤ 尽可能简化步序。使用略语或代码来减少击键数。

⑥ 求助。尽可能提供联机在线帮助和学习指导。

⑦ 错误恢复。在用户操作出错时，可返回并重新开始。

在对话设计中应尽可能考虑上述准则，媒体设计对话框有许多标准格式供使用。此外，对界面设计中的冲突因素应进行适当处理。

2. 数据输入界面设计

数据输入界面设计的目标是简化用户的工作，并尽可能降低输入出错率，还要容忍用户的错误。在设计中常采用以下多种方法：

① 尽可能减轻用户记忆，采用列表选择。对共同输入内容设置默认值，使用代码和缩写，系统自动填入已输入过的内容。

② 使界面具有预见性和一致性。用户应能控制数据输入顺序并使操作明确，采用与系统环境（如 Windows 操作系统）一致风格的数据输入界面。

③ 防止用户出错。采用确认输入（如只有按【Enter】键或任意键才确认）、明确的移动（如使用【Tab】键或鼠标在表中移动）、明确的取消（如用户仅中断操作时，已输入的数据并不删除）、对删除必须再次确认，对致命错误，要警告并退出。

④ 提供反馈。使用户能看到自己已输入的内容，并提示有效的输入回答或数值范围。

⑤ 按用户速度输入和自动格式化。用户应能控制数据输入速度并能进行自动格式化。例如，不让用户输入多余数据。

⑥ 允许编辑。理想的情况，在输入后能允许编辑且采用风格一致的编辑格式。数据输入界面可通过对话设计方式实现，如果条件具备尽可能采用自动输入，特别是图像、声音输入，会在远程输入及多媒体应用中迅速发展。

3．屏幕设计

计算机屏幕显示的空间有限，如何设计使其发挥最大效用，又使用户感到赏心悦目，可参考如下方法：

（1）布局

屏幕布局因功能不同，考虑的侧重点也不同。例如，对数字输入界面，可划分为数字输入、命令、出错处理3个区域，各功能区要重点突出。对信息展示屏幕则要设计各种媒体信息块的最佳组合和对用户最有效的显示顺序。但无论哪种功能设计，其屏幕设计必须协调，都应遵循以下5项原则：

① 平衡：注意屏幕上下左右平衡、错落有致、不要堆挤数据。

② 预期：屏幕上所有对象，如窗口按钮、菜单等处理应一致化，使对象的动作可预期。

③ 经济：努力用最少的数据显示最多的信息。

④ 顺序：对象显示的顺序应依需要排列，不需要先见到的媒体不要提前出现，以防止干扰其他信息的接收。

⑤ 规范性：画面应对称，显示命令、对话框及提示行在一个应用系统的设计中尽量统一规范。

（2）文字与用语

文字和用语除作为正文显示媒体出现外，还在设计题头、标题、提示信息、控制命令、会话等功能处出现。对文字与用语的格式与内容设计应注意以下几点：

① 简洁性。避免用专业术语，要使用用户的行话。尽量用肯定句而不用否定句，用主动语态而不用被动语态。用礼貌而不过分强调的语句进行文字会话；对不同的用户，实施心理学原则的使用用语；英文词语尽量避免缩写；在按钮、功能键标示中应使用描述操作的动词；在有关键字的数据输入对话和命令语言对话中采用缩码作为略语形式；在文字较长时，可用压缩法减少字符数或采用一些编码方法。

② 格式。在屏幕显示设计中，一幅画面不要文字太多，若必须有较多文字时，尽量分组分页，在关键词处进行加粗、变字体等处理，但同行文字尽量字形统一，英文词除标语外，尽量用小写字母和易认的字体。

③ 信息内容。显示的信息内容要简洁清楚，采用用户熟悉的简单句子。当内容较多时，应以空白分段或以小窗口分块，以便记忆和理解。重要字段可用粗体、彩色和闪烁以强化效果。

（3）颜色的使用

颜色的使用对屏幕显示是一种有效的强化技术，也是重要的一项设计，使用颜色应注意如下几点：

① 限制同时显示的颜色数。一般同一画面颜色数不宜超过4～5种，可用不同层次及形状来配合颜色，以增加变化。

② 画面中活动对象颜色应鲜明，而非活动对象应暗淡。各个对象的颜色应尽量不同，前景色宜鲜艳一些，背景则应暗淡。

③ 尽量用常规准则所用的颜色来表示对象的属性。如红色表示警告以引起注意，绿色表示正常、通行等。当对字符和一些细节描述需要强烈的视觉敏感度时，应以黄色或白色显示，背景色用蓝色。

4．控制界面设计

人机交互控制界面遵循的原则是：为用户提供尽可能大的控制权，使其易于访问系统的设备，易于进行人机对话。控制界面设计的主要任务如下：

（1）控制会话设计

每次只有一个提问，以免使用户短期负担增加。在需要几个相关联的回答时，应重新显示前一个回答，以免短期记忆带来错误。还要注意保持提问序列的一致性。

（2）菜单界面设计

各级菜单中的选项，应既可用字母快捷键应答，还可用鼠标按键定位选择。在各级菜单结构中，除将功能项与可选项正确分组外，还要对用户导航做出安排，如菜单级别及正在访问的子系统状态应在屏幕顶部显示。利用回溯工具改进菜单路径跟踪，使用户利用单键能回到上页菜单选择等。另外，在各级菜单的深度（多少级菜单）和宽度（每级菜单有多少选择项）设置方面要进行权衡。

（3）图标设计

图标被用来表示对象和命令，其优点是逼真。但随着概念的抽象，图标表达能力减弱，并有含义不明确的问题。所以设计图标时，应该让用户测试图标的含义；设计的图标尽可能逼真；图标应有清晰的轮廓，以利辨别；对操作命令，应在图标下给出操作说明；避免使用符号等。

（4）窗口设计

窗口有不重叠和重叠的两类，可动态地创建和删除。窗口有多种用途，在会话中间可根据需要动态地呈现窗口，并可在不同窗口中运行多个程序。这种多窗口、多任务为用户提供许多方便，用户利用窗口可自由地进行任务切换。但窗口不宜开得太多，以免使屏幕杂乱无章，分散用户的注意力。

（5）直接操作界面

直接操作界面的主要设计思想是用户能看到并直接操作对象的代表，并通过在屏上绘制逼真的“虚拟世界”来支持用户的任务。例如，一个文件可直接拖动到文件夹中；删除文件时，可看到一份份“文档”从文件夹中抛出并消失。这种界面的优点是使计算机系统能比其他形式的界面更直接地模拟日常操作。用户只需（用鼠标）直接指定操作对象并单击，其运动结果便立即在显示器屏幕上显示，用户不必记住格式控制命令。

（6）命令语言界面设计

命令语言界面设计是最强有力的控制界面，是最终的人机会话方式，仍处在实验和研究之中。

界面设计是多媒体应用系统设计的重要过程，设计过程中都应采用软件工程技术。目前，界面设计采用工具软件已十分方便，许多多媒体创作工具和多媒体开发环境都为界面中各种对象的设计提供了工程化的设计平台和工具箱，从而使界面设计的实现更容易。而多媒体人机界面设计的真正难点和关键所在是界面结构的创意设计和各种创意准则的灵活运用。

8.3.4　界面设计评价原则

评价是人机界面设计的重要组成，应该在系统设计初期，或原型期就进行评价，以便及早发现设计缺陷，避免人力、物力的浪费。对界面设计的质量评价通常可用 4 项基本要求来衡量：

① 界面设计是否有利于用户目标的完成？

② 界面学习和使用是否容易？

③ 界面使用效率如何？

④ 设计的潜在问题有哪些？

界面评估采用的方法已由传统的知觉经验的方法，逐渐转为科学的系统的方法进行。传统经验方法有如下几种：

① 实验方法。在确定了实验总目标及所要验证的假设条件后，设计最可靠的实验方法，通过随机和重复测试，最后对实验结果分析总结。

② 监测方法。即观察用户行为。观察方法有多种，如直接监测、录像监测、系统监测等。评估时一般多种方法同时进行。

③ 调查方法。这种方法可为评价提供重要数据，在界面设计的任何阶段均可使用。调查方式可采用调查表（问卷）或面谈方式。但应该指出，这种方法获得数据的可靠性和有效性，不如实验法和监测法。

④ 形式化方法。这种方法建立在用户与界面的交互作用模型上。它与经验方法的区别在于不需要直接测试或观察用户实际操作；优点是可在界面详细设计实现前就进行评价。但无法完全预知用户所反映的情况，所以目前多用比较简单可靠的经验方法。

8.4 多媒体创作工具

1. 多媒体创作工具概述

多媒体创作工具是电子出版物、多媒体应用系统开发的基础工具，它提供组织和编辑多媒体项目各种成分所需要的重要框架，包括图形、声音、动画和视频剪辑。

创作工具的用途是设立交互性的用户界面，在屏幕上演示制作的项目以及将各种多媒体成分集成完整而具有内在联系的项目。

2. 多媒体创作工具功能

近年来，随着多媒体应用系统需求的日益增长，许多公司都对多媒体创作工具及其产品非常重视，并集中人力进行开发。从而使得多媒体创作工具日新月异，根据应用目标和使用对象的不同，一般认为，多媒体创作工具应有以下功能。

（1）具有良好的面向对象的编程环境

多媒体创作工具应提供编排各种媒体数据的环境，即能对媒体元素进行基本的信息和信息流控制操作，包括条件转移、循环、数学计算、数据管理和计算机管理等。多媒体创作工具还应具有将不同媒体信息编入程序能力、时间控制能力、调试能力、动态文件输入与输出能力等，编程思路方面主要有：

① 流程结构式，先设计流程结构图，再组织素材，如 Authorware。

② 卡片组织式，如 Tool Book 等。

（2）具有较强的多媒体数据输入/输出能力

媒体数据一般由多媒体素材编辑工具完成，由于制作过程中经常要使用原有的媒体素材或加入新的媒体，因此要求多媒体创作工具软件也应具备一定的数据输入和处理能力，另外对于参与创作的各种媒体数据，可以进行实时呈现与播放，以便对媒体数据进行检查和确认。需具备的能力如下：

① 能输入/输出多种图像文件：BMP、PCX、TIF、GIF 等。

② 能输入/输出多种动态图像及动画文件：AVI、MPG 等，同时可以把图像文件互换。

③ 能输入/输出多种音频文件：波形文件、CD Audio、MIDI 等。

（3）动画处理能力

多媒体创作工具可以通过程序控制，实现显示区的位块移动和媒体元素的移动，用以制作和播放简单动画。另外多媒体创作工具还应能播放由其他动画制作软件生成的动画的能力，以及通过程序控制动画中的物体的运动方向和速度，制作各种过渡特技等，如移动位图、控制动画的可见性、速度和方向，及其特技功能，如淡入/淡出、抹去、旋转、控制透明及层次效果等。

（4）超链接能力

媒体元素可分为静态对象中的文字、图形、图像等，基于时间的数据对象中的声音、动画、视频等。超链接能力是指从一个对象跳到另一个对象，程序跳转、触发、链接的能力。从一个静态对象跳到另一个静态对象，允许用户指定跳转链接的位置，允许从一个静态对象跳到另一个基于时间的数据对象。

（5）应用程序的连接能力

多媒体创作工具应能将外界的应用控制程序与所创作的多媒体应用系统相连接，也就是从一个多媒体应用程序来激发另一个多媒体应用程序，并加载数据，然后返回运行的多媒体应用程序，多媒体应用程序能够连接（调用）另一个函数处理的程序。

① 可建立程序级通信：DDE（Dynamic Data Exchange）。

② 对象的链接和嵌入：OLE（Object Linking and Embedding）。

（6）模块化和面向对象

多媒体创作工具应能让开发者开发独立片段并使之模块化，甚至目标化，使其能“封装”和“继承”，让用户能在需要时独立使用，通常的开发平台都提供一个面向对象的编辑界面，使用时只需根据系统设计方案就可以方便地进行制作，所有的多媒体信息均可直接定义到系统中，并根据需要设置其属性。总之，应具有能形成安装文件或可执行文件的功能，在脱离开发环境后能运行。

（7）友好的界面

多媒体创作工具应具有友好的人机交互界面，屏幕呈现的信息要多而不乱，即多窗口、多进程管理，应具备必要的联机检索帮助和导航功能，尤其教学软件，使用户在上机时尽可能不借助印刷文件就可以掌握基本使用方法。此外多媒体创作工具应操作简便，易于修改，菜单与工具布局合理，有良好的技术支持。

3. 多媒体创作工具的分类

每一种多媒体创作工具都提供了不同的应用开发环境，并具有各自的功能和特点，适用于不同的应用范围，根据多媒体创作工具的创作方法和特点的不同，可将其划分为如下几类：

（1）以时间为基础的多媒体创作工具

以时间为基础的多媒体创作工具所制作出来的节目最像电影或卡通片，它们是以可视的时间轴来决定事件的顺序和对象显示上演的时段，这种时间轴包括许多行道或频道，以便安排多种对象同时呈现，它还可以用来编辑控制转向一个序列中的任何位置的节目，从而增加导航和交互控制。通常该类多媒体创作工具中都会有一个控制播放的面板，它与一般录音机的控制面板类似。在这些创作系统中，各种成分和事件按时间路线组织，这种控制方式的优点是操作简便、形象直观，在一个时间段内，可任意调整多媒体素材的属性（如位置、转向、出图方式等）。缺点是要对每一素材的呈现时间作精确的安排，调试工作量大，它适合于一项有头有尾的消息，这类多媒体创作工具的典型产品有 Director 和 Action 等。

（2）以图标为基础的多媒体创作工具

在这些创作工具中，多媒体成分和交互队列（事件）按结构化框架或过程图标为对象，使项目的组织方式简化，而且多数情况下是显示沿各分支路径上各种活动的流程图。创作多媒体作品时，创作工具提供一条流程线（Line），供放置不同类型的图标使用，使用流程图去“构造”程序，多媒体素材的呈现是以流程为依据的，在流程图上可以对任意图标进行编辑。优点是调试方便，在复杂的导航结构中，这个流程图对开发过程特别有用；缺点是当多媒体应用软件制作很大时，图标与分支很多，这类创作工具有 Authorware 等。

（3）以页式或卡片为基础的多媒体创作工具

以页式或卡片为基础的多媒体创作工具都是提供一种可以将对象连接于页面或卡片的工作环境。一页或一张卡片便是数据结构中的一个结点，它类似于教科书中的一页或数据袋内的一张卡片，只是这种页面或卡片的数据比教科书上的一页或数据包内一张卡片的数据复杂。在多媒体创作工具中，可以将这些页面或卡片连接成有序的序列。

这类多媒体创作工具是以面向对象的方式来处理多媒体元素的，这些元素用属性来定义，用剧本来规范，允许播放声音元素以及动画和数字化视频节目。在结构化的导航模型中，可以根据命令跳转到所需的任何一页，形成多媒体作品。优点是便于组织和管理多媒体素材。缺点是在要处理的内容非常多时，卡片或页面数量过大，不利于维护与修改。这类创作工具主要有 Tool Book 及 HyperCard。

（4）以传统程序语言为基础的创作工具

这种创作工具需要大量编程，可重用性差，不便于组织和管理多媒体素材，且调试困难，如 Visual C++、Visual Basic。其他如综合类多媒体节目编制系统则存在通用性差和操作不规范等缺点。

8.5 多媒体产品的制作过程

多媒体产品的制作分几个阶段，每个阶段完成一个或几个特定的任务。下面将按照多媒体产品开发的顺序简要地介绍各个阶段的工作。

1. 产品创意

多媒体产品的创意设计是非常重要的工作，从时间、内容、素材，到各个具体制作环节、程序结构等，都要事先周密筹划。产品创意主要有以下若干项工作：

① 确定产品在时间轴上的分配比例、进展速度和总长度。

② 撰写和编辑信息内容，其中包括教案、讲课内容、解说词等。

③ 规划用何种媒体形式表现何种内容。其中包括界面设计、色彩设计、功能设计等项内容。

④ 界面功能设计。内容包括按钮和菜单的设置、互锁关系的确定、视窗尺寸与相互之间的关系等。

⑤ 统一规划并确定媒体素材的文件格式、数据类型、显示模式等。

⑥ 确定使用何种软件制作媒体素材。

⑦ 确定使用何种平台软件。如果采用计算机高级语言编程，则要考虑程序结构；数据结构、函数命名及其调用等问题。

⑧ 确定光盘载体的目录结构、安装文件，以及必要的工具软件。

⑨ 将全部创意、进度安排和实施方案形成文字资料，制作脚本。

在产品创意阶段，工作的特点需求是细致、认真、一丝不苟。一点小小的疏忽，会使今后的开发工作陷入困境，有时甚至要从头开始。

2．素材加工与媒体制作

多媒体素材的加工与制作是最为艰苦的开发阶段，非常费时。在此阶段，要和各种软件打交道，要制作图像、动画、声音，乃至文字。

在素材加工与媒体制作阶段，要严格按照脚本的要求进行工作。其主要的工作有以下几项：

① 录入文字，并生成纯文本格式的文件，如 TXT 格式文件。

② 扫描或绘制图片，并根据需要进行加工和修饰，然后形成脚本要求的图像文件。

③ 按照脚本要求，制作规定长度的动画或视频文件。在制作动画过程中，要考虑声音与动画的同步、解说词与动画节奏的同步以及动画衔接等问题。

④ 制作解说和背景音乐。按照脚本要求，将解说词进行录音，背景音乐可直接从光盘上经数据变换得到。在进行解说音和背景音混频处理时，要慎重处理，保证恰当的音强比例和准确的时间长度。

⑤ 利用工具软件，对所有素材进行检测。对于文字内容，主要检查用词是否准确、有无纰漏、概念描述是否严谨等。对于图片，则侧重于画面分辨率、显示尺寸、彩色数量、文件格式等的检查。对于动画和音乐，主要检查二者时间长度是否匹配、数字音频信号是否有破音、动画的画面调度是否合理等项内容。

⑥ 数据优化。数据优化是针对媒体素材进行的，其目的有：

- 减少各种媒体素材的数据量。
- 提高多媒体产品的运行效率。
- 降低光盘数据存储的负荷。

⑦ 制作素材备份。此项工作十分重要。素材的制作将花费很多心血和时间，应多复制几份进行保存，否则因意外而导致文件损坏将带来巨大损失。

3．编制程序

在多媒体产品制作的后期阶段，使用高级语言进行编程以便把各种媒体进行组合、连接。与此同时，通过程序增加全部控制功能，其中包括：

① 设置菜单结构。其中主要包括确定菜单功能分类、鼠标单击菜单模式等。

② 确定按钮操作方式。

③ 建立数据库。

④ 界面制作。其中包括窗体尺寸设置、按钮设置与互锁、媒体显示位置、状态提示等。

⑤ 添加附加功能。例如，趣味习题、课间音乐欣赏、简单小工具、文件操作功能等。

⑥ 打印输出重要信息。

⑦ 帮助信息的显示与联机打印。

程序在编制过程中，通常要反复进行调试，修改不合理的程序结构、改正错误的数据定义和传递方式、检查并修正逻辑错误等。

4．成品制作及包装

多媒体程序和多媒体模块最终都要成为成品。所谓成品，是指具备实际使用价值、功能完善而可靠、文字资料齐全、具有数据载体的产品。

成品的制作大致包括以下内容：

① 确认各种媒体文件的格式、名字及其属性。

② 进行程序标准化工作。其中包括确认程序运行的可靠性、系统安装路径自动识别、运行环境自动识别、打印接口识别等。

③ 系统打包。所谓“打包”，是指把全部系统文件进行捆绑，形成若干个集成文件，并生成系统安装文件和卸载文件。

④ 设计光盘目录的结构和规划光盘的存储空间分配比例。如果采用文件压缩工具压缩系统数据，还要规划释放的路径和考虑密码的设置问题。

⑤ 制作光盘。需要低成本制作时，可采用 5 in 的 CD-R 激光盘片。CD-RW 可读写激光盘片的成品略高于 CD-R，但由于 CD-RW 可重新写入数据，因此对于经常修改程序或数据提供了方便。

⑥ 设计包装。任何产品都需要包装，它是所谓“眼球效应”的产物。现今社会越来越重视包装的作用，包装对产品的形象有直接影响，甚至对产品的使用价值也起到不可低估的作用。设计出优秀的包装并非易事，需要专业知识和技巧。

⑦ 编写技术说明书和使用说明书。技术说明书主要说明软件系统的各种技术参数。其中包括媒体文件的格式与属性、系统对软件环境的要求、对计算机硬件配置的要求、系统的显示模式等。而使用说明书则主要介绍系统的安装方法、寻求帮助的方法、操作步骤、疑难解答、作者信息，以及联系方法等。

小　　结

本章主要介绍了多媒体应用系统的工程化设计方法及设计原理，从需求分析、脚本设计及人机界面交互设计、多媒体产品的设计过程与设计原则、常用多媒体产品创作工具等方面进行介绍。通过本章的学习，应了解多媒体软件工程的要求和特点，了解多媒体作品的一般制作过程和人机界面的设计原理及实现方法，了解几种典型多媒体应用系统的应用特点和方法。

思考与练习

一、选择题

1．下列应在“需求分析”阶段完成的工作是（　　）。

A．问题剖析　　B．检索可能的解决方案

C．评估各种方案的可行性　　D．找出最佳方案

2．下列是目前常用的人机交互方式的是（　　）。

A．菜单方式　　B．命令语言　　C．自然语言　　D．填表方式

3．下列是界面设计应遵循的原则的是（　　）。

A．面向用户的原则　　B．一致性原则　　C．复杂性原则　　D．适当性原则

4．在计算机输出显示中使用颜色有（　　）优点。

A．用于强调屏幕上的信息格式和内容

B．把用户注意力吸引到重要信息上

C．颜色可用来对信息分类，便于区分

D．彩色显示可改善人的视觉印象，增强兴趣，减少疲劳

5．下列色彩的使用符合色彩使用原则的是（　　）。

A．同一屏幕使用多颜色时，选择适当对比度的颜色组合

B．使用一致性的颜色显示

C．色彩越丰富效果越好

D．尽量少使用红/绿颜色

6．下列特点不是多媒体教学软件所具有的是（　　）。

A．具有友好的人机交互界面

B．能同时利用视、听手段

C．能判断问题并进行教学指导

D．能通过计算机屏幕和老师面对面讨论问题

7．多媒体教学软件包含的模式是（　　）。

A．课堂演播模式　　B．个别化交互模式

C．操练复习模式　　D．资料工具模式

8．下列说法不正确的是（　　）。

A．电子出版物存储容量大，一张光盘可以存储几百本长篇小说

B．电子出版物媒体种类多，可以集成文本、图像、声音、视频等多媒体信息

C．电子出版物不能长期保存

D．电子出版物检索信息迅速

9．下列叙述正确的是（　　）。

A．多媒体数据库必须能表示和处理各种媒体的数据

B．多媒体数据库不考虑多种媒体数据之间的空间和时间关联

C．多媒体数据库要满足媒体数据的独立性

D．多媒体数据库只要提供与传统数据库相同的操作即可

10．多媒体的引入，对数据库的影响是（　　）。

A．影响数据库中的组织和存储方法

B．种类繁多的媒体类型，增加了数据处理的困难

C．改变了数据库的操作方式，其中最重要的是查询机制和查询方法，但不改变数据库的接口

D．必须增加处理长事务的能力

二、简答题

1．多媒体应用系统与其他的应用系统相比有什么特点？

2．软件生存周期为什么要划分阶段，如何划分？

3．软件开发的模型有几种？各适用于什么场合？
4．画出瀑布模型，并简述其特点。
5．常用的软件的测试方法有哪些？
6．软件交付使用后为什么还要进行维护？维护的过程是什么？
7．人机界面设计的原则有哪些？
8．屏幕设计的步骤是什么？
9．人机界面设计的评价方法有哪些？
10．多媒体创作工具有哪些？

第9章 多媒体创作工具Authorware

总体要求：

- 掌握 Authorware 软件的主要功能特点
- 掌握 Authorware 软件的运行环境、安装方法及 Authorware 软件的启动与退出
- 掌握 Authorware 软件常用的图标与常用功能
- 掌握 Authorware 软件的菜单系统
- 掌握 Authorware 软件的动画设计
- 掌握 Authorware 软件的常用交互类型及交互设计
- 了解 Authorware 软件中变量和函数的定义和使用
- 了解库与模块的创建和使用

核心技能点：

- 掌握基于流程图的 Authorware 软件的使用方法
- 掌握使用 Authorware 软件制作多媒体应用程序的能力

扩展技能点：

- 多媒体应用程序的创作能力
- 多媒体应用程序发布能力

相关知识点：

- 多媒体创作工具
- 面向对象的高级语言

学习重点：

- 熟悉 Authorware 软件常用的图标与常用功能
- 熟悉 Authorware 软件的菜单系统
- 掌握 Authorware 软件的动画设计
- 掌握 Authorware 软件的常用交互类型及交互设计

随着计算机技术的发展、计算机使用的普及，多媒体已逐渐应用到各行各业，各种多媒体应用软件的开发工具也因此应运而生。在各种多媒体应用软件的开发工具中，Macromedia 公司推出的多媒体制作软件 Authorware 是不可多得的开发工具之一。Authorware 操作简单、程序流程明确、开发效率高，并且能够结合其他多种开发工具共同实现多媒体的功能。多媒体制作软件易学易用，不需大量编程，使得不具有编程能力的用户也能创作出一些高水平的多媒体作品，对于非专业开发人员和专业开发人员都是一个很好的选择。

9.1 Authorware 概述

Authorware 是美国 Macromedia 公司 20 世纪 90 年代初推出的一种多媒体制作工具。其版本从 1.0 版、2.0 版、3.0 版、4.0 版、5.0 版、5.2 版到最近的 7.02 版。Authorware 是先进、丰富的视音频、可视媒体集成制作解决方案，可用于制作网页和制作在线学习应用软件，培训开发人员、指导设计员、教育工作者和其他方面的专家。使用这个产品可以制作出迷人的、包含丰富媒体的学习软件，然后通过互联网、局域网或光盘等载体进行发布。

Authorware 7.02 主要功能特点如下：

（1）面向对象的可视化编程

这是 Authorware 区别于其他软件的一大特色，它提供直观的图标流程控制界面，利用对各种图标逻辑结构的布局，来实现整个应用系统的制作。它一改传统的编程方式，采用鼠标对图标的拖放来替代复杂的编程语言。

（2）丰富的人机交互方式、变量和函数

11 种内置的用户交互和响应方式及相关的 300 多种函数和变量，及其改进的交互类型，使用户对多媒体系统的动态演示效果能进行细致的调整。

（3）丰富的多媒体素材的使用

Authorware 具有一定的绘图功能，能方便地编辑各种图形，能多样化地处理文字，此外还为多媒体作品制作提供了集成环境。它能直接使用其他软件制作的文字、图形、图像、声音和数字电影等多媒体信息，特别是可以将 MP3 音频加入到 eLearning 中为 Intranet 和 Web 设计的应用程序中，增加了对新的媒体的支持。

（4）简单易用一键式出版（One Button Publishing）

用户只需要按一个键就会保存应用程序，然后发布到 Web 或企业内部网中，可制作出脱离开发环境的，可在 Windows 下可直接执行的 EXE 文件；另外针对互联网的迅猛发展，可制作出在网络环境下使用的流式文件，使多媒体的在线教学得到迅速普及。

（5）增强的扩展能力

利用新的 XML 分析能力，输入基于 XML 的信息到 Authorware 应用程序中。整合了全部的 ActiveX 控制的新范围，通过增强的通信支持以延伸 ActiveX 控制的道具和方法。动态链接到丰富的文本文件，并创建容易编辑、更新、维护的应用程序。

（6）丰富的媒体教学帮助

通过在 Authorware 帮助系统中加入交互式、多媒体指南，让使用者更容易学习。

9.2 Authorware 基本操作

Authorware 的安装和其他软件相同，安装完成后即可运行 Authorware 主程序。

1. Authorware 主界面

Authorware 程序的主界面由 6 部分组成，如图 9–1 所示。

① 标题栏：主要显示正在处理的文件名及 Authorware 程序的状态。

② 菜单栏：Authorware 程序的主要设置及操作命令。

③ 工具栏：Authorware 程序的一些常用的命令及快捷方式。

④ “图标”面板：Authorware 的程序开发所使用的图标。

⑤ 设计窗口：Authorware 的程序开发的流程设计窗口。

⑥ 知识对象窗：用 Authorware 开发一些复杂的应用程序时，所使用高级选项。

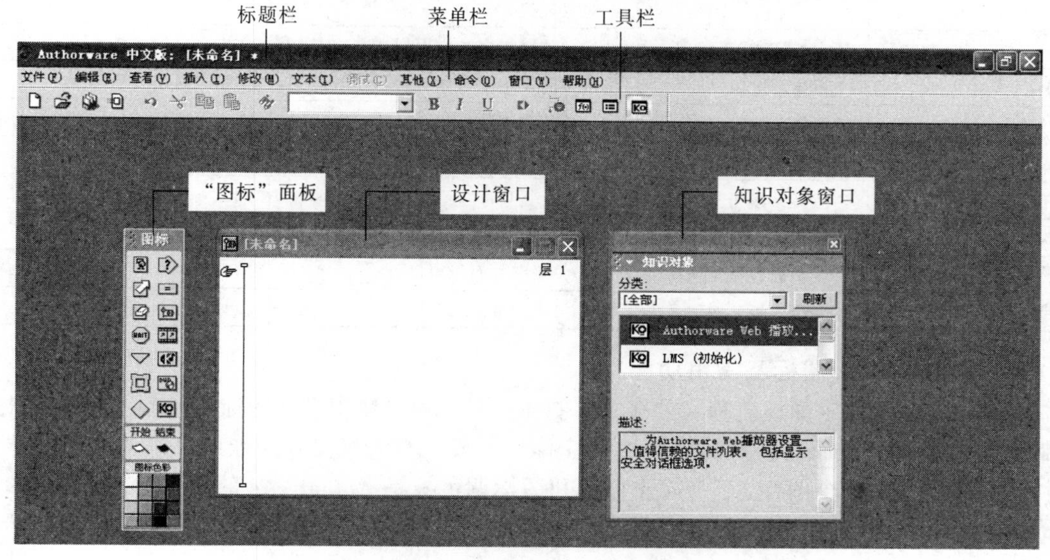

图 9-1　Authorware 主界面

2. Authorware 工具栏及菜单

Authorware 的菜单系统用于进行多媒体文件的建立、打开、编辑、调试、保存等多项操作而设置的命令选项。

Authorware 工具栏共有 17 个工具按钮（见表 9-1）和一个下拉列表。这些按钮和下拉列表实现的功能在菜单栏都有其相应的菜单项，该工具栏是最常用的菜单项的快捷操作方式，如图 9-2 所示。

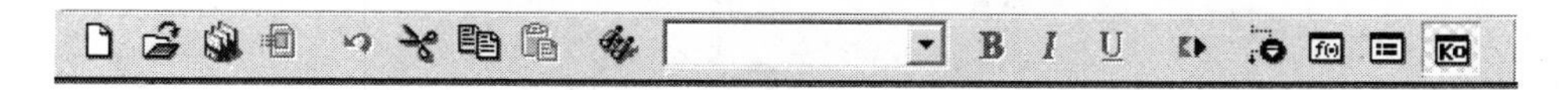

图 9-2　Authorware 工具栏

表 9-1　Authorware 工具栏

工具按钮	名　　称	用　　途	等同菜单命令
	“新建”按钮	创建一个新的文件	文件→新建→文件 文件→新建→方案
	“打开”按钮	打开一个已存在的文件	文件→打开→文件
	“保存文件”按钮	快速保存当前打开的文件	文件→全部保存
	“导入”按钮	将外部媒体素材导入程序中	文件→导入和导出→导入媒体
	“撤销”按钮	取消上一步的操作	编辑→撤销
	“剪切”按钮	将选择的内容剪切到剪贴板暂时保存	编辑→剪贴
	“复制”按钮	将选择的内容复制到剪贴板暂时保存	编辑→复制
	“粘贴”按钮	将剪贴板上的内容复制到当前插入点	编辑→粘贴

续表

工具按钮	名　称	用　途	等同菜单命令
	“查找”按钮	查找指定的对象或查找对象并用另一对象替换	编辑→查找
	“文本格式”下拉列表	选择一种文本格式应用到文本	文本→应用样式
B	“粗体”按钮	将选中的文本变粗体显示	文本→风格→粗体
I	“斜体”按钮	将选中的文本变斜体显示	文本→风格→斜体
U	“下画线”按钮	将选中的文本加下画线显示	文本→风格→下画线
	“运行”按钮	从开始运行程序	调试→重新开始
	“控制面板”按钮	打开/关闭控制面板窗口	窗口→控制面板
f(x)	“函数面板”按钮	打开/关闭函数面板窗口	窗口→函数
	“变量面板”按钮	打开/关闭变量面板窗口	窗口→变量

3. Authorware 图标及常用功能

Authorware 是基于图标流程式的多媒体制作工具。通过使用设计图标在流程线上的编排来控制程序的走向，进而对多媒体资料综合安排，生成具有人机交互功能的多媒体应用软件。“图标”面板上的 13 个图标、2 个起止标记和图标调色板是 Authorware 的开发主体，如图 9-3 所示。

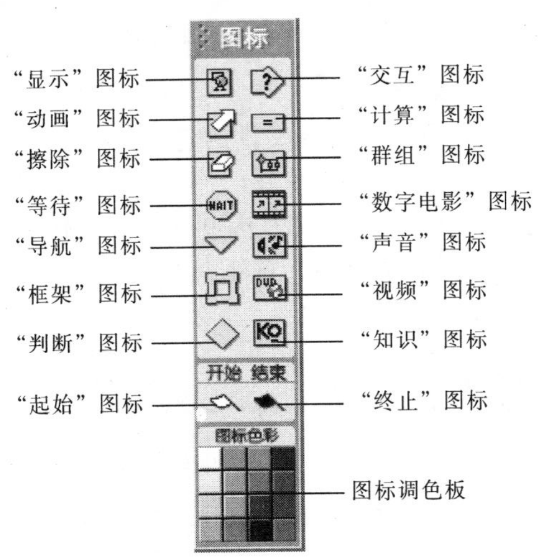

图 9-3　Authorware“图标”面板

①“显示”图标用于显示文本和图形图像。

②“动画”图标用于驱动显示对象而形成动画。

③“擦除”图标用于在程序运行时擦掉显示的文本、图形等。

④“等待”图标用于在程序运行时形成暂停。

⑤“导航”图标用于设计一个附属于框架图标的一个链接。

⑥“框架”图标用于建立和管理超文本和超链接的内容。

⑦“判断”图标用于完成一种判断功能。

⑧“交互”图标用于设置交互作用的分支机构。

⑨“计算”图标用于进行程序的算术运算、函数运算及编写程序代码。

⑩“群组”图标用于放置其他的图标组合，使复杂的流程变得简洁、易读。

⑪“数字电影”图标用于将数字电影插入到 Authorware 中。

⑫“声音”图标用于将声音文件插入到 Authorware。。

⑬“视频”图标用于演示过程中将包含有影碟、录像带的片段，直接通过控制影碟机或录像机播放。

⑭“知识”图标用于学习导航。

⑮“起始”图标和“终止”图标用于制订调试程序开始、终止的位置，以便于单独调试某一个程序段。

⑯“图标调色板”可以将流程线上的图标用不同的颜色表示。

4．Authorware 图标的使用

图标的操作包括添加图标、选中图标、编辑图标、复制和删除图标。

（1）添加图标

用 Authorware 进行程序开发时，主要根据所设计的程序及所要完成的功能将各种图标添加到流程线上，形成程序的基本框架。具体操作方法是在图标栏相应的一个图标上按下鼠标左键，然后拖动选中的图标到流程线上的相应添加位置上再释放鼠标左键。

（2）选中图标

在流程线上编辑图标时，必须保证该图标处于选择状态。具体操作方法是在流程线上用鼠标单击一个图标，即可选中一个图标；如果要选择多个图标，可以在选择第一个图标时按下【Shift】键，不要松开，再单击选择其他的图标或者单击拖动出选择框，用框选的方式来选择多个图标。

（3）编辑图标

对于单个的选中图标，呈变亮显示，用户可双击这个选中的图标修改属性。

（4）复制和删除图标

选中要复制或删除的图标，同时按【Ctrl+C】组合键或单击工具栏中的“复制”按钮可以快速复制，按【Ctrl+V】组合键或单击工具栏中的“粘贴”按钮可以快速粘贴，按【Del】键可以快速删除。

9.3　Authorware 动画功能

Authorware 的动画功能包含在动画图标内。动画的对象可以是一幅数字化的图像，也可以是一些文字等。对象的移动可以按任意路径，同时还可以按一定的速度运动。

1．基本对象

基本对象包括图像、文字、绘制图。其工具栏如图 9-4 所示，各工具的用途如表 9-2 所示。

表 9-2　Authorware 的工具栏

图　标	名　称	用　途
↖	“指针”按钮	可以移动或缩放对象 双击打开/关闭模式面板
A	“文本”按钮	输入或编辑文本；可通过复制/粘贴文本块、导入文本文件、拖动文本块来实现文本的输入

续表

图　标	名　称	用　　途
	“矩形”按钮	可以画出的矩形或按【Shift】键可画正方形 双击打开/关闭填充面板
	“直线”按钮	可以画出水平、垂直、45°直线 双击打开/关闭线型面板
	“椭圆”按钮	可以画出的椭圆形或按【Shift】键可画圆形 双击打开/关闭色彩面板
	“斜线”按钮	可以画出斜线或按【Shift】键可画垂直、水平、45°直线 双击打开/关闭线型面板
	“圆角矩形”按钮	可以画出圆角的矩形或按【Shift】键可画带圆角正方形 双击打开/关闭填充面板
	“多边形”按钮	可以画出封闭或不封闭的多边形或按【Shift】键可画垂直、水平、45°线的多边形 双击打开/关闭填充面板
A	“文字颜色”设置按钮	单击出现色彩面板，选择色彩面板中的颜色可以设置输入文字或选中文字的颜色
	“填充颜色设置”按钮	单击前面的黑色或白色方块会出现色彩面板，选择色彩面板中的颜色可以设置绘制图形的前景或背景填充色
线型	“线条样式设置”按钮	单击出现线条样式，选择线条样式以设置绘制或选中的线条样式
模式 不透明	“导入图形模式设置”按钮	单击出现 6 种模式，选择模式可以设置导入图形的模式
填充 无	“绘制图形样式设置”按钮	单击出现填充样式，选择填充样式可以设置绘制图形的填充样式

图 9-4　Authorware 的工具栏

（1）图像

在 Authorware 中使用图像必须将其导入显示图标内来使用。操作步骤如下：

① 首先在流程线上放一个“显示”图标，然后双击“显示”图标，打开“演示窗口”窗口。

② 单击工具栏中的“导入”按钮或通过“文件”→“导入和导出”命令导入一幅图片，如图 9-5 所示。

图 9-5　导入图像

③ 图像的移动可通过单击“演示窗口”窗口内的图像来选中，选中的对象在其周围出现 8 个小方框，然后在这个对象内按下鼠标左键不放，移动鼠标即可将图像在展示窗口内任意移动；通过拖动 8 个小方框可实现图像的放大缩小；要删除图像则选择该图像，按【Del】键即可，如图 9-6 所示。

图 9-6　Authorware 图像编辑

（2）文字

对于文字的操作步骤如下：

① 单击 A 按钮，在“演示窗口”窗口中出现一个光标，在此输入文字“我是快乐天使!”

② 如果要给文字变颜色，打开色彩面板设置文字颜色即可，如图 9-7 所示。

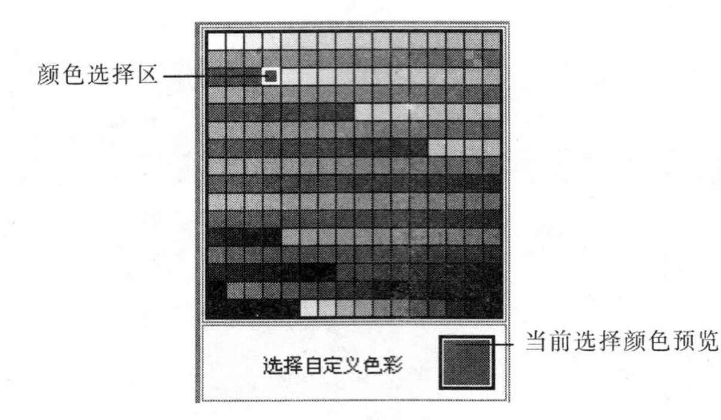

图 9-7　色彩面板

（3）绘制图形

绘制图形的操作步骤如下：

① 绘制一条红色直线。单击“文字颜色设置”按钮，从颜色选择区选择红色，然后在工具栏中选择“直线”按钮即可绘出红色直线。

② 绘制一个带有背景的圆角方框。首先用“文字颜色设置”按钮改变外边框的颜色，通过“填充颜色设置”按钮改变前景颜色和背景色以改变绘制图形的填充颜色，通过“绘制图形样式设置”按钮改变填充图形样式，完成后的图形如图 9-8 所示。

图 9-8　Authorware 绘制的图形

2．基本动画

动画的使用是多媒体的一场革命，它彻底改变了过去呆板的文本和静止的图像相组合的局面，使得在过去用静止的图像难以表达清楚的情况通过使用动画表现得非常成功。

Authorware 7.02 版的动画功能主要使用动画图标来实现，其表现主要有 5 种运动形式：至固定点的运动、至固定直线的运动、至固定区域的运动、沿任意路径至终点的运动、沿任意路径至指定点的运动。其特点是在运动的过程中，对象不改变方向、形状和大小。

动画图标本身并不包含有要移动的对象，它只是移动其他设计图标中所显示的对象。因此，动画图标必须和具有对象现实的显示图标或交互图标结合起来使用。

（1）至固定点的运动

该移动形式将对象从其在演示窗口中显示的初始位置移动到设置的固定点。

（2）至固定直线的运动

这种运动产生的效果是运动对象从“演示窗口”窗口中的初始位置运动到一条直线上指定的位置停止；如果动画对象初始位置在直线上，动画对象就会从当前位置沿着这条直线运动到指定的位置点。

（3）至固定区域的运动

这种运动产生的效果是运动对象从“演示窗口”窗口中的初始位置运动到固定长方形区域内的一个指定的位置停止；如果动画对象初始位置在长方形的一个角上，动画对象就会从长方形的这个角位置沿着直线运动到长方形区域内指定的位置点。

（4）沿任意路径至终点的运动

沿路径至终点的运动使得运动对象的移动路线可以不是一条简单的直线，而是用户可以创建和编辑的路径，通过在“演示窗口”窗口中创建控制点来定义不同的路径，这使得路径可以根据用户的要求做出比较复杂的路径。

（5）沿任意路径至指定点的运动

沿路径至路径上指定点的运动是指运动对象可以沿着用户建立的路径移动到路径上的指定点。其运动对象的路径设置及编辑同沿路经至终点的路径的设置完全相同。其运动对象的最终指定点的操作及指定点的设置同至固定直线上的运动的设置完全相同。

下面通过一个实例来讲解 3 种运动方式的具体设置过程。操作步骤如下：

① 拖动两个“显示”图标到流程线上，并分别命名为“蓝小球”、“红小球”。打开“显示”图标，在左上角分别绘制红色小圆和蓝色小圆。

② 拖动一个“显示”图标到流程线上，将此“显示”图标命名为“背景图”，打开“显示”图标，在右侧竖向排列 11 个绿圆，并分别标上序号 0～10。在左上角画一个发射器，盖住两小球，并在下方写上文字“单击发射”，如图 9-9 所示。

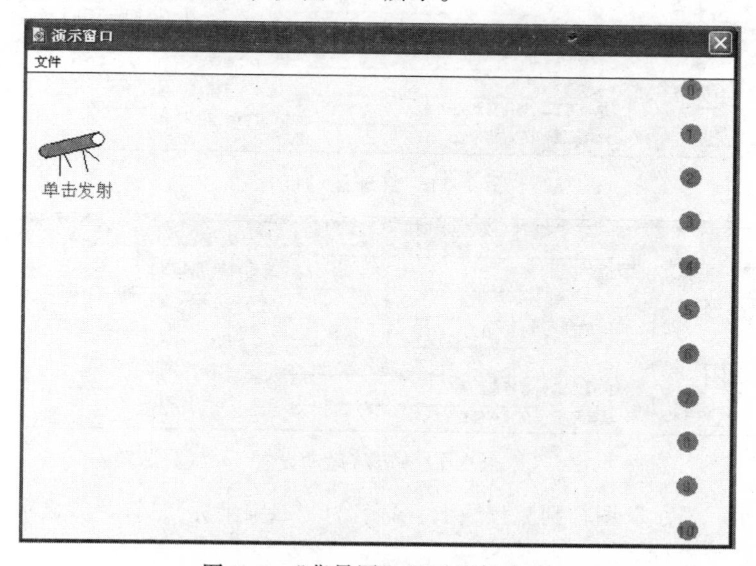

图 9-9　“背景图”显示图标内容

③ 拖动一个“计算”图标到流程线上，双击打开，并输入语句 p1:=Random(0,10,1)和 p2:=Random(0, 10, 1)，如图 9–10 所示。选中所有图标，按【Ctrl+G】组合键，将出现一个群组图标，重新命名为“初始化”。

赋值
p1:=Random(0, 10, 1)
p2:=Random(0, 10, 1)
2: 21
Insert
Code: 000
Language: Authorwa

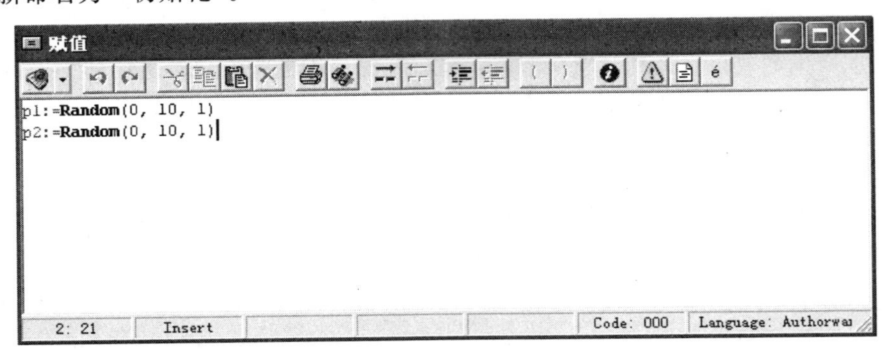

图 9–10 “计算”图标的内容

④ 拖动一个“交互”图标到流程线上，命名为“热区交互”。拖动一个“群组”图标到“交互”图标下，命名为“三种运动”。

从第五步开始所有的图标都放置在“群组”图标的“三种运动”中。

⑤ 拖动两个“运动”图标到“三种运动”流程线上，分别命名为“红球运动”和“蓝球运动”。打开初始化流程线上的显示图标“背景图”，再按住【Shift】键的同时双击“红小球”，红色小球和背景图同时出现在“演示窗口”窗口中，按住【Ctrl】键的同时双击“红球运动”图标，打开移动图标的“属性”面板。单击红色小球，在类型中选择“指向固定直线上的某点”。选择基点，拖动红色小球到序号为 0 的圆上，并输入 0，选择终点，拖动红色小球到序号为 10 的圆上，并输入 10，在目标中输入 p1。用同样的方法设置“蓝球运动。”设置参数如图 9–11 和图 9–12 所示，红球设置后的效果如图 9–13 所示。

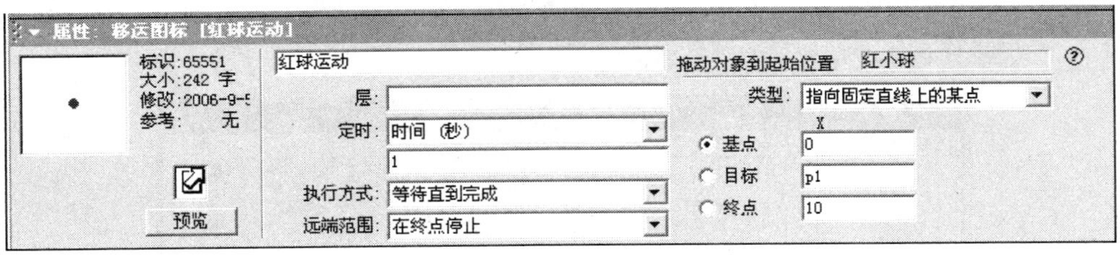

属性：移运图标 [红球运动]
标识:65551
大小:242 字
修改:2006-9-5
参考： 无
预览
红球运动
层：
定时：时间（秒）
1
执行方式：等待直到完成
远端范围：在终点停止
拖动对象到起始位置 红小球
类型：指向固定直线上的某点
X
基点 0
目标 p1
终点 10

图 9–11 红球运动设置

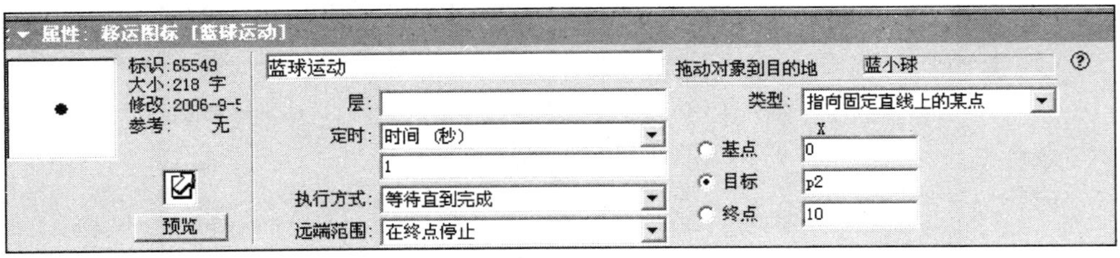

属性：移运图标 [蓝球运动]
标识:65549
大小:218 字
修改:2006-9-5
参考： 无
预览
蓝球运动
层：
定时：时间（秒）
1
执行方式：等待直到完成
远端范围：在终点停止
拖动对象到目的地 蓝小球
类型：指向固定直线上的某点
X
基点 0
目标 p2
终点 10

图 9–12 蓝球运动设置

⑥ 拖动一个“显示”图标到流程线上，命名为“二维坐标”，打开“显示”图标，绘制如图 9–14 所示的二维坐标。

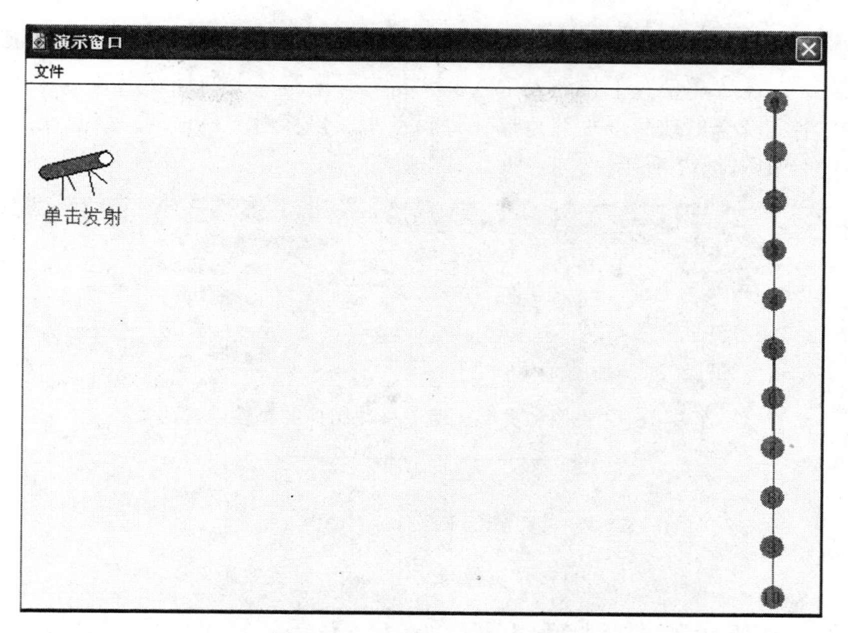

图 9-13　红球运动设置效果

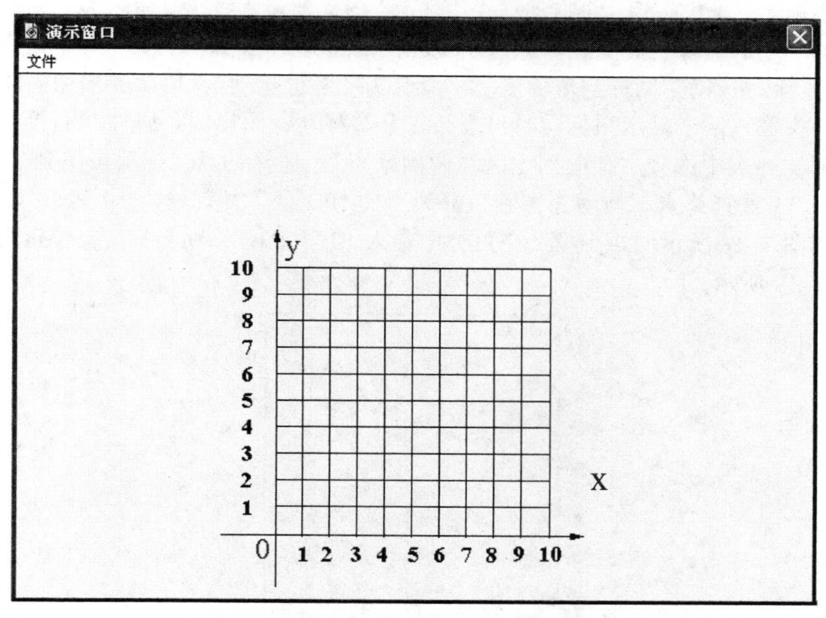

图 9-14　“二维坐标”设置效果

⑦ 拖动一个“显示”图标到流程线上，命名为“图像和文字”，打开“显示”图标，绘制一个头像和文字“朝着目标{{P1},{P2}}出发”，如图 9-15 所示。

图 9-15　头像和文字图标内容

⑧ 拖动一个“运动”图标到流程线上，命名为“头像与文字运动”，打开显示图标“头像

和文字”。按住【Ctrl】键的同时双击“头像和文字运动”，打开“移动”图标的“属性”面板。单击头像和文字，在“类型”下拉列表中选择“指向固定路径上的任意点”，如图 9-16 所示。移动头像和文字，就会出现两个小三角形，将起点小三角移出屏幕顶部，终点小三角放在屏幕上合适位置处，如图 9-17 所示。

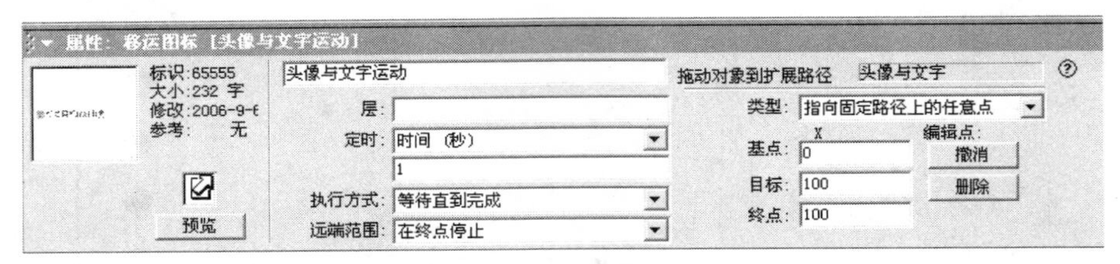

图 9-16 “头像和文字运动”移动图标的属性设置面板

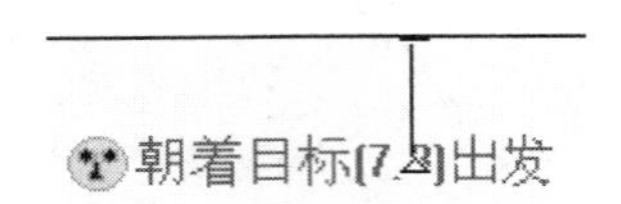

图 9-17 “头像与文字运动”设置效果

⑨ 拖动一个“显示”图标到流程线上，命名为“遮罩”。打开“显示”图标，使用背景颜色绘制一个小矩形，遮住头像。再拖动一个“显示”图标到流程线上，命名为“头像”，复制“头像与文字运动”中的头像，放置在与原来头像相同的位置。

⑩ 拖动一个“运动”图标到流程线上，命名为“头像运动”，用第五步相同的方法使“二维坐标”和“头像”两个显示图标同时出现，打开“移动”图标的“属性”面板。单击头像，在“类型”下拉列表中选择“指向固定区域内的某点”。选择基点，拖动头像到坐标为（0,0）处，并都输入 0，选择终点，拖动头像到坐标为（10,10）处，并都输入 10，在“演示窗口”窗口中将出现如图 9-18 所示的矩形框，在目标中输入 P1 和 P2，移动图标“头像运动”的属性面板设置如图 9-19 所示。

图 9-18 移动图标设置后出现的矩形框

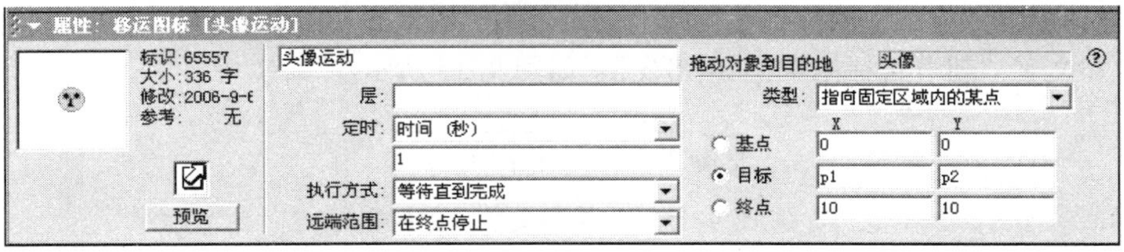

图 9-19 “头像运动”移动图标的设置

该例题的流程线如图 9-20 所示，运行结果如图 9-21 所示。

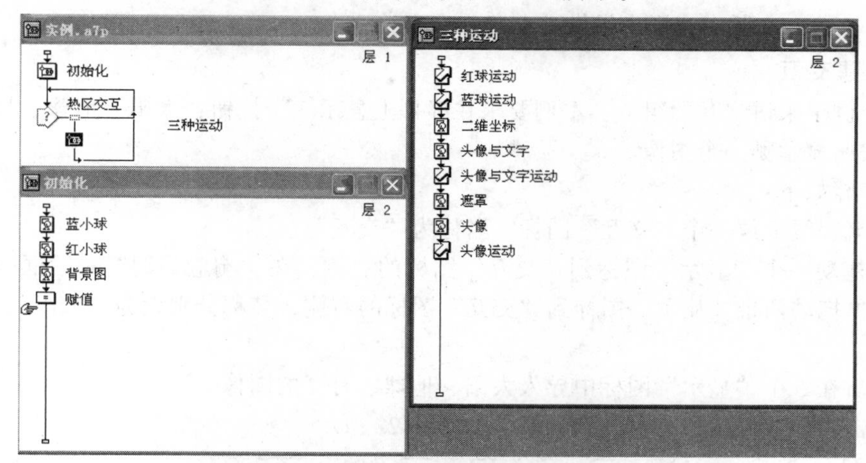

图 9-20　流程线图标

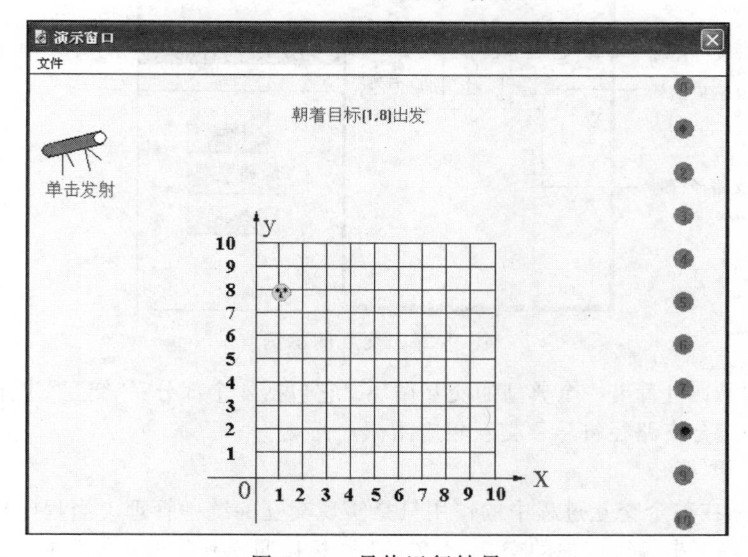

图 9-21　最终运行结果

3. 多个对象的动画设计

在现实中经常遇见的是多个物体的同时运动，但是如果仔细观察就会发现，多个对象的运动是由单个的运动组成的，所以多个动画的设计是对单个动画对象设置的延伸。

多个“动画”图标可以作用一个显示对象，并且可以使用不同的移动方式，但在同一时间，只能有一个“动画”图标对同一个显示对象起作用。所以将多个对象放在不同的“显示”图标上，用多个“动画”图标来实现多个对象的动画。上面的例题中已经涉及到了多个对象的运动，不再列举其他实例。

9.4　Authorware 交互功能

使用 Authorware 图标构建的流程与使用高级语言构建的流程相比，显得更直观易懂，在程序中不全是顺序执行的，而且还要有人机交互，也就是让用户能够控制软件中事件的速度和顺序。Authorware 7.02 版中为用户提供了丰富的交互类型。

1. 创建交互

以一个例子来讲交互的组成。本例要求在屏幕上显示 3 个按钮：太阳、地球、月亮，然后单击哪个按钮显示哪一个图像。

操作步骤如下：

① 在流程线上放一个“交互”图标，名称为“交互”。

② 再拖动一个“显示”图标到“交互”图标的右侧，在“响应类型”对话框中选择“按钮”；同样再拖动两个“显示”图标到“交互”图标的右侧，名称分别设为“太阳”、“地球”、“月亮”。

③ 然后在 3 个“显示”图标中导入太阳、地球、月亮的图像。

④ 单击“播放”按钮，可看到效果，如图 9-22 所示。

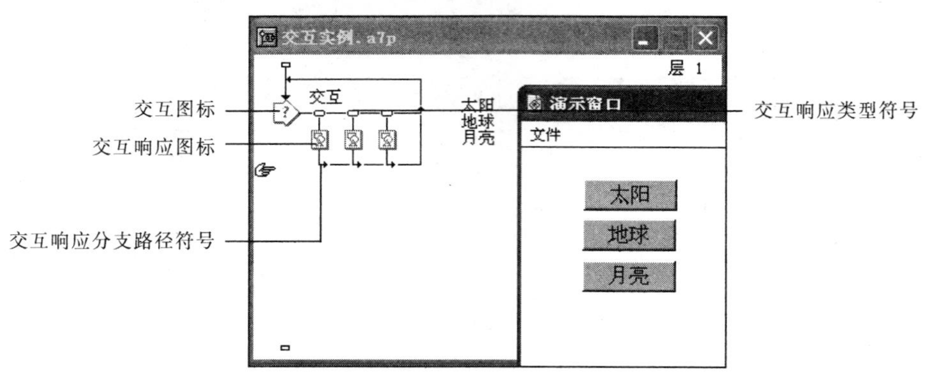

图 9-22　交互的示例

通过这个例子，可看出一个典型的交互循环，它包括 4 个部分：“交互”图标、交互相应类型符号、交互相应分支路径符号、交互相应图标。

（1）“交互”图标

“交互”图标在整个交互过程中的作用只是实现交互的统一管理。当程序执行到“交互”图标时，程序就停下来等待用户的交互，“交互”图标按照交互类型从左到右顺序开始，判断哪一路交互响应发生，程序沿该路执行。“交互”图标是这个交互作用结构的基础和核心。

（2）响应类型

Authorware 7.02 中有 11 种响应类型，如图 9-23 所示。不同的响应类型对应不同的响应类型符号，这决定用户对何种交互操作进行响应。

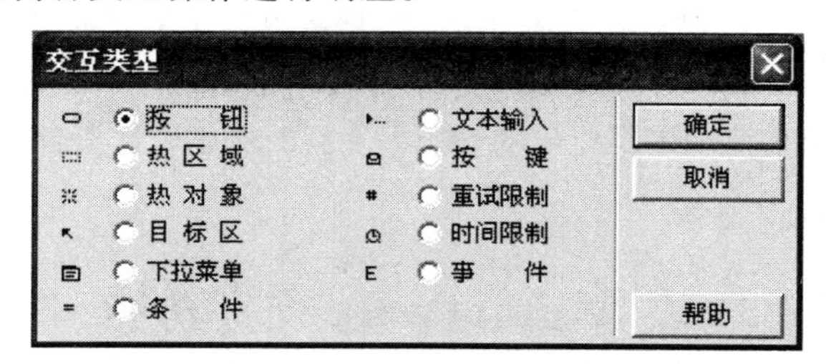

图 9-23　“交互类型”对话框

（3）响应分支路径

响应分支路径决定程序在执行完本分支路径后，程序在“交互”图标的控制下下一步程序该执行流程线上的哪一个图标。交互响应分支路径及其功能如表 9-3 所示。

表 9-3　交互响应分支路径及其功能

种　类	图　示	功　能
再试一次	未命名	执行完本分支响应后程序将返回“交互”图标，并重新进入交互状态
继续	未命名	执行完本分支响应后，程序将退出本分支，并继续检查其后面的分支是否也满足交互条件，并进入响应
退出交互	未命名	执行完本分支响应后程序将退出“交互”图标，并进入流程线上“交互”图标的下一个图标
永久按钮	未命名	在响应属性面板中勾选 Perpetual 复选框，就会在 Branch 选项中出现 Return 选项。选择此选项时，本响应分支将在程序运行的期间在满足条件的任何地方起作用

（4）“响应”图标

响应路径上的图标叫“响应”图标。Authorware 执行交互的操作最终是执行各个分支的“响应”图标，常在各个分支放一个“群组”图标，使程序结构清晰。

2. 交互类型

当要创建一个交互作用时，拖动一个“交互”图标到程序的流程线上，然后把任意一个设计图标拖动到“交互”图标右边释放，即可创建一个响应类型，Authorware 会自动弹出响应类型对话框。要想选择某种响应类型，只需选择相应选项前面的单选按钮即可。继续拖动其他设计图标到响应分支上。如果需要相同的响应类型，只要直接拖动到“交互”图标右方即可，Authorware 为建立的响应分支自动分配和第一个分支相同的响应类型。如果建立不同的响应类型，双击流程线上响应类型的图标，打开如图 9-24 所示的响应属性设置面板，可以更改其中的选项来具体设置该响应。如果要改变其响应类型，可在“类型”下拉列表中选择。

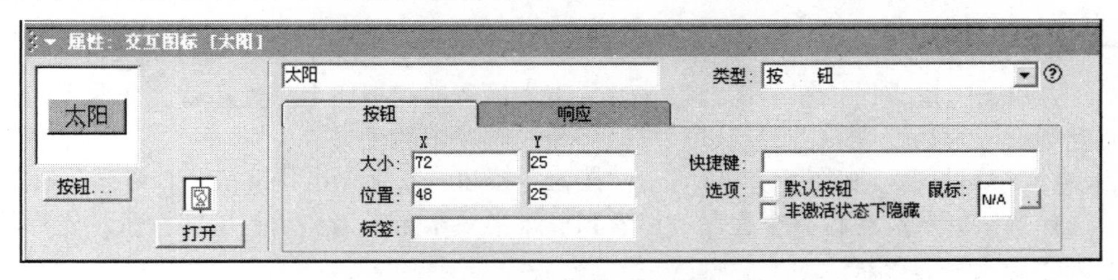

图 9-24　交互响应的属性设置面板

当创建了多个响应类型后，由于程序设计的需要，常需要改变程序的响应流程，将后边的响应移到前边或将前边的响应移到后边，操作时拖动交互响应图标到相应的位置即可。

（1）创建按钮响应

按钮是在交互式应用程序中应用相当普遍的一种交互式手段。利用 Authorware 提供的按钮响应交互功能，可以在屏幕上创建按钮、单选按钮和复选框等元件，当用户单击这些元件时，可以得到相应的反馈信息。

创建按钮响应的操作步骤如下：

① 从“图标”面板中将“交互”图标拖放在流程线上。

② 将“显示”图标拖放到“交互”图标右侧，系统弹出“交互类型”响应方式对话框，如图 9-25 所示。

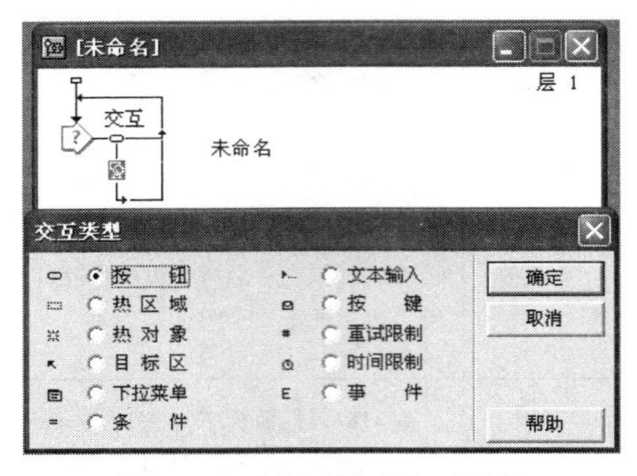

图 9-25 “交互类型”对话框

③ 选择其中的“按钮”交互方式。单击“确定”按钮，可以看到一个简单的按钮交互已经建立了。单击按钮后就会出现“显示”图标中的内容。

下面对这部分的基础知识加以介绍：

① 按钮命名。双击交互方式，进入交互设置状态。可以看到操作界面中有一个按钮，四周有 8 个控制点，将它拖动到适当的位置。在最上方的文本框中输入按钮名字，默认的名字为“未命名”，这里输入“确定”。同时在“类型”下拉列表中选择“按钮”选项，如图 9-26 所示。

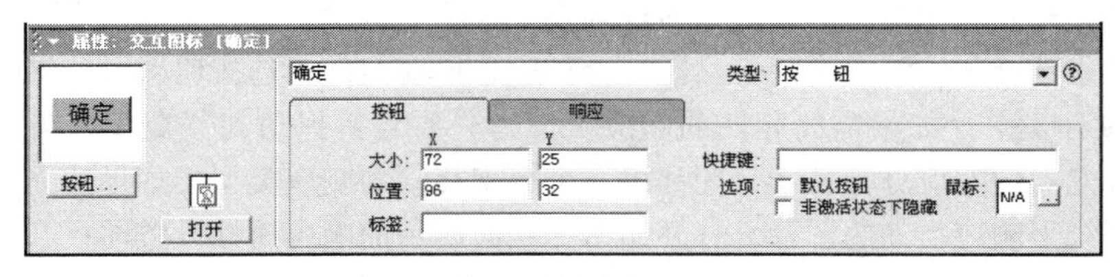

图 9-26 按钮交互响应的属性面板

② 设置光标。在图 9-26 中右击，系统弹出“鼠标指针”对话框，如图 9-27 所示。选择手形指针，单击“确定”按钮。运行程序时，当光标移动到按钮上，光标就会变成手的形状。在“交互类型”对话框中单击“确定”按钮，完成对按钮的设置。

③ 设置按钮形状。在图 9-26 中单击“按钮”按钮，系统弹出“按钮”对话框，如图 9-28 所示，选择按钮形状。运行整个程序可以看到屏幕中一个名字为“确定”的按钮，光标移动到按钮上光标变成手的形状。

（2）创建热区响应

热区是在“演示窗口”窗口中创建的一块特殊的方形区域。

Authorware 提供的热区是一种放置在各种对象包括图像和电影上不可见的边界，当用户单击该区域、双击该区域或鼠标移到该区域时就会触发响应。

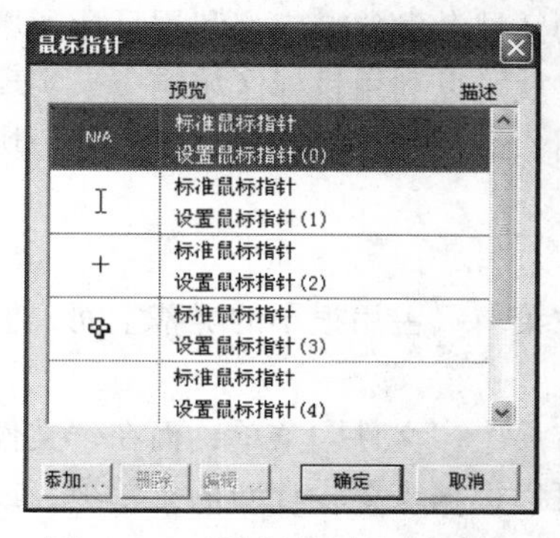

图 9-27　“鼠标指针”对话框

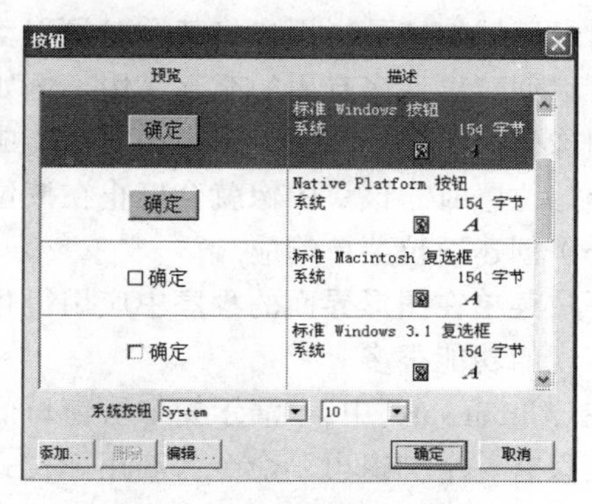

图 9-28　“按钮”对话框

【例 9-1】光标移动到圆上面时显示 OK。

操作步骤如下：

① 先拖动一个“交互”图标到流程线上，命名为“圆”。再拖动任意一个“设计”图标到“交互”图标上，选择响应类型为“热区”，便建立了一个热区响应分支，如图 9-29 的流程线。

② 在“圆”显示图标中画一个实心圆，用热区将实心圆框住，如图 9-30 所示。

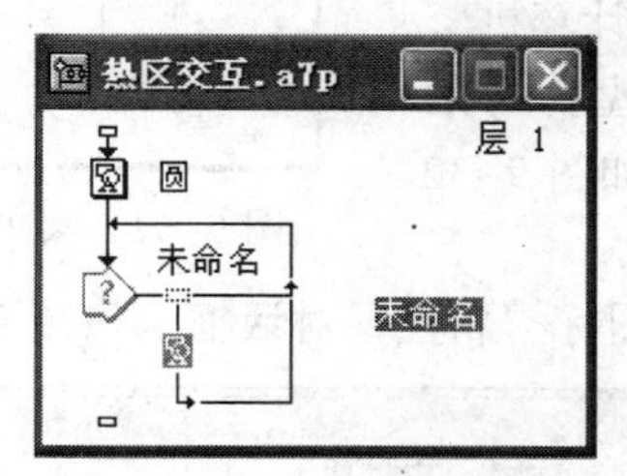

图 9-29　热区交互响应的实例流程

图 9-30　热区交互响应的热区设置

③ 在另外一个“显示”图标中输入 OK。

④ 设置鼠标响应方式和光标形状。

在“交互设置”对话框内将“匹配”方式设置为“指针处于指定区域内”，含意是一旦光标移动到该区域内就响应相应的图标，如图 9-31 所示。同时设置鼠标为手形。

图 9-31　热区交互响应的设置

⑤ 运行程序就可以看到效果。光标移到圆上就出现 OK 字符。

（3）创建热对象响应

热对象响应是指一个特殊的对象，当用户对此对象进行触发操作时，就可以执行相应的内容。热对象响应和热区响应非常相似，它们的区别是：在创建热对象响应时，必须要有一个具体的对象作为热对象。而当设置了热对象响应时，用户单击、双击或鼠标移动到热对象上时，可执行相应的响应操作。

（4）创建目标区域响应

目标区域响应是指用户将某个对象移动到一个指定的区域激发的响应。利用目标区域响应类型可以创建出许多有用的交互作用。例如，拼图游戏，就可以利用目标区域响应来实现。将一幅图像分割成多个小块，用户最终拼凑成一幅完整的图像。当用户最终将图像的某一块拖动到正确的位置时，该块图像就会停止在该位置。

（5）创建下拉菜单响应

下拉菜单在图形界面的程序中应用得相当广泛。下拉菜单只占用很小的屏幕空间，但是其所能实现的功能很多。

在 Authorware 中，“演示窗口”窗口的菜单栏中只有一个“文件”菜单，而在“文件”菜单下面只有一个“退出”命令。利用下拉式菜单响应，可以根据需要设计新的菜单项，或者在已有的菜单项如“文件”菜单中添加新的命令。

拖动一个“交互”图标到流程线上，再拖动任意一个“设计”图标到“交互”图标上，选择“响应类型”为“下拉菜单”，便建立了一个下拉菜单响应分支。

【例 9-2】在“文件”菜单中增加一个下拉菜单“计算机”并有“管理”和“帮助”两个子菜单。

操作步骤如下：

① 先拖动一个“交互”图标到流程线上，命名为“计算机”，再拖动两个“显示”图标到“交互”图标上，交互类型为“菜单”，两个“显示”图标分别命名为“管理”和“帮助”，如图 9-32 所示。

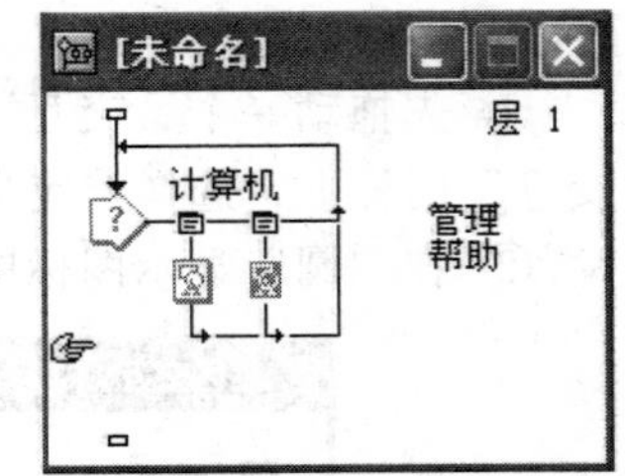

图 9-32 菜单交互响应

② 双击类型符号图标，弹出“演示窗口”窗口及图标“属性”对话框，如图 9-33 所示。

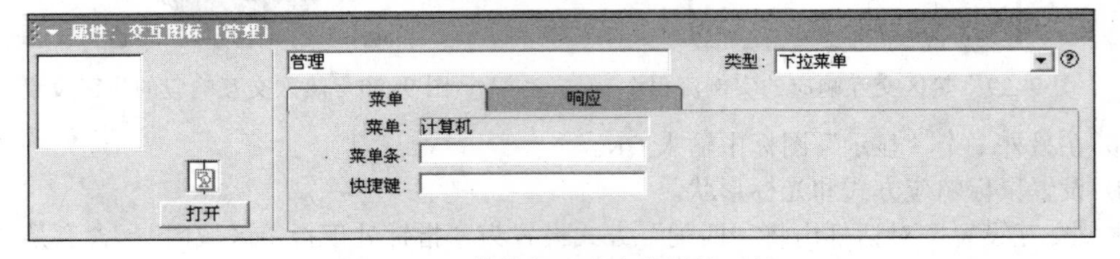

图 9-33 菜单交互响应的属性面板

在菜单交互响应的属性主要有“菜单条”选项和“快捷键”选项。

- “菜单”条选项：此选项显示的是菜单中的命令名。Authorware 把下拉菜单响应类型的标题默认为该菜单中的命令名。可以对标题进行修改，同时响应类型的标题也作相应改变。

还可以用一些特殊字符来控制命令的显示形式，例如，使命令不可用并以灰色显示，可以在命令名前加上左括号“(”；在菜单中增加一空行，可以在文本框中直接输入左括号“(”；在菜单中增加一分隔线，可以输入“(–”；如果要为命令设置热键，在相应的字母前输入符号“&”，要显示字母“&”需输入“&&”。

- “快捷键”选项：该选项用来设置该菜单命令的等效热键。

需要注意的是，当在文本框中输入字母 A 时，运行时的快捷键实际为【Ctrl+A】。如果要指定附加 Alt 控制，则必须在文本框中输入 AltA，此时实际的快捷键为【Alt+A】。

③ 双击第二个响应类型符号图标，修改其相关属性。

④ 运行程序，观察效果。

（6）创建条件响应

在前面已讲过的几种响应类型中，都是通过鼠标直接触发该响应分支去执行的。但是条件响应的响应条件并不是这么简单。条件响应类型的响应条件是真是假需要对条件进行判断。当满足所设置的条件时，执行条件响应分支的内容。这些条件一般是通过值为 True 或 False 的变量、函数或表达式来设置的。

【例 9-3】以一个简单的计算题来演示条件响应。

操作步骤如下：

① 建立如图 9-34 所示的流程图，在背景图标中绘制一个纯色背景。

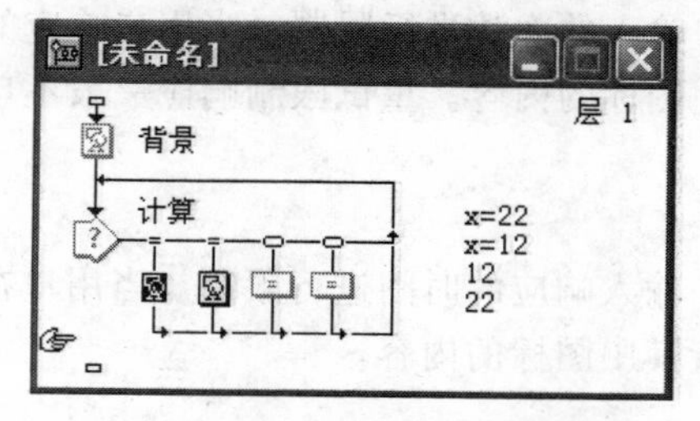

图 9-34　条件交互响应的流程图

② 在第一个条件的“属性”面板中，设置条件为“x=22”，“自动”设为“为真”，如图 9-35 所示。也就是正确的条件，在其对应的“显示”图标中输入“正确！”的文字。

③ 在第二个条件的“属性”面板中，设置条件为“x=12”，“自动”设为“为真”，也就是错误的条件，在其对应的显示图标中输入“错误！”的文字。

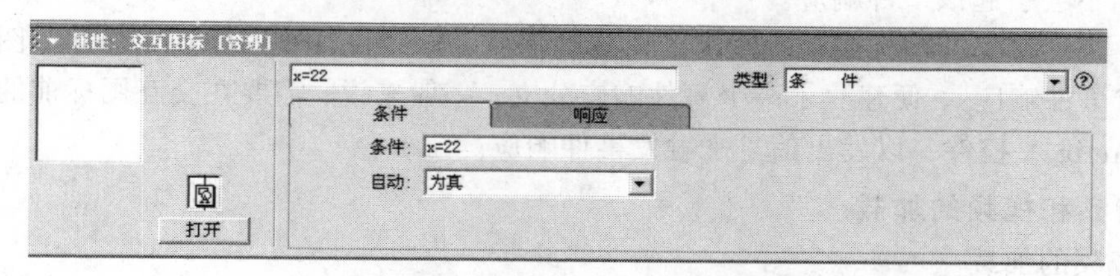

图 9-35　条件交互响应的属性窗口

④ 在第一个按钮交互中，将按钮标题变为 12，在其对应的“计算”图标中输入“x=12”。

⑤ 在第二个按钮交互中，将按钮标题变为 22，在其对应的“计算”图标中输入“x=22”，最终运行效果如图 9-36 所示。

图 9-36　条件交互响应的效果图

（7）创建文本输入响应

在设计作品时，有时希望用户输入合适的文字作为匹配响应。Authorware 提供了文本输入响应方式。

（8）创建按键响应

通过按键响应类型，用户可以直接在键盘上按键或按一些组合键而触发该响应。按键响应的操作比其他的响应类型更快捷和方便。在多媒体程序设计中，按键响应常用来创建一个多选择的交互作用分支结构。

（9）创建重试限制响应

重试限制响应用来对用户输入的次数进行限制。当用户响应的次数达到所设置的最大次数时，可以进入该分支执行其中图标的内容。重试限制响应一般不单独使用，而总是和其他响应结合起来使用。

（10）创建时间限制响应

时间限制响应用来对用户输入响应的时间进行限制。当用户在交互中的时间达到所设置的时间后，可以进入该分支执行其中图标的内容。

（11）事件响应

前面所讲的响应方式都是应用于用户与程序之间的交互作用，而事件响应类型则是一种比较特殊的响应方式，它运用于计算机同 Xtras 控件的交互作用。

例如，我们用 ActiveX 控件产生一个日历，会触发该事件响应，并执行响应分支的内容引起该事件响应。在“演示窗口”窗口中，如果用户改变当前的时间，将显示一条信息，用户的其他操作则不会引起该事件响应。

拖动一个“交互”图标到流程线上，再拖动任意一个“设计”图标到“交互”图标上，选择响应为“事件响应”，便建立了一个事件响应分支。一般来说，需要在交互图标前的流程线上插入一些 ActiveX 控件，以发出信息来触发事件响应。

3．音频和视频的加载

（1）音频的加载

音频是多媒体信息中非常重要的一种，因此 Authorware 提供了“声音”图标。使用音频可以进行解说或者提供背景音乐，从而提高演示效果。但是要指出一点，“声音”图标只能管理 WAV 音频，而不能插入 MIDI 音乐。要播放 MIDI 音乐必须使用外部多媒体设备的控制函数来实现。

音频的使用方法很简单，直接拖动“声音”图标到流程线上即可，其“属性”面板如图 9-37 所示即可。

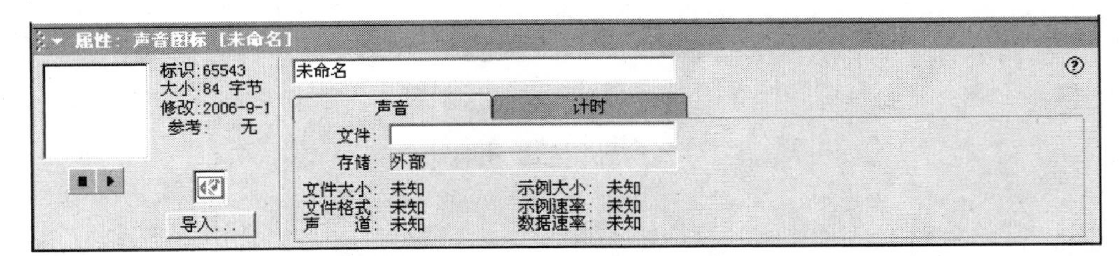

图 9-37 音频“属性”面板

Authorware 对使用的音频文件在格式上有一些限制，在使用中要注意以下几点：

① 要确保音频文件是 Authorware 中可以使用 WAV、MP3、AIFF、PCM 或 SWA 的音频文件。

② 在播放一个音频文件时，如果只播放其中的一部分，这部分的起始点和终止点必须使用函数来处理。

③ 如果要使用的是一个 16 bit 的音频文件，则要确保用户计算机的声卡能够播放 16 bit 的音频。

④ 在 Windows 操作时，要确保音频有 11 kHz 以上的取样频率。

Authorware 使用的音频信息一般都放在“声音”图标中，当程序运行到“声音”图标时就会在相连的外围设备上播放。

下面介绍“声音”图标设置中的“计时”选项卡，如图 9-38 所示。

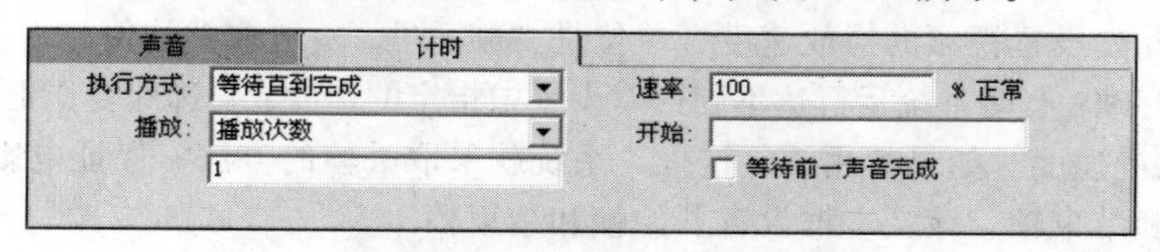

图 9-38 “计时”选项卡

① 执行方式：等待直到完成（等到音频播放完再往下执行程序）、同时（音频执行的同时继续往下执行程序）、永久（“声音”图标始终处于激活状态）。

② 播放：播放次数（指定音频播放次数），其下的文本框中设置具体的播放次数。直到条件为真停止播放音乐。

③ 速率：设置音频播放速度。

④ 开始：设置音频播放条件何时开始播放。

⑤ 等待前一声音完成：等待前一个音频播放完毕。

在此只讲了简单的音频设置，如果要制作解说、背景音乐等还需要学习音频外部函数的使用。

（2）视频的加载

对于视频 Authorware 自然也是支持的，下面来介绍“视频”图标。

在 Authorware 中可以使用的视频的类型包括 Director、Video for Windows（AVI）、Quick Time for Windows、FLC/FLI、PICS 和 MPEG。在这些视频类型中，有些必须直接插入到 Authorware 中，有些必须作为外部可链接的文件对待。

对于直接插入的视频，在运行时一般不会有什么问题，但对于外部链接的视频，在 Authorware 中使用时，一方面要有一个合适的驱动，另一方面要使用在特定平台上可以播放的格式。因此，在文件发行和打包时，必须包含这些外部可链接的文件和合适的驱动。当使用不同类型的视频时，其“属性”面板中可供选择的选项也会有所不同。

Authorware 提供了“视频”图标来插入和控制视频。使用“视频”图标时只需将一个“视频”图标拖动到流程线上即可。双击该“视频”图标，可打开如图 9-39 所示的“属性”面板。

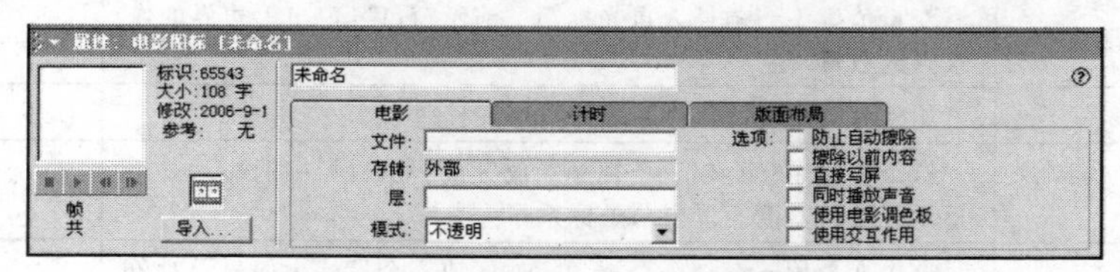

图 9-39 “视频”图标属性面板

此时的“计时”选项卡如图 9-40 所示。

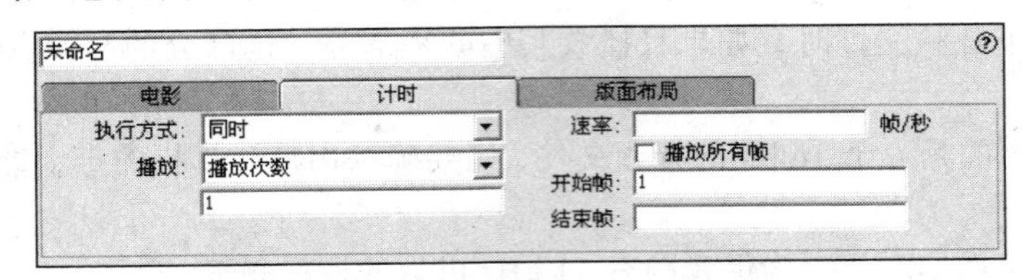

图 9-40 “计时”选项卡

① 执行方式：此处设置插入的视频的播放方式。

② 播放：此处设置视频的重复播放次数。

③ 速率：此处设置视频的播放速度，单位是“帧/秒”，一般取默认值。

④ 播放所有帧：有时系统运行达不到速率设置中指定的速度，勾选此复选框能保证不漏帧，当然这样做会减慢速度。如果禁用该复选框，系统就采取丢帧的方法，保证电影的播放速度。

⑤ 开始帧和结束帧：该文本框设置开始帧和结束帧。

9.5 变量和函数的应用

Authorware 7.02 中有 300 多个变量和函数，它是使 Authorware 在多媒体制作领域长久不衰的保证之一，有了这么多的变量和函数，使 Authorware 在程序控制、调用动画时得到广泛的应用。

1. 变量的应用

单击工具栏中的“变量”按钮，弹出“变量”面板，如图 9-41 所示。

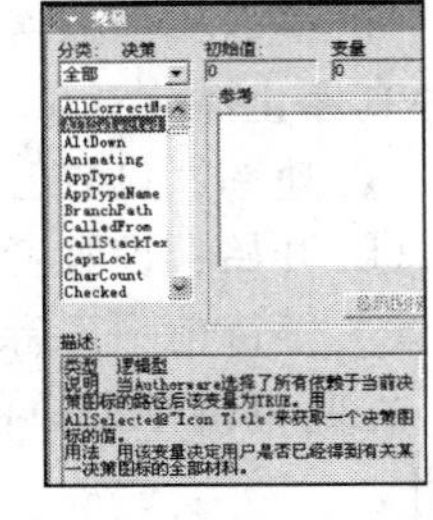

图 9-41 “变量”面板

在此面板中可看到 Authorware 所有的系统变量，在“描述”列表框中列出变量的详细帮助。常用的变量如表 9-4 所示。

表 9-4 常 用 变 量

变 量	类 型	功 能	示 例
Checked	交互	该变量是一个逻辑变量。当指定的图标是一个按钮响应，并且按钮的状态选择了某种 ChecKBox 按钮类型，则“Checked@"IconTitle"”的值为 True	Checked@"IconTitle"
ClickX	常规	若用户在“演示窗口”窗口中单击，则 ClickX 的值是鼠标指针到窗口左边界的像素点的数目	Clickx
ClickY	常规	若用户在“演示窗口”窗口中单击，则 ClickY 的值是鼠标指针到窗口上边界的像素点的数目	ClickY
CursorX	常规	变量值等于当前插入点光标距“演示窗口”窗口左边界的像素点的数目	CursorX
CursorY	常规	变量值等于当前插入点光标距“演示窗口”窗口上边界的像素点的数目	CursorX
Date	时间	用于存储当前计算机系统的数字式日期	Date
DisplayerWidth	图标	这个变量用于存储一个视频播放区或一个目标中的显示对象显示区域的宽度。以屏幕坐标系作为参考	DisplayWidth@IconTitle
DisplayerHeight	图标	这个变量用于存储一个视频播放区或一个目标中的显示对象显示区域的高度。以屏幕坐标系作为参考	DisplayHeight@IconTitle

续表

变　量	类　型	功　　能	示　　例
Entrytext	交互	单独使用时，它存储的是用户在最后一个交互目标中输入最后一个响应的文本信息	EntryText@"Icon Title"
Fulldate	时间	根据当前系统设置日期全名的样式，存储当前日期的全名	Fulldate
Fulltime	时间	根据当前系统设定时间的格式，用时、分、秒的形式存储当前的系统时间	Fulltime
Hour	时间	存储当前的小时。范围是 0～24	Hour
Icontitle	图标	变量中存放的是图标的标签	IconTitle
Key	常规	存储用户最后一次按键的键名	Key
Minute	时间	存储当前小时的分钟数	Minute
Moveable	图标	可使某个图标中显示的对象可以让用户移动	Moveable@"Icontitle"
Pi	常规	代表圆周率 3.141 592 653 6	Pi

2．函数的应用

单击工具栏中的“函数”按钮，打开“函数”面板，如图 9-42 所示。可看到所有的 Authorware 系统函数，在“描述”列表框列出 3 函数的详细帮助。

常用的函数类型、功能、示例如表 9-5 所示。

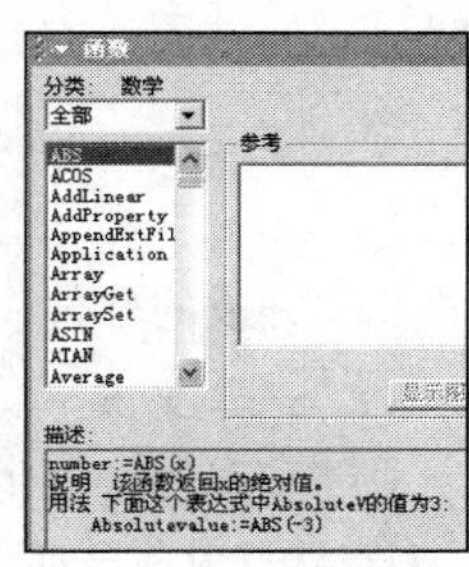

图 9-42　函数窗口

表 9-5　常 用 函 数

函　　数	类　型	功　　能	示　　例
Beep	常规	使系统响铃	Beep()
Box	图形	用 Pensize 指定的线宽在屏幕上从点（x1,y1）到点（x2,y2）画一个方框、其中（x1,y1）是方框左上角的坐标值。方框为黑色。框内透明填充	Box(pensize, x1, y1, x2, y2)
Circle	图形	在一个方框内绘制一个圆，该方框左上角的坐标是（x1,y1），右下角坐标为（x2,y2），圆框为黑色，圆内透明填充	Circle(pensize, x1, y1, x2, y2)
Cos	数学	计算 x 的余弦值。x 的单位是弧度	Number:=Cos(x)
Goto	跳转	使 Authorware 跳转到由 IconTitle 指定的图标中去	GoTo(IconID@"IconTitle")
INT	数学	返回实数的整数部分	Number:=Int(x)
Line	图形	在屏幕上从点（x1,y1）至点（x2,y2）点制一条线段。线段宽度由 Pensize 指定	Line(pensize, x1, y1, x2, y2)
quit	常规	该函数的作用是使 Authorware 直接退出演示过程。X=0 返回到 Authorwar 窗口；X=1 返回到 Windows 资源管理器。X=2 重新启动 Windows。X=3 关闭 Windows	Quit(x)
Random	数学	该函数的作用是返回介于 min～max 之间的一个随机数。两个随机数相差是 Units 的整数倍	Result:=Random(min,max,Units)

续表

函　数	类　型	功　　能	示　例
ResizeWindow	常规	通过参数 Width、Height 重置演示窗口的宽度和高度	ResizeWindow(Width,Height)
Restart	常规	使整个文件从头开始执行，并将所有变量置成初始值	Restart()
SetLine	图形	该函数用于设置线条的样式。type=0 无箭头，type=1 在直线起点设置箭头，type=2 在直线终点设置箭头，type=3 在直线两端设置箭头	SetLine(type)
SetFrame	图形	用 RGB()函数设置的颜色填充由函数 Box()、Circle()、DrawBox()和 DrawCircle()所画的图片边框。Flag=true 时填充，flag=false 时不填充	SetFrame(flag [, color])
SetFill	图形	用 RGB()函数设置的颜色填充由函数 Box()、Circle()、DrawBox()和 DrawCircle()所画的图片。Flag=true 时填充，flag=false 时不填充	SetFill(flag [, color])
Sin	数学	返回 x 的正弦值，x 的单位是弧度	Number:=Sin(x)
Sqrt	数学	返回 x 的平方根值	Number:=Sqrt(x)

9.6　文件的打包与发行

开发完成的软件在交给用户使用时必须进行打包处理，以便于脱离软件开发环境。

1．一键发布

一键发布的操作步骤如下：

① 软件开发完成后首先将源程序存盘。

② 选择“文件”→“发布”→“一键发布”命令或按【F12】键，执行发布操作。

③ 在提示对话框中，单击 Preview 按钮，如图 9-43 所示，可以预览最终的效果。

图 9-43　一键发布

采用单键发布将形成 Web 形式的包，必须依赖 Authorware Player 来播放。

2．文件的发布

操作步骤如下：

① 软件开发完成后首先将源程序存盘。

② 选择“文件”→“发布”→“发布设置”命令或按【Ctrl+F12】组合键。

③ 弹出一键发布设置对话框，如图 9-44 所示。

在 Formats 选项卡中的 Publish For CD,LAN,local HDD 选项区域中，如果勾选 Package As 复选框，就是将软件发布到 CD（光盘）、LAN（网络）、本地硬盘（Local HDD）上，单击后边的省略号按钮可以选择文件发布的目录。勾选 With Runtime for Windows 98,ME,NT,2000 or XP 复选框可发布具有自运行的可执行文件 EXE 文件，未勾选时将发布 A7R 文件。勾选 Copy Supporting Files 复选框是指将复制程序运行所需要的文件到发布目录下。

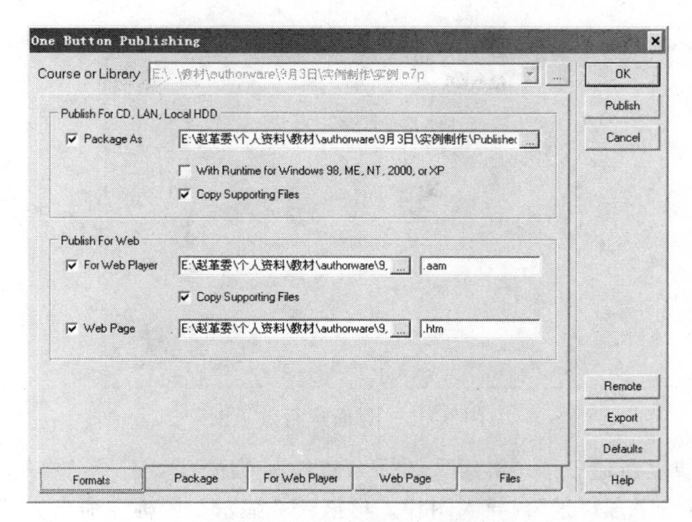

图 9-44　发布设置对话框

3．网络的发布

勾选 For Web player 复选框，可发布程序为 AAM 文件，通过 Authorware Web player 来播放。勾选 Web page 复选框，可发布程序为 HTM 文件，通过浏览器的插件 Authorware Web player 来播放。所以发布到网络上的媒体必须要安装 Authorware 的 Shockwave Player 插件才能够浏览。

9.7　多媒体课件的制作

随着现代教育媒体的发展，多媒体课件具有多媒体课件在教学中的使用，改善了教学媒体的表现力和交互性、促进了课堂教学内容、教学方法、教学过程的全面优化，提高了教学效果的特点，在教学中大量采用。

多媒体课件是老师用来辅助教学的工具，创作人员根据自己的创意，先从总体上对信息进行分类组织，然后把文字、图形、图像、声音、动画、影像等多种媒体素材在时间和空间两方面进行集成，使他们融为一体并赋予它们以交互特性，从而制作出各种精彩纷呈的多媒体应用软件产品。

下面以《摄影构图》课件为例来讲解多媒体课件的制作，由于篇幅的限制，只讲第一节的制作过程，其他节的制作过程基本相同。操作步骤如下：

① 新建文件，命名为“《摄影构图》课件”。拖入“群组”图标，命名为“封面”，并双击打开。

② 拖入“显示”图标，命名为“背景”，导入图片。再拖入一个“显示”图标，命名为“文字”，输入文字，并复制一份，叠放在一起，下层用灰色，上层使用其他颜色，使文字产生立体效果。

③ 选择“插入”→“媒体”→Flash Movie 命令，导入一个 next 动画按钮。

④ 拖入“交互”图标并命名为“next 热区”，拖入“计算”图标放在“交互”图标下，选择热区交互方式，命名为“至序言背景”，双击打开输入“GoTo(IconID@"序言背景")”，运行结果如图 9-45 所示。按住【Shift】键双击热区标志，使热区与 next 动画重合，选择匹配类型为“单击”，鼠标类型为“手形”。关闭群组图标。

图 9-45　封面运行效果图

⑤ 在主流程线上新建一个“群组”图标，命名为“序言”。打开“群组”图标，拖入“显示”图标，命名为“序言背景”，导入图片。再拖入“显示”图标，命名为“文字”，输入文字内容，在“序言”流程线上插入 Flash 动画格式的“前进”按钮。

⑥ 拖入“交互”按钮，命名为“前进按扭热区”，拖入“计算”图标放到交互下，命名为“至章节背景”。打开“计算”图标输入“GoTo(IconID@"章节背景")”。拖动开始标志到“序言背景”前运行，结果如图 9-46 所示。按住【Shift】键双击热区标志，使热区与动画重合，选择匹配类型为“单击”，鼠标类型为“手形”。关闭群组图标。

⑦ 拖入“显示”图标到一级流程线，命名为“章节背景”，导入背景图片。再拖入一个“显示”图标，命名为“文字标题”。导入按钮图，输入文字，绘制圆角空心矩形，在矩形内输入“退出”，拖动开始标志到“章节背景”前运行，结果如图 9-47 所示。

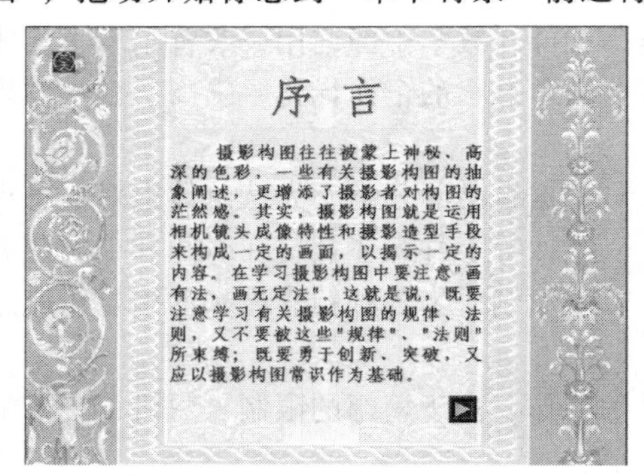

图 9-46　序言运行效果图

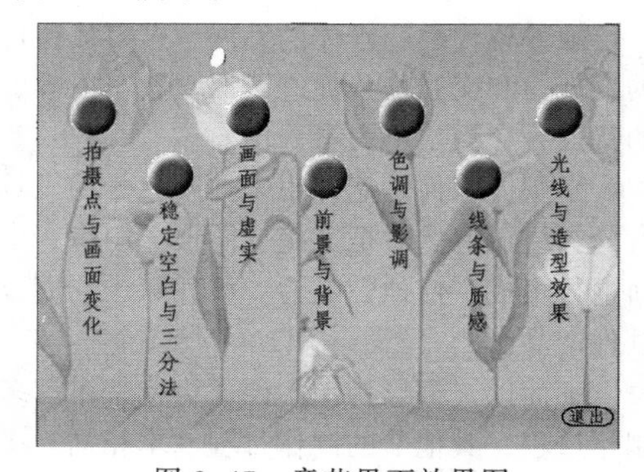

图 9-47　章节界面效果图

⑧ 拖入“交互”图标到主流程线上，命名为“章节内容”。拖入 8 个群组图标到“交互”图标下，分别命名为“第一节”、“第二节”……“第七节”和“退出界面”，设置交互类型为“热区”。打开主流程线上的“文字标题”显示图标，按住【Shift】键的同时双击打开“交互”图标，使热区和按钮同时出现，调整热区位置和按钮重合。

⑨ 双击打开第一节“群组”图标。拖入两个“显示”图标，分别命名为“第一节背景”和“第一节标题”，导入背景图片和按钮及文字。再插入返回章节背景的 Flash 动画。拖动开始标志到“第一节背景”前运行，结果如图 9-48 所示。

⑩ 拖入“交互”图标，命名为“第一节内容”。拖入 3 个“群组”图标和一个“计算”图标。分别命名为“第一部分”、“第二部分”、“第三部分”和“至章节背景”。

⑪ 双击打开“第一部分”的“群组”图标，拖入“显示”图标，命名为“第一部分背景”，导入背景图片。再拖入一个“显示”图标，命名为“第一部分文字图片”，输入文字，并导入一些图片。再插入“退出 1”的 Flash 动画。拖动开始标志到“第一部分背景”前运行，结果如图 9-49 所示。

图 9-48　第一节界面效果图

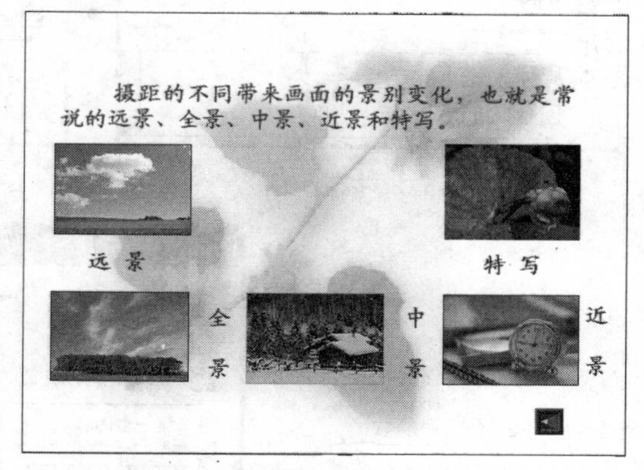

图 9-49　第一部分界面效果图

⑫ 在第一部分流程线上拖入“交互”图标，命名为“第一部分内容”，拖入 5 个“显示”图标和一个“计算”图标到“交互”图标下，分别命名为“远景”、“全景”、“中景”、“近景”、“特写”和“至第一节背景”。设置交互类型为“热区”，打开“第一部分文字图片”显示图标，按住【Shift】键的同时双击打开“第一部分内容”交互图标，调整热区与 5 幅图片对应重合，调整“至第一节背景”热区与退出动画按钮重合。

⑬ 5 个“显示”图标中分别输入“远景”、“全景”、“中景”、“近景”、“特写”的文字说明，至“第一节背景”的“计算”图标中输入“GoTo(IconID@"第一节背景")”。双击热区打开属性设置面板，5 个“显示”图标的匹配设置为“指针处于制定区域内”，鼠标设置为手形。“至第一节背景”的匹配设置为“单击”，鼠标设置为“手形”。关闭“第一部分”的“群组”图标。

⑭ 打开“第二部分”的“群组”图标，其设置与第一部分基本相同。具体内容变为“正面方向”、“背面方向”、“正侧方向”、“斜侧方向”。第二部分界面效果图如图 9-50 所示。

⑮ 打开“第三部分”的“群组”图标，其设置与第一部分也基本相同。具体内容变为“平拍”、“仰拍”和“俯拍”。第三部分界面效果图如图 9-51 所示。

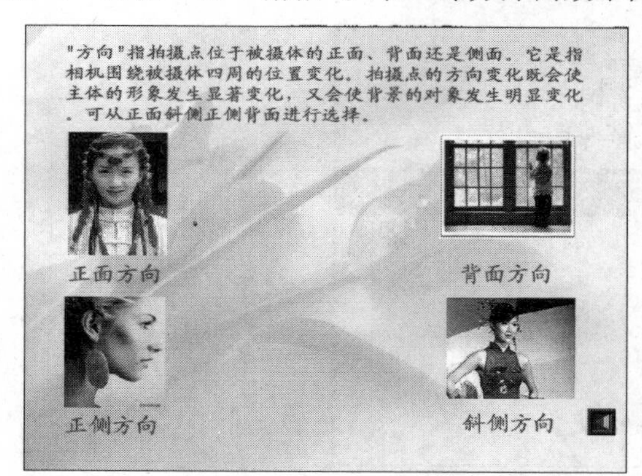

图 9-50　第二部分界面效果图

图 9-51　第三部分界面效果图

⑯ 设计的全部流程图如图 9-52～图 9-55 所示。

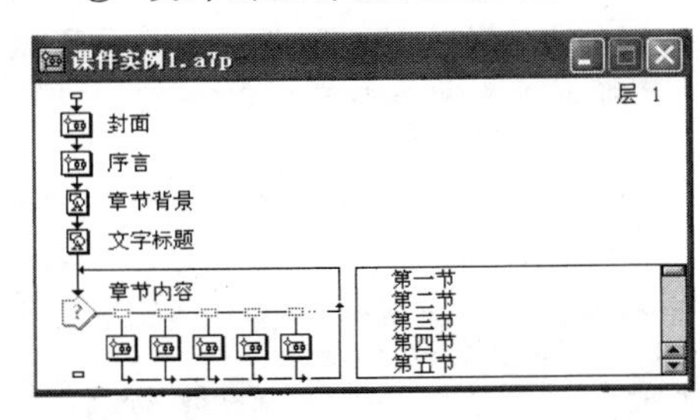

图 9-52　主流程图

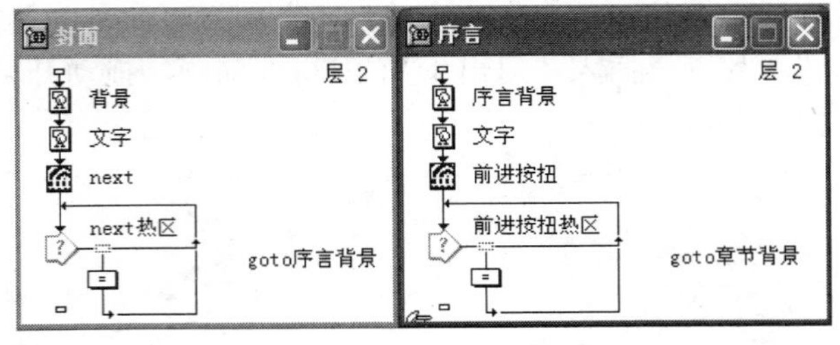

图 9-53　封面、序言流程图

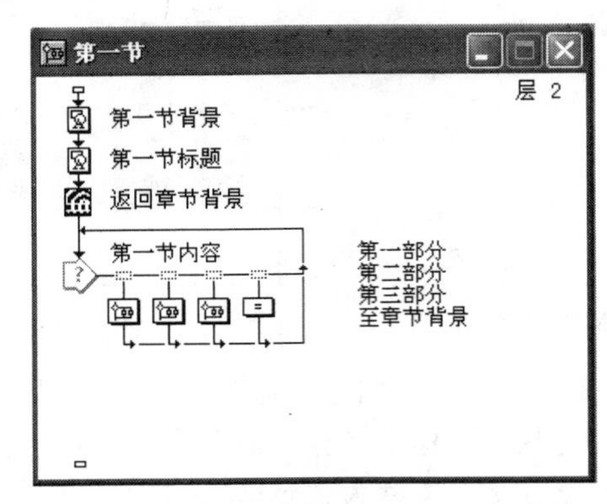

图 9-54　第一节流程图

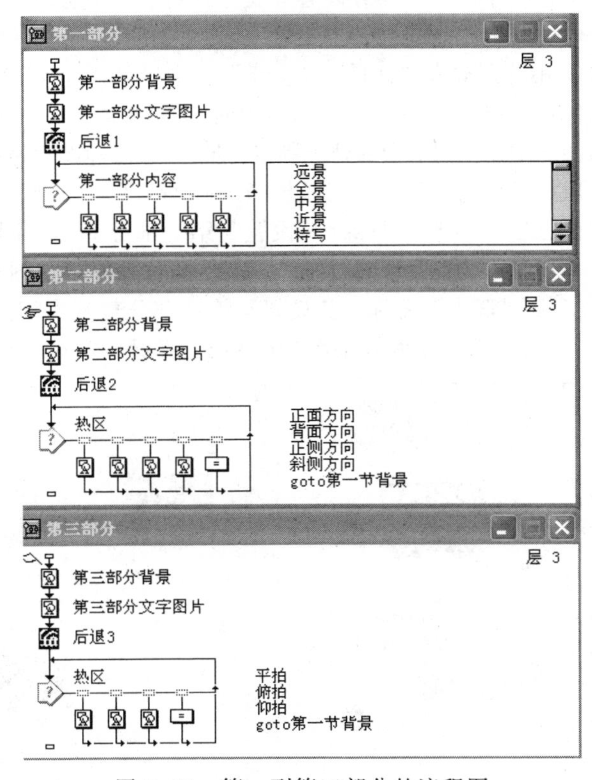

图 9-55　第一到第三部分的流程图

小　　结

本章介绍了 Macromedia 公司多媒体著作工具 Authorware 7.02 的安装、5 种运动方式、11 种交互响应类型、函数与变量、多媒体的添加及多媒体应用程序的制作。通过本章的学习应掌握 Authorware 的主要功能特点，掌握 Authorware 的运行环境、安装方法及 Authorware 的启动与退出，掌握 Authorware 常用的图标与常用功能，掌握 Authorware 的菜单系统，掌握 Authorware 的动画设计，掌握 Authorware 的常用交互类型及交互设计，了解 Authorware 中变量和函数的定义和使用方法，了解库与模块的创建和使用方法。

思考与练习

一、选择题

1. 编辑完一个“显示”图标后，按（　　）组合键可以快速返回流程线。

A. Ctrl+W　　B. Ctrl+A　　C. Ctrl+R　　D. Ctrl+Q

2. 要打开混合模式对话框，可以按（　　）组合键。

A. Ctrl+W　　B. Ctrl+R　　C. Ctrl+Q　　D. Ctrl+M

3. 下列不是 Authorware 交互程序中的反馈类型的是（　　）。

A. Try Again　　B. Continue　　C. Exit Interaction　　D. Upon Exit

4. 对点到直线动画的正确解释是（　　）。

A. 将对象从当前位置移动到一条直线上

B. 将对象从当前位置沿一条直线移动到另外的位置

C. 将对象从当前位置移动到一条直线上的通过计算得到的位置

D. 对象所到的终点是任意范围的一点

5. 在 Authorware 中，下列定义错误的是（　　）。

A. 库文件只是一个图标的复制　　B. 模块是流程线的一段流程结构

C. 变量是一个其值可改变的量　　D. 函数是提供某些特殊功能或作用的子程序

6. 利用 Authorware 7.02 提供的声音图标，可以在多媒体作品中加载各种声音信息，并且可以根据作品中的设置进行播放，请选择 Authorware 7.02 不支持的声音文件的格式（　　）。

A. AIFF　　B. MP3　　C. WMA　　D. VOX～WAVE

7. 如果要同时执行【声音】图标和他后面的图标，不能选中（　　）选项。

A. 播放次数　　B. 直到为真　　C. 永久　　D. 同时

8. 下列不属于路径移动动画的是（　　）。

A. 折现动画　　B. 曲线动画　　C. 封闭动画　　D. 不规则动画

9. 在处理超出动画范围时，用于从起点继续运动超过部分距离的选项是（　　）。

A. 循环　　B. 停在终点　　C. 到上次终点　　D. 重新开始

10. 通过设置某一个图片或者文字的轮廓为热区的交互方式被称为（　　）。

A. 热对象交互　　B. 热区域交互　　C. 目标区域交互　　D. 热键交互

11. 当希望在单击热区域时，该区域以高亮度显示，可以选择（　　）。

A. 匹配时加亮　　B. 匹配标记　　C. 单击　　D. 指针处于限定区域

12．将一个程序从源文件得到一个可以在一些系统环境下独立运行的应用程序叫做程序的（　　）。

A．调试　　B．发布　　C．打包　　D．Web 打包

13．打包生成的文件将不包含执行文件，也就是不能生成.exe 文件的选项是（　　）。

A．无需 Runtime　　B．打包时包含全部内部库

C．打包时包含外部之媒体　　D．应用平台 Windows XP/NT/98 不同

二、简答题

1．Authorware 的热区和热对象有何不同？

2．Authorware 在多对象设置中应注意哪些问题？

3．在 Authorware 中创建文本的方法有哪 3 种？

4．用 Authorware 7.02 的交互功能怎样实现程序的密码保护？

5．如果将多个对象放入一个“显示”图标能不能实现多对象动画？

6．在 Authorware 文件中播放声音需要哪些条件？

三、操作题

1．制作一个在 Authorware 里对 Flash 动画控制的程序。

2．利用在 Authorware 的 5 种移动类型各制作一个简单的动画。

3．用 Authorware 7.02 的交互功能，制作一份多媒体个人简历。

4．运用在 Authorware 中“时间限制”类型交互响应，制作一个可以实现输入密码超时退出的程序。

5．利用 Authorware 7.02 制作一门课程的教学课件并发布成网络课件。

第10章 流媒体技术及应用

总体要求：

- 掌握流媒体概念和原理
- 掌握流媒体的文件格式和播放软件
- 掌握流媒体的应用：
- 了解流媒体的传输协议

核心技能点：

- 具有播放网络流媒体的能力
- 具有流媒体的编辑能力

扩展技能点：

- 流媒体的网络应用能力
- 流媒体的播放软件制作能力

相关知识点：

- 流媒体的传输协议

学习重点：

- 掌握流媒体的概念
- 掌握流媒体的应用

随着网络时代的深入，网络上传递的信息种类越来越多，从最初的文字信息发展到目前的文字、图像、声音、视频、动画等几乎所有的信息种类。传递的信息种类的增多，特别是有时需要同时传递多种信息，对计算机网络的数据传输技术也提出了新的要求，在不断提升网络带宽的同时。网络多媒体技术也在不断的发展，包括数据的压缩编码和用于发布媒体的服务器技术。流媒体正是近年来出现的比较新颖、实用的网络多媒体技术。

10.1 流媒体基础

随着 Internet 的发展，多媒体信息在网上的传输越来越重要，流式技术以其边下载边播放的特性深受教育、娱乐等行业的喜爱，成为多媒体技术和网络技术的热点。

网络技术、通讯技术、多媒体技术的迅猛发展对 Internet 产生了极大的影响，特别是在以下几个方面：第一，联网方式多样化，从 14.4 kbit/s modem 到专线、ISDN、有线电视、光纤、卫星网络等；第二，网络带宽的大大拓宽，无论哪种联网方式，它们所提供的带宽都在不断的扩大；第三，Internet 提供更多的服务，它不再局限于网络通信 E-Mail、简单的信息浏览、FTP、Telnet 等，诸如电子商务、远程教育、视频点播等新的服务和应用如雨后春笋般的出现。

这几个方面的变化使得网络真正成为人类生活的一部分，人们可以享受快速而廉价的网络去观看缤纷的世界。

在这种情况下世界各地的传统影视媒体、教育学习机构、广播媒体纷纷加入到 Internet 领域中，使自身的传播方式得到了扩充。面对有限的带宽和拥挤的拨号网络，实现窄带网络的视频、音频、动画传输最好的解决方案就是流式媒体的传输方式。通过流方式进行传输，即使在网络非常拥挤或很差的拨号连接的条件下，也能提供清晰、不中断的影音给观众，实现了网上动画、影音等多媒体的实时播放。

一般来说，流包含两种含义，广义上的流是使音频和视频形成稳定和连续的传输流和回放流的一系列技术、方法和协议的总称，我们习惯上称为流媒体系统；而狭义上的流是相对于传统的下载–回放（Download–Playback）方式而言的一种媒体格式，能从 Internet 上获取音频和视频等连续的多媒体流，客户可以边接收边播放，使时延大大减少。

1．流媒体基本概念

所谓流媒体是采用流式传输的方式在 Internet/Intranet 播放的媒体格式，如音频、视频或多媒体文件。流媒体在播放前并不下载整个文件，只将开始部分内容存入内存，在计算机中对数据包进行缓存并使媒体数据正确地输出。流媒体的数据流随时传送随时播放，只是在开始时有些延迟。

流媒体数据流具有 3 个特点：连续性（Continuous）、实时性（Real–time）和时序性（Sequence），即其数据流具有严格的前后时序关系。由于流媒体的这些特点，它已经成为在 Internet 上实时传输音/视频的主要方式。流媒体的传输如图 10–1 所示。

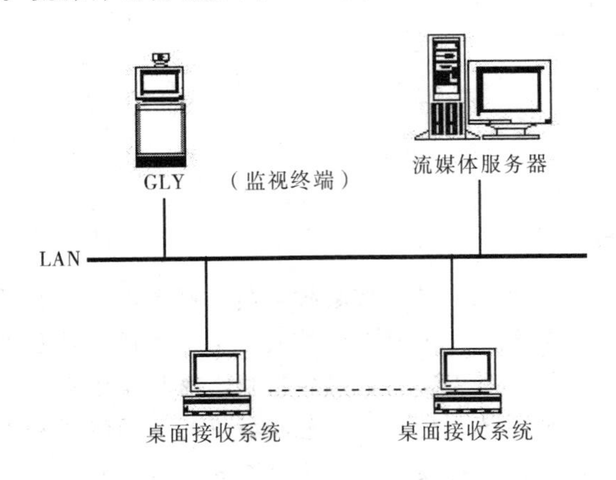

图 10–1 流媒体传输图

2．流媒体技术

流媒体其实是个技术名词，简单来说就是采用流技术，即把连续的影像和声音信息经过压缩处理，在网络上实现多媒体文件的实时传输和播放。由于宽带已成为网络架构的重点，流媒体的研究重点是如何运用可变带宽技术，使人们可以在灵活的带宽环境下在线欣赏高品质音频和视频节目，甚至进行实时可视通信。因为流媒体可以适应各种不同的网络带宽，所以在窄带下也同样可以流畅地观看、收听，当然，质量会因带宽的限制而略有影响。

流媒体实现的关键技术就是流式传输，流式传输主要指将整个音频和视频及三维媒体等多媒体文件经过特定的压缩方式解析成一个个压缩包，由视频服务器向用户计算机顺序或实时传送。在采用流式传输方式的系统中，用户不必像采用下载方式那样等到整个文件全部下载完毕，而是只需经过几秒或几十秒的启动延时即可在用户的计算机上利用解压设备对压缩的 A/V、三维等多媒体文件解压后进行播放和观看。此时多媒体文件的剩余部分将在后台的服务器内继续下载。与单纯的下载方式相比，这种对多媒体文件边下载边播放的流式传输方式不仅使启动延时大幅度地缩短，而且对系统缓存容量的需求也大大降低，极大地减少了用户的等待时间。流媒体最大的特点在于互动性，这也是互联网最具吸引力的地方。

流式传输的实现需要合适的传输协议。由于 TCP 需要较多的开销，故不太适合传输实时数据。在流式传输的实现方案中，一般采用 HTTP/TCP 来传输控制信息，而用实时传输协议/用户数据报协议（RTP/UDP）来传输实时数据。流式传输的实现需要缓存，因为一个实时音视频源或存储的音视频文件在传输中被分解为许多数据包，而网络又是动态变化的，各个包选择的路由可能不相同，故到达客户端的延时也就不同，甚至先发的数据包有可能后到。为此，需要使用缓存系统来消除延时和抖动的影响，以保证数据包顺序正确，从而使媒体数据能够连续输出。高速缓存通常所需的容量并不大，因为通过丢弃已经播放的内容可以重新利用空出的空间来缓存后续尚未播放的内容。

（1）流式传输的过程

① 用户选择某一流媒体服务后，Web 浏览器与 Web 服务器之间使用 HTTP/TCP 交换控制信息，以便使需要传输的实时数据从原始信息中检索出来。

② Web 浏览器启动音/视频客户程序，使用 HTTP 从 Web 服务器检索相关参数对音/视频客户程序初始化，这些参数可能包括目录信息、音/视频数据的编码类型或与音/视频检索相关的服务器地址。

③ 音视频客户程序及音视频服务器运行实时流协议，以交换音视频传输所需的控制信息，实时流协议提供执行播放、快进、快倒、暂停及录制等命令的方法。

④ 音视频服务器使用 RTP/UDP 协议将音视频数据传输给音视频客户程序，一旦音视频数据抵达客户端，音/视频客户程序即可播放输出。

在流式传输中，使用 RTP/UDP 和 RTSP/TCP 两种不同的通信协议与音/视频服务器建立联系，目的是为了能够把服务器的输出重定向到一个非运行音视频客户程序的客户机的目的地址。另外，实现流式传输一般都需要专用服务器和播放器。

（2）流式技术的解决方案

到目前为止，Internet 上使用较多的流媒体格式主要有 Real Networks 公司的 Real Media System、Microsoft 公司的 Windows Media Technology 和 Apple 公司的 QuickTime，它们是网上流媒体传输系统的三大主流。

① Real Media System。Real Media System 由媒体内容制作工具 Real Producer、服务器端 Real Server、客户端软件（Client Software）3 部分组成。其流媒体文件包括 RealAudio、Real Video、Real Presentation 和 Real Flash 这 4 类文件，分别用于传送不同的文件。Real Media System 采用 Sure Stream 技术，自动地并持续地调整数据流的流量以适应实际应用中各种不同的网络带宽需求，轻松在网上实现视音频和三维动画的回放。

Real Media 流式文件采用 Real Producer 软件进行制作，首先把源文件或实时输入变为流式文件，再把流式文件传输到服务器上供用户点播。

由于其成熟稳定的技术性能，美国在线（AOL）、ABC、AT&T、Sony 和 Time Life 等公司和网上主要电台都使用 Real System 向世界各地传送实时影音媒体信息以及实时的音乐广播。在我国大量的影视、音乐点播和春节晚会、奥运会开幕式的网上直播都采用了 Real System 系统。

② Windows Media Technology。Windows Media Technology 是 Microsoft 提出的信息流式播放方案，其主要目的是在 Internet 和 Intranet 上实现包括音频、视频信息在内的多媒体流信息的传输。其核心是 ASF（Advanced Stream Format）文件，ASF 是一种包含音频、视频、图像以及控制命令、脚本等多媒体信息在内的数据格式，通过分成一个个的网络数据包在 Internet 上传输，实现流式多媒体内容发布。因此，把在网络上传输的内容称为 ASF Stream。ASF 支持任意的压缩/解压缩编码方式，并可以使用任何一种底层网络传输协议，具有很大的灵活性。Microsoft 已将 Windows Media 技术捆绑在 Windows 操作系统中，并打算将 ASF 用做将来的 Windows 版本中多媒体内容的标准文件格式，这无疑将对 Internet 特别是流式技术的应用和发展产生重大影响。

Windows Media Technology 由 Media Tools、Media Server 和 Media Player 工具构成。Media Tools 是整个方案的重要组成部分，它提供了一系列的工具，帮助用户生成 ASF 格式的多媒体流（包括实时生成的多媒体流），分为创建工具和编辑工具两种，创建工具主要用于生成 ASF 格式的多媒体流，包括 Media Encoder、Author、VidTo ASF、WavTo ASF、Presenter 这 5 个工具；编辑工具主要对 ASF 格式的多媒体流信息进行编辑与管理，包括后期制作编辑工具 ASF Indexer 与 ASF Chop，以及对 ASF 流进行检查并改正错误的 ASF Check。Media Server 可以保证文件的保密性，并使每个使用者都能以最佳的影片品质浏览网页，具有多种文件发布形式和监控管理功能。Media Player 则提供强大的流信息的播放功能。

③ QuickTime。Apple 公司于 1991 年开始发布 QuickTime，它几乎支持所有主流的个人计算平台和各种格式的静态图像文件、视频和动画格式，具有内置 Web 浏览器插件（Plug-in）技术，支持 IETF（Internet Engineering Task Force）流标准以及 RTP、RTSP、SDP、FTP 和 HTTP 等网络协议。通过好莱坞影视城（www.hollywood.com）检索到的许多电影新片片段，都是以 QuickTime 格式存放的。

QuickTime 包括服务器 QuickTime Streaming Server、带编辑功能的播放器 QuickTime Player（免费）、制作工具 QuickTime 4 Pro、图像浏览器 Picture Viewer 以及使 Internet 浏览器能够播放 QuickTime 影片的 QuickTime 插件。QuickTime 4 支持两种类型的流：实时流和快速启动流。使用实时流的 QuickTime 影片必须从支持 QuickTime 流的服务器上播放，是真正意义上的 Streaming Media，使用实时传输协议（RTP）来传输数据。快速启动影片可以从任何 Web Server 上播放，使用超文本传输协议（HTTP）或文件传输协议（FTP）来传输数据。

目前，FOX 新闻在线、FOX 体育在线、BBC WORLD、气象频道 （Weather Channel）等机构都加入 QuickTime 内容供应商行列，使用 QuickTime 技术制作实况转播节目。

QuickTime 是数字媒体的工业标准，就目前看，在西方国家中使用 QuickTime 流媒体技术比较普遍。在中国，Real Media 和 Windows Media 流媒体技术使用量较大。Real Media 和 Windows Media 流媒体技术各自提供了一个完全开放的网络视频、音频开发平台，包含了交互式流媒体应用程序的各个方面，为建立强大的端到端的视频、音频流传输和播放提供了解决方案。二者都推出了完善的制作和转换工具，能将各种数据类型从它们原来的格式流化，以流媒体的格式在网上进行传送，完成传播功能。总的来说，3 种流媒体解决方案各有特色，选择时需要综合考虑价格、产品性能、可扩展性和服务等多方面因素。如表 10-1 所示列出了 3 种流媒体技术的比较。

表 10-1　常用视频、音频压缩文件类型

项　　目	QuickTime 技术	Real Media 技术	Windows Media 技术
文件格式	MOV	RM，RMVB	ASF，WMV
专用媒体服务器（价格）	贵	贵（与用户数有关）	免费
操作系统	Windows 系列及 Mac OS	Windows 系列、Mac OS、Sloaris、Linux	Windows 系列
人机交互能力	非常好	一般	一般
编码工具费用	价格昂贵，且要多个方面配合	基本编码器免费，高级功能需要购买	编码器全免费

3. 流媒体系统的组成

流媒体系统包括以下 5 个方面的内容：

① 编码工具：用于创建、捕捉和编辑多媒体数据，形成流媒体格式。

② 流媒体数据：包括视频、音频等多媒体信息。

③ 服务器：存放和控制流媒体的数据。

④ 网络：适合多媒体传输协议甚至是实时传输协议的网络。

⑤ 播放器：供客户端浏览流媒体文件。

这 5 个部分有些是网站需要的，有些是客户端需要的，而且不同的流媒体标准和不同公司的解决方案会在某些方面有所不同。

4. 流媒体文件格式

（1）压缩媒体文件格式

压缩格式有时被称为压缩媒体格式，包含了描述一段声音和图像的同样信息，尽管它的文件大小被处理得更小。很明显，压缩过程改变了数据位的编排。在压缩媒体文件再次成为媒体格式前，其中数据需要解压缩。由于压缩过程自动进行，并内嵌在媒体文件格式中，通常在存储文件时没有注意到这点，该过程如图 10-2 所示。如表 10-2 所示列举了一些视频和音频文件格式。

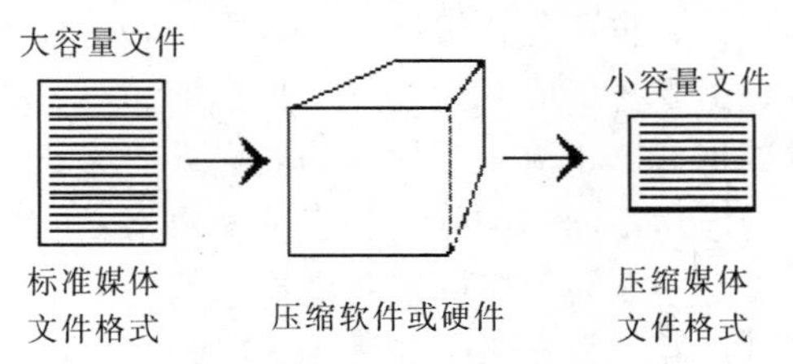

图 10-2　压缩媒体过程

表 10-2　常用视频、音频压缩文件类型

文件格式扩展名（Video/Audio）	媒体类型与名称	压缩情况
.mov	QuickTime Video	可以
.mpg	MPEG 1 Video	有
.mp3	MPEG Layer 3 Audio	有
.wav	Wave Audio	没有
.aif	Audio Interchange Format	没有
.snd	Sound Audio File Format	没有
.au	Audio File Format（Sun OS）	没有
.avi	Audio Video Interleaved V1.0（Microsoft Win）	可以

（2）流式文件格式

流式文件格式经过特殊编码，使其适合在网络上边下载边播放，而不是等到下载完整个文件后才能播放。可以在网上以流的方式播放标准媒体文件，但效率不高。将压缩媒体文件编码成流式文件，必须加入一些附加信息，如计时、压缩和版权信息，编码过程如图 10-3 所示。如表 10-3 所示列举了常用的流式文件类型。

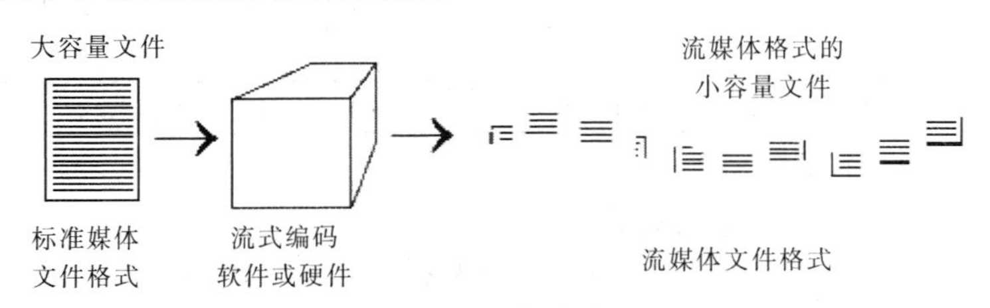

图 10-3　编码过程

表 10-3　常用流式文件格式

文件格式扩展名（Video/Audio）	媒体类型与名称
.asf	Advanced Streaming Format（Microsoft）
.rm	Real Video/Audio 文件（Progressive Networks）
.ra	Real Audio 文件（Progressive Networks）
.rp	Real Pix 文件（Progressive Networks）
.rt	Real Text 文件（Progressive Networks）
.swf	Shock Wave Flash（Macromedia）
.viv	Vivo Movie 文件（Vivo Software）

（3）媒体发布格式

媒体发布格式不是压缩格式，也不是传输协议，其本身并不描述视听数据，也不提供编码方法。媒体发布格式是视听数据安排的唯一途径，物理数据无关紧要，仅需要知道数据类型和安排方式。以特定方式安排数据有助于流式多媒体的发展，因为希望有一个开放媒体发布格式为所有商业流式产品应用，为应用不同压缩标准和媒体文件格式的媒体发布提供一个事实上的标准方法，也可以从不同类型流中获益。实际视听数据可位于多个文件中，而由媒体发布文件包含的信息控制流的播放。常用媒体发布格式如表 10-4 所示。

表 10-4　常用媒体发布格式

媒体发布格式扩展名	媒体类型和名称
.asf	Advanced Streaming Format
.smil	Synchronized Multimedia Integration Language
.ram	RAM File
.rpm	Embedded RAM File
.xml	Extensible Markup Language

10.2　流媒体的传输协议

在互联网浏览器中，常用的地址是以 http://和 ftp://开头的。Web 服务器也可以通过 HTTP

协议来处理流式媒体文件，然而 Web 服务器本身的设计并不能有效率地传送串流媒体文件。串流媒体必须占用一个不间断的封包串流，而且会长时间地与服务器保持连线状态，如果有太多访客同时上线观看，效果就会降低。为了解决这个问题，流媒体文件有它自己的一套协议，常见的协议有以下几种：

1．实时传输协议 RTP

RTP（Real-time Transport Protocol）是用于 Internet 上针对多媒体数据流的一种传输协议。RTP 被定义为在一对一或一对多的传输情况下工作，其目的是提供时间信息和实现流同步。RTP 通常使用 UDP 来传送数据，但 RTP 也可以在 TCP 或 ATM 等其他协议之上工作。当应用程序开始一个 RTP 会话时将使用两个端口：一个给 RTP，一个给 RTCP。RTP 本身并不能为按顺序传送数据包提供可靠的传送机制，也不提供流量控制或拥塞控制，它依靠 RTCP 提供这些服务。通常 RTP 算法并不作为一个独立的网络层来实现，而是作为应用程序代码的一部分。

2．实时传输控制协议 RTCP

RTCP（Real-time Transport Control Protocol）和 RTP 一起提供流量控制和拥塞控制服务。在 RTP 会话期间，各参与者周期性地传送 RTCP 包。RTCP 包中含有已发送的数据包的数量、丢失的数据包的数量等统计资料。因此，服务器可以利用这些信息动态地改变传输速率，甚至改变有效载荷类型。RTP 和 RTCP 配合使用，能以有效的反馈和最小的开销使传输效率最佳化，因而特别适合传送网上的实时数据。

3．实时流协议 RTSP

实时流协议 RTSP（Real Time Streaming Protocol）是由 Real Networks 和 Netscape 共同提出的，该协议定义了一对多应用程序如何有效地通过 IP 网络传送多媒体数据。RTSP 在体系结构上位于 RTP 和 RTCP 之上，它使用 TCP 或 RTP 完成数据传输。HTTP 与 RTSP 相比，HTTP 传送 HTML，而 RTP 传送的是多媒体数据。HTTP 请求由客户机发出，服务器做出响应；使用 RTSP 时，客户机和服务器都可以发出请求，即 RTSP 可以是双向的。RTSP 协议特点是可扩展性、易解析、安全、独立于传输、多服务器支持等。

4．资源预留协议 RSVP

RSVP（Resource Reservation Protocol）是正在开发的 Internet 上的资源预留协议，使用 RSVP 能在一定程度上为流媒体的传输提供 Qos（服务质量）。在某些试验性的系统如网络视频会议工具 VIC 中就集成了 RSVP。

10.3 流媒体的播放方式

流媒体的播放方式主要有单播、组播、点播与广播。

1．单播

单播是在客户端与媒体服务器之间需要建立一个单独的数据通道，从一台服务器送出的每个数据包只能传送给一个客户机。在单播情况下，需在客户端与媒体服务器之间建立一条单独的数据通道。用户分别对媒体服务器发出申请，媒体服务器只向申请用户发送 IP 包。

2．组播

组播为点对多点的一种播放方式，允许路由器一次将数据包复制到多个通道上。在组播情况下，媒体服务器能对所有的申请用户同时发送相同内容的 IP 包。减少了网络上传输的信息包的总量，网络利用效率大大提高，成本大幅度下降。

3. 点播

点播是客户端与服务器之间的主动连接。在点播情况下，用户按照菜单选择节目，主动与媒体服务器进行连接，媒体服务器根据用户需要播放节目。在收视过程中用户可根据需要进行停止、后退、快进、慢进或暂停等操作。

4. 广播

广播是客户端被动地接收信息流。在广播情况下无需用户申请，媒体服务器对所有用户同时发送相同内容的 IP 包。且接收广播的用户只能被动地接收“流”，而不能主动控制“流”的暂停、快进、后退等。

从多媒体的定义出发，上述 4 种流媒体的播放方式中，只有点播传送的是多媒体文件，而其他播放方式则传送的是音视频媒体文件。

10.4 流媒体的传输方式

流式传输的定义很广泛，现在主要指通过网络传送媒体（如视频、音频等）的技术总称。其特定含义为通过 Internet 将影视节目传送到 PC。

实现流式传输有两种方法：顺序流式传输（Progressive Streaming）和实时流式传输（Realtime Streaming）。

1. 顺序流式传输

顺序流式传输是顺序下载，在下载文件的同时用户可观看在线媒体，在给定时刻，用户只能观看已下载的那部分，而不能跳到还未下载的前头部分，顺序流式传输不像实时流式传输可在传输期间根据用户连接的速度作调整。由于标准的 HTTP 服务器可发送这种形式的文件不需要其他特殊协议，故经常被称为 HTTP 流式传输。顺序流式传输比较适合高质量的短片段，如片头、片尾和广告，由于该文件在播放前观看的部分是无损下载的，这种方法保证电影播放的最终质量。这意味着用户在观看前，必须经历延迟。顺序流式文件是放在标准 HTTP 或 FTP 服务器上的，易于管理，基本上与防火墙无关。顺序流式传输不适合长片段和有随机访问要求的视频，如讲座、演说与演示。它也不支持现场广播，严格说来，它是一种点播技术。

2. 实时流式传输

实时流式传输总是实时传送，特别适合现场事件，也支持随机访问，用户可快进或后退以观看前面或后面的内容。理论上，实时流一经播放就不可停止，但实际上，可能发生周期暂停。

实时流式传输必须匹配连接的带宽，这意味着在以调制解调器速度连接时图像质量较差。而且，由于出错丢失的信息被忽略掉，网络拥挤或出现问题时，视频质量很差。如要保证视频质量，顺序流式传输也许更好。实时流式传输需要特定服务器，如 QuickTime Streaming Server、Real Server 与 Windows Media Server。这些服务器允许用户对媒体发送进行更多级别的控制，因而系统设置、管理比标准 HTTP 服务器更复杂。实时流式传输还需要特殊网络协议，如 RTSP（Realtime Streaming Protocol）或 MMS（Microsoft Media Server）。这些协议在有防火墙时可能会出现问题，导致用户不能看到一些地点的实时内容。

10.5　流媒体的播放软件

目前流媒体技术还处于不断发展的阶段，竞争也异常激烈，包括软件业巨头——微软在内的各大公司都在争抢这个市场。就目前国内的网络状况而言，在线播放视频还难以达到令人满意的效果。虽然随着网络主干线出口带宽的增加，在线收听、收看流畅的广播、视频已不是遥远的梦想，但如何在减少数据传送量的同时提高视频、音频的质量，却是一个永恒的话题。不过，百家争鸣的局面对于流媒体技术的发展也起到了极大的推动作用。下面就介绍目前最常用的3款流媒体播放软件，分别是Real Networks的RealPlayer、Apple QuickTime和Windows Media Player。

1. RealPlayer

尽管面临着来自于微软的巨大竞争压力，但是Real Networks公司出品的RealPlayer软件仍然是目前流媒体市场的佼佼者，它进入这个市场的历史比较长，拥有了数量众多的用户。相对于微软倡导的ASF、WMV格式而言，RM视频的压缩比表现更加出色，而且对画质损失也可以很好地控制，并提供了灵活的选择方式。由于RM出色的表现，很多人甚至将其作为存储视频的格式，因为只要适当地控制压缩比就可以获得类似VCD的画面质量，而此时占用的空间却很小。

目前，最常用的RealPlayer 10.5.1也是一个集成的大型软件，通过Real.com网站可以得到更多的服务。不过，国内大多数用户对这些服务功能似乎并不感兴趣。RealPlayer界面如图10-4所示。

图10-4　RealPlayer界面

2002年3月5日，Real Networks公司还发布了RealOne的Gold版。新版本的RealOne Player已经不再像RealPlayer那样区分Basic和Plus两个不同的版本。所有用户下载的文件是一样的，完全没有以往那种部分功能不能使用的烦恼。其实，RealOne Player不仅能够支持音频以及视频文件，它还能浏览各种图片，包括PNG、BMP、GIF、TIF等常见的格式。值得一提的是，如果大家同时将多张图片一起拖放在RealOne Player中，那么它将会自动以幻灯片的方式进行播放，而且速度可以任意调节，感觉非常好。相信那些收藏了很多经典图片的朋友会很喜欢 RealOne Player 的这项功能。如果还在抱怨 RealPlayer 的文件管理能力极差的话，那么一定要试试 RealOne Player。它可以自动检索本地硬盘的所有媒体文件，并生产一份清单，按照音频与视频进行分类。如果用户还想进一步地细分，那么还可以创建多级目录，这样就再也不必为寻找某一文件而发愁了。此外，RealOne Player 还支持多文件连续播放。RealOne Player 界面如图 10-5 所示。

图 10-5　RealOne Player 界面

此外，在 RealOne Player 中包含可以立即播放 RealVideo 以及 RealAudio 信息内容的 Turbo Play 功能。Turbo Play 通过判断在宽带接入中可以利用的带宽，大大减少了播放前的装载时间。与目前的流式媒体系统相比，可以快 5 倍以上。信息内容提供者无须为了利用 Turbo Play 对于信息内容重新进行编码，也无须升级服务器。

2. Windows Media Player

在流媒体这一广阔的市场上，微软的起步并不是最早的，但是它占据的市场份额却越来越大，俨然成为流媒体市场的霸主。当然，微软的这一切与其在 Windows 操作系统中整合 Media Player（媒体播放器）是分不开的。Media Player 界面如图 10-6 所示。

图 10-6　Media Player 界面

Windows Media Player 支持的视频流媒体格式主要是微软自己开发的 ASF 与 WMV，这二者的编码技术还是相当先进的，特别是 ASF。尽管 ASF 的画质表现并非十全十美，但是它对网络带宽的要求比较低，同时对主机性能也没有很高的要求。至于 WMV 格式，它与 ASF 的区别不是很大，只不过两种文件采用的 CODEC(多媒体数字信号编解码器)不同。WMV 一般是采用 Windows Media Video 7 的编码，而 ASF 采用的一般是 Microsoft MPEG-4，音频部分是 Windows Media Audio 2。但是，现在有些 ASF 与 WMV 采用的 CODEC 有些混乱，所以两种文件的界限也有些模糊。

Windows Media Player 的外观比较华丽，内核性能出色，但是由于微软在这款软件中集成了大量的附加功能，如广播电台、播放复制 CD、寻找 Internet 视频等，因此整体速度给人的感觉很慢。目前 Windows Media Player 的最新版本为 10.0，Windows XP 中预装的也是该版本。随着 Windows XP 的普及，Windows Media Player 10.0 也开始崭露头角。

3．QuickTime

QuickTime 是一款拥有强大的多媒体技术的内置媒体播放器，可以各式各样的文件格式观看互联网视频、高清电影预告片和个人媒体作品，更可以非比寻常的高品质欣赏这些内容。QuickTime 不仅仅是一个媒体播放器，而且是一个完整的多媒体架构，可以用来进行多种媒体的创建、生产和分发，并为这一过程提供端到端的支持，包括媒体的实时捕捉，以编程的方式合成媒体，导入和导出现有的媒体，还有编辑和制作、压缩、分发，以及用户回放等多个环节。QuickTime 界面如图 10-7 所示。

图 10-7　QuickTime 界面

QuickTime 的各方面功能还是让大家非常满意的。简洁、直观是它最大的优点，而在网络视频中，QuickTime 的在线播放调用也非常快。经常接触国外的电影、游戏的宣传片，就会发现 MOV 格式应用的广泛性。但是，由于很多 MOV 编码软件都是基于苹果计算机平台的，因此这种视频格式在国内的应用不是很广泛。

10.6　流媒体技术应用

流媒体技术（Streaming Media Technology）是为解决以 Internet 为代表的中低带宽网络上多媒体信息（以视/音频信息为重点）传输问题而产生、发展起来的一种网络新技术。采用流媒体技术，能够有效地突破低比特率接入 Internet 方式下的带宽瓶颈，克服文件下载传输方式的不足，实现多媒体信息在 Internet 上的流式传输。

1．网上直播

网上直播是流媒体技术的高级应用，借助专用系统和宽带网络，足不出户便可以观看到与现场观众完全相同的实时场景，甚至是发生在世界另一边的现场新闻报道！不同于传统的电视现场直播，网络直播还可以通过文字甚至麦克风、摄像头与现场观众或所有网络用户进行交流。如图 10-8 所示的 NBA 网上直播。

图 10-8　网上直播

2．视频点播

视频点播（VOD）是最常见、最流行的流媒体应用类型。通常视频点播是对存储的非实时性内容以单播传输方式实现，除了控制信息外，视频点播通常不具有交互性。在具体实现上，视频点播可能具有更复杂的功能。例如，为了节约带宽，可以将多个相邻的点播要求合并成一个并以组播方式传输，如图 10-9 所示的视频点播系统。

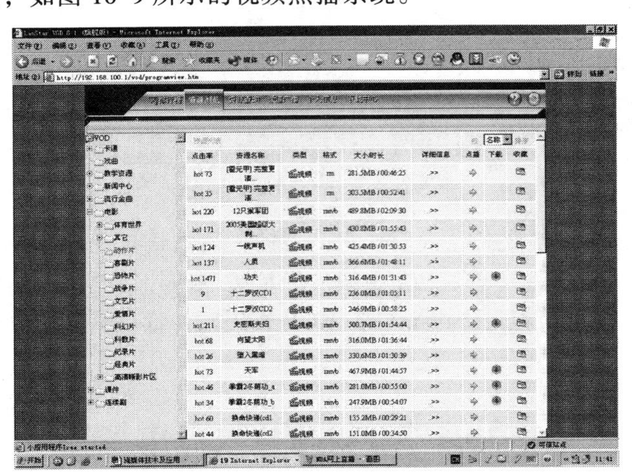

图 10-9　视频点播系统界面

3．远程教育

在远程教育方面，目前流媒体的应用也比较广泛，而且具有很好的市场应用前景。远程教育可以看作是前面多种应用类型的综合，在远程教育中，可以采用多种模式，甚至以混合的方式实现。例如可以采用点播的方式传送教学节目，以广播的方式实况广播老师上课，以会议的方式进行课堂交流等。远程教育以应用对象明确、内容丰富实用、运营模式成熟，成为目前商业上较为成功的流媒体应用领域。

4．视频会议

视频会议可以是双方的，也可以是多方的。前者可以作为视频电话，视频流媒体信息可以以点到点的方式传送。多方的视频会议需要多点控制单元，需要以广播的方式传输。视频会议是典型的具有交互性的流媒体应用。如图 10–10 所示的视频会议系统。

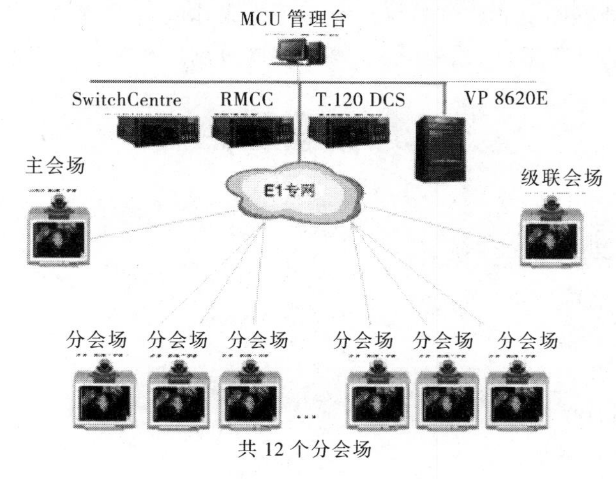

图 10–10　视频会议系统

5．视频监控

通过安装在不同地点并且与网络连接的摄像头，视频监视系统可以实现远程的监测。与传统的基于电视系统的监测不同，视频监测信息可以通过网络以流媒体的形式传输，因此，更为方便灵活。视频监控也可以应用在个人领域，例如可以远程地监控家里的情况，如图 10–11 所示为一视频监控系统。

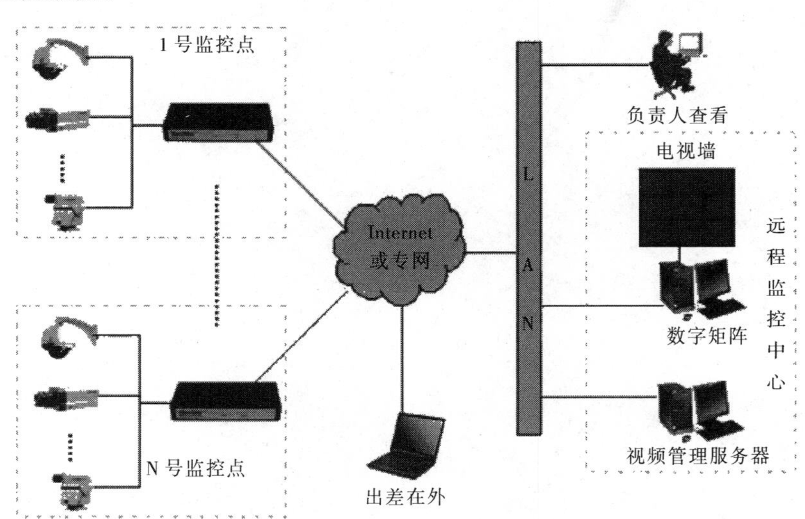

图 10–11　娱乐场所数字（远程）监控系统拓扑图

6. 交互游戏

需要通过流媒体的方式传递游戏场景的交互游戏近年来也得到了迅速的发展。其他的一些应用，例如虚拟现实漫游等也具有很大的发展潜力。

小　　结

本章主要介绍了流媒体的概念、流媒体的文件格式、播放软件和流媒体的传输协议。同时介绍了流媒体静态和动态网页制作的技术。介绍了流媒体的应用技术。通过本章的学习要求掌握流媒体的概念，了解其传输协议，学会流媒体的网页制作技术，掌握流媒体的应用技术。

思考与练习

一、简答题

1. 什么是流媒体？什么是流媒体技术？
2. 流媒体的文件格式有哪些？
3. 流媒体的传输协议有哪些？
4. 流媒体的播放有哪几种方式？
5. 说明流媒体的应用有哪些方面？
6. 流媒体技术的解决方案是什么？
7. 流媒体的传输方式有哪几种？

二、操作题

1. 请上网查询一些在线音乐或视频网站，试听或试看比较它们的下载速度，并说明采用什么技术传输音频或视频。
2. 使用RealPlay、QuickTime和Windows Media Play播放一段音乐，比较有哪些不同之处？
3. 利用网站制作工具编写能在线播放视频的网站，并发布在互联网上。